面向新工科高等院校大数据专业系列教材

机工教育

信息技术新工科产学研联盟数据科学与大数据技术工作委员会 推荐教材

人工智能
原理、技术及应用

安俊秀　叶 剑　陈宏松　马振明　陶全桧　孙琛恺 / 编著

机械工业出版社

CHINA MACHINE PRESS

本书主要向读者介绍当代人工智能技术的入门知识，特别是以深度学习为代表的机器学习方法。内容包括人工智能的概念、分类和原理，阐述了人工智能的三大流派等。着重介绍了人工智能的相关技术和算法，包括机器学习、深度学习、强化学习、自然语言处理、机器视觉、机器人等。本书从基本原理概念、基础算法、基本理论应用三个方面对每章内容进行详细介绍，方便读者对内容知识的理解，有较强的知识性和趣味性。

　　本书可作为高等院校大数据专业和人工智能专业的核心基础课程教材，也可以作为计算机相关专业的专业课或选修课教材，同时也可以作为从事人工智能与大数据技术相关工作的人员的参考用书。

　　本书由东方国信的图灵引擎平台提供在线实验环境，地址为 https://www.turingtopia.com/aibook/1，书中相应章节的 AI 实验案例可通过该平台实现。

　　本书配有教学资源（随书配备电子课件、教学大纲、数据集、算法包、教学辅导视频等），需要的教师可登录 www.cmpedu.com 免费注册，审核通过后下载，或联系编辑索取（微信：15910938545，电话：010-88379739）。

图书在版编目（CIP）数据

人工智能原理、技术及应用 / 安俊秀等编著. —北京：机械工业出版社，2022.5

面向新工科高等院校大数据专业系列教材

ISBN 978-7-111-70777-6

Ⅰ. ①人… Ⅱ. ①安… Ⅲ. ①人工智能-高等学校-教材 Ⅳ. ①TP18

中国版本图书馆 CIP 数据核字（2022）第 080962 号

机械工业出版社（北京市百万庄大街 22 号　邮政编码　100037）
策划编辑：王　斌　　责任编辑：王　斌　解　芳
责任校对：张艳霞　　责任印制：常天培

天津嘉恒印务有限公司印刷

2022 年 7 月第 1 版第 1 次印刷

184mm×240mm・16.5 印张・404 千字

标准书号：ISBN 978-7-111-70777-6

定价：69.00 元

电话服务　　　　　　　　　　　　网络服务

客服电话：010-88361066　　　　机 工 官 网：www.cmpbook.com
　　　　　010-88379833　　　　机 工 官 博：weibo.com/cmp1952
　　　　　010-68326294　　　　金 书 网：www.golden-book.com
封底无防伪标均为盗版　　　　机工教育服务网：www.cmpedu.com

面向新工科高等院校大数据专业系列教材
编委会成员名单

（按姓氏拼音排序）

主　　任　　陈　钟

副 主 任　　陈　红　　陈卫卫　　汪　卫　　吴小俊
　　　　　　闫　强

委　　员　　安俊秀　　鲍军鹏　　蔡明军　　朝乐门
　　　　　　董付国　　李　辉　　林子雨　　刘　佳
　　　　　　罗　颂　　吕云翔　　汪荣贵　　薛　薇
　　　　　　杨尊琦　　叶　龙　　张守帅　　周　苏

秘 书 长　　胡毓坚

副秘书长　　时　静　　王　斌

出 版 说 明

当前，我国数字经济建设加速推进，作为数字经济建设的主力军，大数据专业人才需求迫切，高校大数据专业建设的重要性日益凸显，并呈现出以下四个特点：实用性、交叉性较强，专业设立日趋精细化、融合化；专业建设上高度重视产学合作协同育人，产教融合发展迅猛；信息技术新工科产学研联盟制定的《大数据技术专业建设方案》，使得人才培养体系、专业知识体系及课程体系的建设有章可循，人才培养日益规范化、标准化；大数据人才是具备编程能力、数据分析及算法设计等专业技能的专业化、复合型人才。

作为一个高速发展中的新兴专业，大数据专业的内涵和外延不断丰富和延伸，广大高校亟需能够系统体现大数据专业上述四个特点的教材。基于此，机械工业出版社联合信息技术新工科产学研联盟，汇集国内专家名师，共同成立教材编写委员会，组织出版了这套"面向新工科高等院校大数据专业系列教材"，全面助力高校新工科大数据专业建设和人才培养。

这套教材依照《大数据技术专业建设方案》组织编写，体现了国内大数据相关专业教学的先进理念和思想；覆盖大数据技术专业主干课程的同时，延伸上下游，涵盖云计算、人工智能等专业的核心课程，能够更好地满足高校大数据相关专业多样化的教学需求；引入优质合作企业的技术、产品及平台，体现产学合作、协同育人的理念；教学配套资源丰富，便于高校开展教学实践；系列教材主要参编者皆是身处教学一线、教学实践经验丰富的名师，教材内容贴合教学实际。

我们希望这套教材能够充分满足国内众多高校大数据相关专业的教学需求，为培养优质的大数据专业人才提供强有力的支撑。并希望有更多的志士仁人加入到我们的行列中来，集智汇力，共同推进系列教材建设，在建设数字社会的宏大愿景中，贡献自己的一份力量！

面向新工科高等院校大数据专业系列教材编委会

前言

近年来，人工智能在社会经济领域得到广泛应用，不断催生新技术、新产品、新产业。人工智能的技术发展可谓日新月异，其中机器学习、深度学习等技术又是当前科研人员研究的热点。而且人工智能在数据挖掘、计算机视觉等方面的突破性进展不但为企业带来了良好的经济效益，也为大众带来了更加舒适、便捷的生活。

为了更好地介绍人工智能相关技术及应用，我们组织编写了这本教材。本书介绍了当前人工智能领域的热门技术，更有大量的实践案例介绍人工智能技术的应用，内容覆盖了机器学习、深度学习、强化学习等主流人工智能技术，可使读者在学习中了解不同算法在日常生活中的应用，如图像识别、图像迁移、文本分类等。

全书共 10 章，第 1 章为人工智能概述，介绍了人工智能的起源、定义和分类。第 2 章为人工智能与大数据、云计算，介绍了人工智能、大数据、云计算三者之间的关系。第 3 章为人工智能的技术基础，介绍了人工智能中的知识表示、知识图谱、专家系统等相关概念。第 4 章为知识发现与数据挖掘，介绍了知识发现和数据挖掘的相关知识。第 5 章为机器学习，围绕机器学习概念和应用进行介绍。第 6 章为深度学习，介绍了深度学习相关的各项知识点。第 7 章为强化学习，着重阐述了基于值函数的强化学习方法。第 8 章为自然语言处理，主要介绍了自然语言处理的基本概念和发展历程。第 9 章为机器视觉，系统地介绍了机器视觉的基础理论、方法及关键技术。第 10 章为机器人，主要介绍了机器人的相关概念，机器人的应用和未来的发展。

本书内容深入浅出，案例丰富，可以帮助读者熟练掌握人工智能核心技术、主要模型、实践技巧，能够有效提升读者解决复杂问题的能力。本书可作为普通高等院校的大数据专业和人工智能专业的核心基础课程的教材，也可作为自学参考用书。本书每章都附有习题，读者可以通过习题来测试对本章内容的掌握程度。

本书基于东方国信图灵引擎为核心的 AI 生态，提供一站式可视化的 AI 案例教学实践环境。书中的案例都可通过图灵引擎在线实现，加深读者对人工智能技术应用的认识。

本书由成都信息工程大学安俊秀教授、中国联通集团软件研究院叶剑、成都信息工程大学的研究生陈宏松、马振明、陶全桧等共同编写。其中第 1、2、6、7 章由安俊秀、陈宏松编写；第

4、5、10 章由马振明、叶剑编写；第 3、8、9 章由陶全桧、叶剑编写。安俊秀、孙琛恺对本书进行了审校，也感谢杜凡、李响、祝康瑞等同学在本书开始编写时的积极参与。本书的编写和出版还得到了国家自然科学基金项目（71673032）的支持。

由于人工智能技术的发展日新月异，加之编者水平有限，书中难免存在疏漏和不足之处，敬请广大读者批评指正。

安俊秀

2022 年 4 月于成都信息工程大学

目录

长期以来，制造具有智能的机器一直是人类的梦想，早在千百年前，中国人就用智慧创造出有用的机器。3000 多年前，偃师为周穆王制作了献舞的机器演员；1800 多年前，诸葛亮发明了不借用人力就可运输 10 万大军粮草的木牛流马；1300 多年前，唐朝的马待封为皇后专门打造了一个可以梳妆打扮的自动梳妆台。随着工业革命的到来，古代木器工具逐渐被电器设备代替，电器设备的工作效率虽高，但是远未达到"智能"的程度。在 20 世纪 50 年代，计算机的出现让"智能机器"成为一种可能。如今，人类和计算机产生的数据量之庞大，已远远超出人类可以吸收、解释并据此做出复杂决策的能力范围。目前，智能手机和智能音响等各种智能设备已经深入人们的日常生活中，极大地改变了社会生产和人们的生活方式。未来，人工智能的发展必然会在新的领域影响人们的生活。

本章主要介绍人工智能的起源和定义、人工智能的各个流派和发展进程，以及人工智能在农业、工业、商业、医疗、教育等方面的应用。

1.1 人工智能的起源与定义

人工智能研究的一个主要目标是使机器能够胜任通常需要人类智能才能完成的复杂工作。随着软/硬件、大数据、深度学习等技术发展到一定水平，人工智能的应用开始呈井喷式发展。从第一个实现自动驾驶的 Uber 到 AlphaGo 取得与人对弈的胜利，人工智能成为人们关注的焦点。

1.1.1 人工智能的起源

人工智能的思想萌芽可以追溯到 17 世纪的巴斯卡和莱布尼茨，他们较早提出了有智能的机器的想法，19 世纪，英国数学家布尔和德摩根提出了思维定律，这些可谓是人工智能的开端。19 世纪 20 年代，英国科学家巴贝奇设计了第一台计算机器，它被认为是计算机硬件，也是人工智能硬件的前身。1946 年，电子计算机的问世，是人工智能研究的真正开端。

1950 年，图灵在那篇名垂青史的论文 *Computing Machine and Intelligence* 的开篇说："我建议大家考虑这个问题：机器能思考吗？"但是由于人们很难精确地定义什么是思考，为了对人工智能有个明确的评价标准，图灵提出了一个"模仿游戏"，也就是图灵测试，如图 1-1 所示。

图灵测试的定义是这样的：测试者与被测试者在相互（一个人和一台机器）隔开的情况下，

通过一些装置（如键盘）向被测试者随意提问。多次测试（一般为 5min 之内），如果有超过 30% 的测试者不能确定被测试者是人还是机器，那么这台机器就通过了测试，并被认为具有人类智能。这一测试标准一直延续到现在，但到目前为止还没有一台计算机可以准确地通过这看似简单的测试。图灵不仅提出了图灵测试的概念，在第二次世界大战期间，他还开发出了图灵机，破解了德国著名的密码系统 Enigma，帮助盟军取得了战争的胜利。图灵（见图 1-2）的这些工作使他成为当之无愧的人工智能创始人。

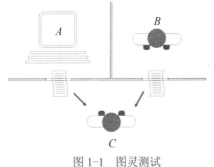

图 1-1　图灵测试

图 1-2　图灵

在图灵开始研究人工智能不久，很多人开始关注这一崭新的领域，其中就包括约翰·麦卡锡（John McCarthy，人工智能之父）、马文·明斯基（Marvin Minsky，人工智能与认知学专家）、克劳德·香农（Claude Shannon，信息论的创始人）、艾伦·纽厄尔（Allen Newell，计算机科学家）、赫伯特·西蒙（Herbert Simon，诺贝尔经济学奖得主），人工智能领域的先驱者重聚达特茅斯的图片如图 1-3 所示。

图 1-3　人工智能领域的先驱者重聚达特茅斯

在 1956 年 8 月，这些年轻人聚集在美国汉诺斯小镇宁静的达特茅斯学院中，讨论着一个完全不食人间烟火的主题：用机器来模仿人类学习以及其他方面的智能。会议开了足足两个月，虽然大家没有达成普遍的共识，但是却为会议讨论的内容起了一个名字：人工智能。因此，1956 年成为人工智能元年，这个会议也被称为达特茅斯会议。在这次头脑风暴式的会议中，人工智能的概念第一次被提出：实现让计算机以某种方式模仿人类行为。主要研究思路是"由上至下"，即由预编程的计算机来管治人类的行为。人工智能正式被看作一个独立的研究领域。

人工智能充满未知的探索道路曲折起伏，回顾人工智能的发展史，可以看到，其发展并非一帆风顺，其间经历了 20 世纪 50—60 年代以及 20 世纪 80 年代的人工智能浪潮期，也经历过 20 世纪 70—80 年代的沉寂期，最终在 21 世纪初迎来了发展黄金时期。人工智能自 1956 年以来 60 余年的发展历程，可以划分为以下 6 个阶段。

（1）起步发展期：1956 年—20 世纪 60 年代初

达特茅斯会议确立了人工智能（Artificial Intelligence，AI）这一术语，又陆续出现了如跳棋程序、感知神经网络软件和聊天软件等，并用机器证明的办法去证明和推理一些定理，相继取得了一批令人瞩目的研究成果，掀起人工智能发展的第一个高潮。

（2）反思发展期：20 世纪 60 年代—70 年代初

人工智能发展初期的突破性进展大大提升了人们对人工智能的期望，人们开始尝试更具挑战性的任务，并提出了一些不切实际的研发目标。然而，接二连三的失败和预期目标的落空（例如，无法用机器证明两个连续函数之和还是连续函数、机器翻译闹出笑话等），使人工智能的发展走入低谷，人工智能进入第一次寒冬。

（3）应用发展期：20 世纪 70 年代初—80 年代中期

20 世纪 70 年代出现的专家系统模拟人类专家的知识和经验解决特定领域的问题，实现了人工智能从理论研究走向实际应用、从一般推理策略探讨转向运用专门知识的重大突破。专家系统在医疗、化学、地质等领域取得成功，推动人工智能进入应用发展的新高潮。

（4）低迷发展期：20 世纪 80 年代中—90 年代中期

随着人工智能的应用规模不断扩大，专家系统存在的应用领域狭窄、缺乏常识性知识、知识获取困难、推理方法单一、缺乏分布式功能、难以与现有数据库兼容等问题逐渐暴露出来。人工智能进入第二次寒冬。

（5）稳步发展期：20 世纪 90 年代中期—2010 年

网络技术特别是互联网技术的发展，加速了人工智能的创新研究，促使人工智能技术进一步走向实用化。1997 年，国际商业机器公司（IBM）"深蓝"超级计算机战胜了国际象棋世界冠军卡斯帕罗夫（见图 1-4）；2002 年，iRobot 公司打造出全球首款家用自动扫地机器人；2006 年出现深度学习技术；2008 年 IBM 提出"智慧地球"的概念，与此同时，Siri、Alexa、Cortana 等语音识别应用在智能手机上得到应用，以上都是这一时期的标志性事件。

图 1-4　IBM "深蓝"击败卡斯帕罗夫

（6）蓬勃发展期：2011 年至今

随着大数据、云计算、互联网、物联网等信息技术的发展，泛在感知数据和图形处理器等计算平台推动以深度神经网络为代表的人工智能技术的飞速发展，大幅跨越了科学与应用之间的"技术鸿沟"，诸如图像分类、语音识别、知识问答、人机对弈、无人驾驶等人工智能技术实现了从"不能用、不好用"到"可以用"的技术突破。同时，这一轮人工智能发展的影响已经不局限于学界，政府、企业、非营利机构都开始拥抱人工智能技术。AlphaGo 对战李世石的胜利更使得社会大众开始认识、了解人工智能。人们身处的第三次人工智能浪潮仅仅是一个开始，在人工智能概念提出一个甲子后的今天，人工智能的高速发展将揭开一个新时代的帷幕，迎来爆发式增长的新高潮。人工智能的发展历程图如图 1-5 所示。

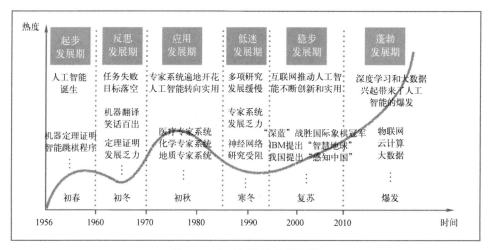

图 1-5　人工智能的发展历程

1.1.2　人工智能的定义

斯坦福大学人工智能实验室的教授尼尔斯提供了一个可供参考的定义："人工智能致力于使机器智能化，智能化是衡量实体在特定环境中反应和判断能力的定量指标"。而麻省理工学院的温斯顿教授认为："人工智能是研究如何使计算机去做过去只有人才能做的智能工作"。这些说法都反映了人工智能学科的基本思想和基本内容，即人工智能是研究人类智能活动的规律，构造具有一定智能的人工系统，研究如何让计算机去完成以往需要人的智力才能胜任的工作，也就是研究如何应用计算机的软硬件来模拟人类某些智能行为的基本理论、方法和技术。人工智能主要包括计算机实现智能的原理、制造类似于人脑智能的计算机、使计算机实现更高层次的应用。

人工智能（AI）是研究、开发用于模拟、延伸和扩展人的智能的理论、方法、技术及应用系统的一门新技术科学。人工智能可以在了解智能实质的同时，生产出一种新的能以人类智能相似的方式做出反应的智能机器。

20 世纪 70 年代以来，人工智能被称为世界三大尖端技术（空间技术、能源技术、人工智能）之一，也被认为是 21 世纪三大尖端技术（基因工程、纳米科学、人工智能）之一。这是因为近三十年来 AI 迅速发展，在很多学科领域都获得了广泛应用，并取得了丰硕的成果，人工智能已逐步成为一个独立的分支，在理论和实践上都已自成一个系统。

总的来说，人工智能努力的目标是让计算机像人类一样思考和行动。人工智能是计算机科学的一个分支，该领域的研究包括机器人、语言识别、图像识别、自然语言处理和专家系统等。

1.1.3　人工智能的分类及特征

为了帮助读者更好地理解人工智能的研究方向和关键技术，将从以下三个角度对人工智能进行分类别的阐述。

1. 弱 AI 和强 AI

从人工智能的发展阶段来看，可以将 AI 分为两类，一种是弱人工智能（Artificial Narrow Intelligence，ANI），另一种是强人工智能（Artificial General Intelligence，AGI）。

1）弱 AI 又称窄 AI，指专门针对特定任务而设计和训练的 AI，如苹果的虚拟语音助手 Siri。在弱人工智能阶段，ANI 只专注于完成某个特定的任务，如语音识别、图像识别和翻译，是擅长单个方面的人工智能，类似高级仿生学。它们只是让机器具备观察和感知的能力，可以做到一定程度的理解和推理。谷歌的 AlphaGo 是典型的"弱人工智能"，它是一个优秀的数据处理者，但是 AlphaGo 仅会下棋，是一种擅长单游戏领域的人工智能。

2）强 AI 又称通用 AI，是让机器获得自适应能力，解决一些之前没有遇到过的问题。在"强人工智能"阶段，AGI 就能在各方面都与人类媲美，拥有 AGI 的机器不仅是一种工具，而且本身可拥有"思维"。有知觉和自我意识的 AGI 能够进行思考、计划、解决问题、抽象思维、理解复杂理念、快速学习等，人类能做的脑力活动 AGI 基本都能胜任。科幻电影里的人工智能，如《终结者》（The Terminator）、《黑客帝国》（The Matrix）和《机械姬》（Ex Machina）等描绘的都是强人工智能，而强 AI 在目前的现实世界里难以真正实现。目前的科研工作都集中在弱人工智能这部分。

2. 反应式机器、有限记忆、意志理论、自我意识

密歇根州立大学的 Arend Hintze 教授将人工智能分为四类：反应式机器、有限记忆、心理学理论和自我意识。

1）反应式机器：这一类型的人工智能涉及计算机对世界的直接感知并作出相应反应，不依赖于对世界的内部概念。最基本的 AI 系统就是完全反应式的，既不能形成记忆也不能利用过去的经验来指导当前决策。代表性范例为 IBM 的国际象棋超级计算机"深蓝"。

"深蓝"能够识别棋盘上的棋子，并且知道每个棋子如何移动。它可以预测下一步自己和对手将如何移动，然后从中选择最佳移动方案。"深蓝"不考虑之前发生的任何事，也没有任何关于之前的记忆，只考虑当前棋盘上棋子的位置，然后从所有可能的下一步动作中选择一种。这种反应式的方法确实让 AI 系统在特定的游戏中表现更出色。但这种计算机思维没有更宽泛的世界概念——这意味着它们无法执行特定任务之外的其他任务，无法交互性地参与真实世界。

2）有限记忆：这一类型的人工智能可以观察过去的情况，用于预测在不远的未来将发生的行为，代表性范例为自动驾驶汽车。自动驾驶汽车会观察其他车辆的速度和方向。观察过去的情况无法短时间内完成，而是需要识别特定对象并持续监视。这些待观察物体被添加到自动驾驶汽车预编程的"表示"中。这些"表示"包括车道标记、交通指示灯等重要元素。当自动驾驶汽车为避免阻挡其他司机或与其他汽车相撞而决策变道时，这些因素都会被考虑在内。但是这些关于过去的简单片段化信息是短暂的，与驾驶员积累多年驾驶经验的方法不同的是，这些简单片段化的信息不会被保存为可从中学习的经验库信息。

3）心理学理论：这一类型的人工智能能够理解影响自身决策的观点、诉求和目的。目前这类 AI 尚不存在。在心理学中，将人、生物和其他物体有影响自己行为的思想和情绪称为心理学理论。心理学理论可以被视为目前 AI 机器与未来 AI 机器的重要分界点。这对人类如何形成社会至关重要，因为心理学理论让人类进行社会性互动。如果不理解对方的动机和意图，或者没有考虑到别人对自己或周围环境的认知，就会给工作带来困难。

4）自我意识：这一类型人工智能是具有自我意识的机器，能够理解自身目前的状态，并能利用现有信息推测他人的思维。目前这类 AI 尚不存在。自我意识属于 AI 发展的最后一步，即是构建可以形成自我"表示"的 AI 系统。在某种意义上，这是第三类人工智能的"心理学理论"

的延伸。这时 AI 研究人员不仅需要了解意识，而且还要构建拥有意识的机器。

3. 认知 AI、机器学习 AI 和深度学习

根据 AI 的主要研究方向，可以将 AI 分为认知 AI、机器学习、深度学习三种类型。

（1）认知 AI（Cognitive AI）

认知 AI 是最受欢迎的人工智能分支，负责所有类似于人类的交互。认知 AI 能够轻松处理复杂性和二义性，同时还可以持续不断地在数据挖掘、自然语言处理（Natural Language Processing，NLP）和智能自动化的经验中学习。如今的认知 AI 能够综合人工智能做出的最佳决策和人类工作者们的决定，以监督更棘手或不确定的事件。这可以帮助扩大人工智能的适用范围，并生成更快、更可靠的答案。

（2）机器学习（Machine Learning）

机器学习处于计算机科学前沿，如自动驾驶技术，将来有望对人们的日常工作产生极大的影响。机器学习要在大数据中寻找一些"模式"，然后在没有过多人为解释的情况下，用这些模式来预测结果，而这些模式在普通的统计分析中是看不到的。机器学习需要以下三个关键因素才能有效。

1）数据。为了教给人工智能新技巧，需要将大量的数据输入给模型，用以实现可靠的输出评价。如特斯拉已经由其汽车部署了自动转向特征，同时把它收集的所有数据（如驾驶员的干预措施、成功逃避、错误警报等）发送到总部，从而在错误中学习并逐步锐化感官。

2）发现。为了理解数据，机器学习使用的算法可以对混乱的数据进行排序、切片并转换成可理解的数据。从数据中学习的算法有两种：无监督法和有监督算法。

无监督算法只处理数字和原始数据，因此没有建立起可描述性标签和因变量。该算法的目的是找到一个人们没想到会有的内在结构。这对于深入了解市场细分、相关性、离群值等非常有用。

有监督算法通过标签和变量了解不同数据集之间的关系，使用这些关系来预测未来的数据。主要用于气候变化模型、预测分析、内容推荐等方面。

3）部署。机器学习需要从计算机科学实验室进入到软件当中。越来越多的诸如客户关系管理（Customer Relationship Management，CRM）、市场营销（Marketing）、企业资源计划（Enterprise Resource Planning，ERP）系统等产品的供应商正在努力提高产品的机器学习能力。

（3）深度学习（Deep Learning）

如果机器学习是前沿的，那么深度学习则是尖端的。它将大数据和无监督算法的分析相结合。它的应用通常围绕着庞大的未标记数据集，这些数据集需要结构化成互联的群集。深度学习的这种灵感来自于大脑中的神经网络，因此也将其称为人工神经网络。深度学习是许多现代语音识别和图像识别方法的基础，并且与以往提供的非学习方法相比，深度学习具有更高的精确度。

1.2　人工智能的流派

通过机器模仿实现人的行为，让机器具有人类的智能，是人类长期以来追求的目标。不同学科或学科背景的学者对人工智能做出了各自的解释，提出了不同的观点，由此产生了不同的学术流派。目前，对人工智能研究影响较大的主要分为三个流派：符号主义、连接主义和行为主义。这三大流派对人工智能有不同的理解，不同的学术流派之间，都享有不同的思想和价值观念，而由于这些思想的不同，造成了最终实现人工智能的思路不同，从而延伸出了不同的发展轨迹。

　　人工智能研究进程中的这三大流派和研究范式推动了人工智能的发展。符号主义认为认知过程在本体上就是一种符号处理过程，人类思维过程可以用某种符号来进行描述，其研究是以静态、顺序、串行的数字计算模型来处理智能，寻求知识的符号表征和计算，它的特点是自上而下。连接主义则是模拟发生在人类神经系统中的认知过程，提供一种完全不同于符号处理模型的认知神经研究范式，主张认知是相互连接的神经元的相互作用。行为主义认为智能是系统与环境的交互行为，是对外界复杂环境的一种适应。这些理论与范式在实践之中都形成了自己特有的问题解决方法体系，并在不同时期都有成功的实践范例。而就解决问题而言，符号主义有从定理机器证明、归结方法到非单调推理理论等一系列成就。而连接主义有归纳学习，行为主义有反馈控制模式及广义遗传算法等解题方法。它们在人工智能的发展中始终保持着一种经验积累及实践选择的证伪状态。

　　人工智能领域的派系之争由来已久。三个流派都提出了自己的观点，它们的发展趋势也反映了时代发展的特点，有趣的是，斯坦福大学人工智能实验室的创办人麦卡锡是铁杆的符号主义学派，但后来担任该人工智能实验室主任的却分别是连接主义学派的吴恩达和李飞飞。这或许也反映了符号主义学派转向连接主义学派的发展趋势。下面分别介绍人工智能的这三大流派。

1.2.1　符号主义

　　符号主义（Symbolism）是一种基于逻辑推理的智能模拟方法，又称为逻辑主义（Logicism）、心理学派（Psychlogism）或计算机学派（Computerism），其原理主要为物理符号系统假设和有限合理性提供原理，长期以来，一直在人工智能中处于主导地位。

　　符号主义学派认为人工智能源于数学逻辑。数学逻辑从 19 世纪末起就获得迅速发展，到 20 世纪 30 年代开始用于描述智能行为。计算机出现后，又在计算机上实现了逻辑演绎系统。该学派认为人类认知和思维的基本单元是符号，而认知过程就是在符号表示上的一种运算。符号主义致力于用计算机的符号操作来模拟人的认知过程，其实质就是模拟人的左脑抽象逻辑思维，通过研究人类认知系统的功能机理，用某种符号来描述人类的认知过程，并把这种符号输入到能处理符号的计算机中，从而模拟人类的认知过程，实现人工智能。符号主义学派的思想源头和理论基础就是定理证明。逻辑学家戴维斯在 1954 年完成了第一个定理证明程序。

1. 专家系统

　　专家系统（Expert System）是一个智能计算机程序系统，其内部含有大量的某个领域专家水平的知识与经验，能够利用人类专家的知识和解决问题的方法来处理该领域问题。也就是说，专家系统是一个具有大量的专家知识与经验的程序系统，它应用 AI 技术和计算机技术，根据某领域一个或多个专家提供的知识和经验，进行推理和判断，模拟人类专家的决策过程，以便解决那些需要人类专家处理的复杂问题，如图 1-6 所示。

图 1-6　专家系统

　　专家系统是符号主义的主要成就，也是 AI 中最活跃的一个应用领域。它实现了 AI 从理论研究走向实际应用、从一般推理策略探讨转向运用专门知识的重大突破。1965 年，费根鲍姆（B. A. Feigenbaum）等人在总结通用问题求解系统的成功与失败经验的基础上，结合化学领域的专门知识，研制了世界上第一个可以推断化学分子结构的专家系统 DENDRAL。在 20 世纪 80 年代初到 20 世纪 90 年代初，专家系统经历了十年的黄金期。这期间，最成功的案例是卡耐基梅隆大学为 DEC 公司设计的一个名为 XCON 的专家系统，当客户订购 DEC 公司的 VAX 系列计算机时，XCON 可以按照客户需求自动配置零部件，这个专家系统每年为 DEC 公司节省约四千万美元。

早期的专家系统采用通用的程序设计语言（如 Fortran、Pascal、Basic 等）和人工智能语言（如 LISP、Prolog、Smalltalk 等），通过 AI 专家与领域专家的合作，直接编程实现。大部分专家系统研制工作已采用专家系统开发环境或专家系统开发工具来实现，领域专家可以选取合适的工具开发自己的专家系统，大大缩短了专家系统的研制周期，从而为专家系统在各领域的广泛应用提供条件。

2. 知识工程

知识工程（Knowledge Engineering）是一门新兴的工程技术学科，它产生于社会科学与自然科学的相互交叉和科学技术与工程技术的相互渗透。知识工程的概念是 1977 年美国斯坦福大学计算机科学家费根鲍姆教授在第五届国际人工智能会议上提出的。他认为："知识工程是人工智能的原理和方法，为那些需要专家知识才能解决的应用难题提供求解的手段。恰当运用专家知识的获取、表达和推理过程的构成与解释，是设计基于知识的系统的重要技术问题。"这类以知识为基础的系统，是通过智能软件而建立的专家系统。知识工程是符号主义人工智能的典型代表，近年来越来越火的知识图谱，是新一代的知识工程技术。

知识工程的产生，说明人类所专有的文化、科学、知识、思想等同现代机器的关系空前密切了。这不仅促进了电子计算机产品的更新换代，更重要的是，它必将对社会生产力产生新的飞跃、对社会生活产生新的变化，发生深刻的影响。知识工程可以看成是人工智能在知识信息处理方面的发展，研究如何由计算机表示知识，进行问题的自动求解。知识工程的研究使人工智能的研究从理论转向应用，从基于推理的模型转向基于知识的模型，包括整个知识信息处理的研究。

回顾知识工程四十多年的发展历程，总结知识工程的演进过程和技术进展，可以将知识工程分成五个标志性的阶段：前知识工程时期、专家系统时期、万维网 1.0 时期、群体智能时期以及知识图谱时期，如图 1-7 所示。

图 1-7　知识工程发展历程

1.2.2　连接主义

连接主义（Connectionism）又称为仿生学派（Bionicsism）或生理学派（Physiologism），是一种基于神经网络及网络间的连接机制与学习算法的智能模拟方法。其原理主要为神经网络和神经网络间的连接机制及其学习算法。这一学派认为人工智能源于仿生学，特别是人脑模型的研究。连接主义学派从神经生理学和认知科学的研究成果出发，把人的智能归结为人脑的高层活动的结果，强调智能活动是由大量简单的单元通过复杂的相互连接后并行运行的结果，人工神经网络就是其典型代表性技术。

1943 年，麦卡洛克（Warren McCulloch）和皮茨（Walter Pitts）发表了 *A Logical Calculus of the Ideas Immanent in Nervous Activity*，这是神经网络的开山之作。但在这之后的一段时间里，连接主义依旧不被大众认可。在 1956 年的达特茅斯会议上，符号主义仍然是主流。1957 年，神经网络的研究取得了一个重要突破。康奈尔大学的实验心理学家罗森布拉特（Frank Rosenblatt）在一台 IBM-704 计算机上模拟实现了他发明的感知机（Perceptron）神经网络模型，可以完成一些简单的视觉处理任务，在当时引起了轰动。但是符号主义学派的代表人物明斯基认为神经网络不能解决人工智能的问题。后来，罗森布拉特和麻省理工学院的佩珀特（Seymour Papert）指出了"感知机"存在的缺陷。政府资助机构也逐渐停止了对神经网络研究的支持，从此，神经网络研究进入了长达二十年的"饥荒期"。在 1982 年，霍普菲尔德（John Hopfield）提出了一种新的神经网络，可以解决一大类模式识别问题，还可以给出一类组合优化问题的最优解，这种神经网络模型后来被称为霍普菲尔德网络。霍普菲尔德网络模型的提出振奋了神经网络领域，一大批早期神经网络研究的幸存者开始了连接主义运动，一时间神经网络成为显学，美国国防部、海军和能源部等也加大了对神经网络研究的资助力度。到了 2006 年，辛顿（Geoffrey Hinton）等人提出了深度学习的概念，推动了神经网络领域新的高潮。所谓深度学习就是用很多层神经元构成的神经网络达到机器学习的功能。在 2012 年的图像识别国际大赛（ImageNet Large Scale Visual Recognition Challenge，ILSVRC）上，辛顿团队的 Super Vision 以超过 10%的优势击败对手拔得头筹。随着硬件技术（如谷歌推出的 TPU 芯片）的发展，深度学习已经成为人工智能时代的主流。

1.2.3　行为主义

行为主义（Behaviorism）又称进化主义（Evolutionism）或控制论学派（Cyberneticsism），是一种基于"感知-行动"的行为智能模拟方法。

行为主义最早来源于 20 世纪初的心理学流派，认为行为是有机体用以适应环境变化的各种身体反应的组合，它的理论目标在于预见和控制行为。维纳（Norbert Wiener）和麦卡洛克（Warren McCulloch）等人提出的控制论和自组织系统以及钱学森等人提出的工程控制论和生物控制论，影响了许多领域。控制论把神经系统的工作原理与信息理论、控制理论、逻辑以及计算机联系起来。早期的研究工作重点是模拟人在控制过程中的智能行为和作用，对自寻优、自适应、自校正、自镇定、自组织和自学习等控制论系统的研究，并进行"控制动物"的研制。到 20 世纪 60—70 年代，上述控制论系统的研究取得一定进展，并在 20 世纪 80 年代诞生了智能控制和智能机器人系统。

1.3　人工智能的技术构成

按产业链结构划分，人工智能可以分为基础设施层、基础技术层、AI 要素层、AI 技术层和 AI 应用层。如图 1-8 所示。基础设施层主要包括互联网、传感器、高性能芯片等基础设施服务，它们为人工智能提供了底层的基础设施。基础技术层主要聚焦于数据资源、计算能力和硬件平台，数据资源主要是各类大数据，计算平台主要依靠云计算技术。AI 要素层主要是将大数据所产生的数据资源与云计算所提供的运算能力通过核心算法进行融合，得到可用数据。AI 技术层着重于算法、模型及可应用技术，如计算智能算法、感知智能算法、认知智能算法。AI 应用层则主要将人工智能与下游各领域结合起来，如无人机、机器人、虚拟客服、语音输入法等。

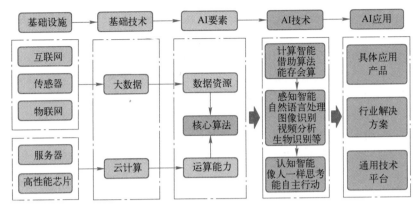

图 1-8　人工智能产业链

1.3.1　基础设施

基础设施层通常指互联网、传感器、物联网，以及服务器和高性能芯片等人工智能发展所需的基础硬件设备，互联网主要用来收集人与人之间在线上交流所产生的数据；传感器主要为计算机视觉采集设备和语音识别设备，是实现计算机认知和人机交互的传感设备；物联网则是用来收集人与机器所产生的交互数据；服务器通常指人工智能底层基础技术所用到的相关硬件设备，包括 CPU、硬盘、内存等计算机基础硬件；高性能芯片则包括图形处理器（GPU）、专用集成电路（ASIC）、现场可编程阵列（FPGA）等，是人工智能最核心的硬件设备。

1.3.2　基础技术

基础技术层主要提供存储和算力，主要包含大数据技术和云计算技术，解决具体类别问题。海量的数据是人工智能发展的必备条件，使用高质量和高关联度的数据训练人工智能可以快速提高人工智能算法的准确性。自 2000 年以来，互联网和个人移动设备产生了海量的数据，伴随着物联网技术的迅猛发展，将会产生更大规模的数据。云计算则提供了强大的计算能力，通过高速网络，云计算将大量独立的计算单元相连，提供可扩展的高性能计算能力。云计算的主要特点是资源虚拟化、服务按需化、接入泛在化、部署可扩展、使用可计费。

1.3.3　AI 要素

AI 要素主要依托运算平台和数据资源进行识别训练和机器学习建模，开发面向不同领域的应用技术，包括语音识别、自然语言处理、计算机视觉和机器学习技术。科技巨头谷歌、IBM、亚马逊、苹果、阿里、百度都在该层级深度布局。我国人工智能技术领域近年发展迅速，目前发展主要聚焦于计算机视觉、语音识别和自然语言处理等领域。除了 BAT（百度、阿里、腾讯）在内的科技企业之外，还出现了如商汤、旷视、科大讯飞等诸多独角兽公司。

1.3.4　AI 技术

人工智能（AI）技术层是连接人工智能与具体应用场景的桥梁，通过将基础的人工智能理论和技术进行升级和细化，以实现人机交互的目的，其技术主要包括计算机视觉、语音识别、自适应学习技术等。AI 技术层分为计算智能、感知智能和认知智能三个部分，计算智能主要借助相关算法，能够自主存储和计算数据；感知智能的技术包括自然语言处理、计算机视觉技术、语音识别技术等；认知智能的技术包括机器学习、深度学习等算法，让机器能够像人一样思考，并拥有自主的行动能力。

计算机视觉技术根据识别对象的不同，可划分为生物识别和图像识别。生物识别通常指利用传感设备对人体的生理特征（如指纹、虹膜、脉搏等）和行为特征（如声音、笔迹等）进行识别和验证，主要应用于安防领域和医疗领域。图像识别是指机器对于图像进行检测和识别的技术，它的应用更为广泛，在新零售领域被应用于无人货架、智能零售柜等的商品识别；在交通领域可以用于车牌识别和部分违章识别；在农业领域可用于种子识别乃至环境污染检测；在公安刑侦领域通常用于反伪装和采集证据；在教育领域可以实现文本识别并转为语音；在游戏领域可以将数字虚拟层置于真实图像之上，实现增强现实的效果。语音识别技术是将语音转化为字符或命令等机器能够理解的信号，它能够实现人类和机器之间的语音交流，让机器"听懂"人类语言。语音识别需要的技术主要包括自动语音识别（ASR）、自然语言理解（NLU）、自然语言生成（NLG）与文字转语音（TTS）。语音识别技术的商业化应用主要体现在语音转文字和语音指令识别两个方面。在商务司法领域，可以用于智能会议同传、记录和转写，节省大量人工；在智能家居领域，可以为声控电视、声控机器人提供底层技术支持，提高人机交互的便捷度；在金融科技领域，可以代替部分笔头工作，减少客户填写各种凭证的时间；在自动驾驶领域，可以搭建高效的车载语音系统，进一步解放驾驶者的双手。

1.3.5　AI 应用

在 AI 应用层中，人工智能包括具体应用产品、行业解决方案、通用技术平台。应用产品可以分为基础产品和复合产品，基础产品包括智能语音、自然语言处理、计算机视觉、知识图谱、人机交互五类，是基于人工智能底层技术研发的产品，是人工智能终端产品和行业解决方案的基础。复合产品可看作人工智能终端产品，是人工智能技术的载体，目前主要包括可穿戴设备、机器人、无人车、智能音箱、智能摄像头、特征识别设备等终端及配套软件。在行业解决方案中，人工智能在医疗、交通、家居、智能制造、金融、教育等多个领域均有广泛应用。我国对于人工智能的研究正在持续开展，百度、阿里、腾讯等国内科技巨头相继推出了自己的 AI 平台。

1.4　人工智能的进展与发展趋势

人工智能最近几年发展得极为迅猛，学术界、产业界、投资界各方一起发力，硬件、算法与数据共同发展，不仅仅是大型互联网公司，包括大量创业公司以及传统行业的公司都开始涉足人工智能。从长远来看，人工智能在各行各业获得越来越广泛的应用是社会发展的趋势之一。

1.4.1　知识表示

知识表示（Knowledge Representation）是指把知识客体中的知识因子与知识关联起来，便于人们识别和理解知识。知识表示是知识工程的关键技术之一，主要研究用什么样的方法将解决问题所需的知识存储在计算机中，能够方便和正确地使用知识，合理地表示知识，使得问题的求解变得容易且具有较高的求解效率，并便于计算机处理。从一般意义上讲，所谓知识表示是为描述世界所做的一组约定，是知识的符号化、形式化或模型化。从计算机科学的角度来看，知识表示是研究计算机表示知识的可行性、有效性的一般方法，是把人类知识表示成机器能处理的数据结构和系统控制结构的策略。知识表示是推理和行动的载体，如果没有合适的知识表示，任何构建智能体的计划都无法实现。知识表示的研究既要考虑知识的表示与存储，又要考虑知识的使用。

知识图谱（Knowledge Graph）的概念由 Google 公司于 2012 年提出，是指其用于提升搜索引擎性能的知识库。知识图谱的出现是人工智能对知识需求导致的必然结果，但其发展又得益于很多其他的研究领域，涉及专家系统、语言学、语义网、数据库以及信息抽取等众多领域，是交叉融合的产物而非一脉相承。

知识图谱也是 AI 的一个重要分支，和深度学习一起成为推动互联网和 AI 发展的核心驱动力之一。如果把深度学习比做成聪明的 AI，能够进行感知、识别和判断，那么知识图谱就是有学识的 AI，它能够进行思考、语言和推理，深度学习与知识图谱的关系如图 1-9 所示。AI 的核心其实就是学习和推理。目前除了通用的大规模知识图谱，各行业也在建立其领域的知识图谱，当前知识图谱的应用包括语义搜索、问答系统与聊天、大数据语义分析以及智能知识服务等，在智能客服、商业智能等场景体现出巨大的应用价值，而更多知识图谱的创新应用还有待开发。

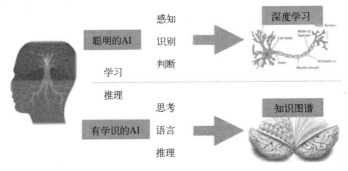

图 1-9　深度学习与知识图谱的关系

1.4.2　知识获取

知识获取（Knowledge Acquisition）是指在人工智能和知识工程系统中，机器（计算机或智能机）是如何获取知识的问题。通常人们将知识获取分为狭义知识获取和广义知识获取，狭义知识获取指人们通过系统设计、程序编制和人机交互，使机器获取知识。例如，知识工程师利用知识表示技术，建立知识库，使专家系统获取知识。也就是通过人工移植的方法，将人们的知识存储到机器中去。广义知识获取是指除了人为的知识获取之外，机器还可以自动或半自动地获取知识。例如，在系统调试和运行过程中，通过机器学习进行知识积累，或者通过机器感知直接从外部环境获取知识，对知识库进行增删、修改、扩充和更新。

知识获取是构筑知识型系统的一个重大课题，也是构建知识图谱的重要技术。20 世纪 60 年代以前，大部分 AI 程序所需知识是由专业程序员手工编写的，较少直接面向应用系统，知识获取问题还未受充分重视。随着专家系统和其他知识型系统的兴起，人们认识到必须对落后的知识获取方式进行改革，让用户在知识工程师或智能程序（知识获取程序）的帮助下，在系统的运行过程中逐步建立所需的知识库。下面将从搜索技术、群智能算法、机器学习、人工神经网络与深度学习四部分来介绍知识获取。

1. 搜索技术

搜索技术是人们获取知识的重要途径之一。全球在搜索引擎上做得最好的公司，国外是谷

歌，国内是百度，它们的 logo 如图 1-10 所示。在 AI 领域，这两家
公司也是名列前茅，这并不是巧合，而是因为搜索技术是 AI 获取知
识的重要来源。这两家公司拥有大量的数据，包括文字、图片、视
频，还有地图、路况、用户使用数据等。

图 1-10　谷歌与百度的 logo

在使用谷歌或百度搜索内容的时候，通常在搜索框中输入搜索内容的关键句或关键词，在搜
索页面中就可以搜索到需要的内容。人们能在大量数据中找到自己需要的内容，这不仅仅依赖于
搜索技术本身，还需要搜索算法的帮助。传统的搜索算法是搜索工程师人工选择排名因素，人工
给予排名因素一定的权重，根据给定公式，计算出排名。这种方法的弊端是，当数据量大、排名
因素多的时候，调整排名因素的权重是件很困难的事。最初的权重是根据常识，再加上主观决
策，具有很大的主观随意性。而从海量数据中寻找数据正是 AI 所擅长的，AI 可以快速寻找可能
的排名因素，调整排名因素权重，自动迭代计算，拟合出排名因素和用户满意的搜索结果之间的
计算公式。通过训练数据训练出来的计算公式就是 AI 搜索算法，有了 AI 的加入，用户的每一次
搜索，都会成为 AI 系统学习的新数据，通过自行学习页面特征和排名之间的关系，从而提高了
用户搜索的效率和准确度，如今越来越多的搜索公司都会把 AI 加入到搜索算法中。

2. 群智能算法

万维网的出现使得知识从封闭知识走向开放知识，从集中构建知识成为分布群体智能知识。
原来的专家系统是系统内部定义的知识，现在可以实现知识源之间相互链接，可以通过关联来产
生更多的知识而非完全由固定人产生。这个过程中出现了群体智能，最典型的代表就是维基百
科，它实际上是用户去建立知识，体现了互联网大众用户对知识的贡献，成为今天大规模结构化
知识图谱的重要基础。

群智能计算（Swarm Intelligence Computing）又称群体智能计算或群集智能计算，是指
一类受昆虫、兽群、鸟群和鱼群等的群体行为启发而设计出来的具有分布式智能行为特征的智
能算法。群智能中的"群"是指一组相互之间可以进行直接或间接通信的群体。"群智能"是
指无智能的群体通过合作表现出智能行为的特性。群智能计算作为一种新兴的计算技术，越来
越受到研究者的关注，并和人工生命、进化策略以及遗传算法等有着极为特殊的联系，已经得
到广泛的应用。群智能计算在没有集中控制并且不提供全局模型的前提下，为寻找复杂分布式
问题的解决方案提供了基础。

蚁群算法（Ant Colony Optimization，ACO）和粒子群算法（Particle Swarm Optimization，
PSO）是两种最广为人知的群智能算法。蚁群算法是对蚂蚁群落食物采集过程的模拟，已成功应
用于许多离散优化问题。粒子群算法也是起源于对简单社会系统的模拟，最初是模拟鸟群觅食的
过程，但后来发现它是一种很好的优化工具。

ACO 与 PSO 不同，二者的目的都是执行即时动作，但采用的是两种不同的方式。ACO 与真
实蚁群类似，蚁群在寻找食物时通常可以找到巢穴到食物之间最短的路径，每只蚂蚁个体的智能
度很低，但是通过彼此之间的简单交流，蚂蚁群体的智能度就变得很高，这一现象在搜索问题最
优解中带来了直接的启发。每只蚂蚁在寻找道路时是随机的，并且会在路上散发信息素，那么在
单位时间内最优道路上通过的蚂蚁数量最多，信息素的浓度最高，新来的蚂蚁和返回的蚂蚁会按
着信息素浓度高的路径走，这样最优路径上的信息素浓度会越来越高，而其他路上的信息素因为
挥发浓度越来越低，这就形成了一个正反馈，全局最优方案就是具备最强信息素的路径。蚁群算
法如图 1-11 所示。

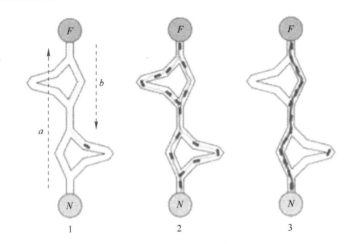

图 1-11 蚁群算法

PSO 是通过模拟鱼群捕食行为设计的，更关注整体方向。假设区域内只有一块食物，鱼群的任务是找到这个食物源。鱼群在整个搜寻的过程中，通过相互传递各自的信息，让其他的鱼知道自己的位置，通过这样的协作，来判断自己找到的是不是最优解，同时也将最优解的信息传递给整个鱼群，最终，整个鱼群都能聚集在食物源周围，即人们所说的找到了最优解，并按随机方向前进。每个时间步中，每个智能体需要就是否改变方向做出决策，决策基于全局最优解的方向、局部最优解的方向和当前方向，新方向通常是以上三个值的最优权衡结果。粒子群算法如图 1-12 所示。

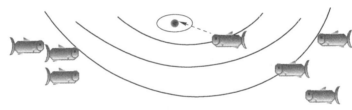

图 1-12 粒子群算法

3．机器学习

机器学习（Machine Learning）是研究计算机怎样模拟或实现人类的学习行为，以获取新的知识或技能，重新组织已有的知识结构使之不断改善自身的性能。学习能力是智能行为一个非常重要的特征，但人们至今对学习的机理尚不清楚。人们曾对学习给出各种定义，有人认为，学习是系统所做的适应性变化，使得系统在下一次完成同样或类似的任务时更为有效。还有人认为，学习是构造或修改对于所经历事物的表示。从事专家系统研制的人们则认为学习是知识的获取。这些观点各有侧重，第一种观点强调学习的外部行为效果，第二种则强调学习的内部过程，而第三种主要是从知识工程的实用性角度出发。人类的学习是依靠对生活经验的归纳，从而可以判断和预测未来发生的事情。而机器学习就是从数据中自动分析获得模型，并利用模型对未知数据进行预测，如图 1-13 所示。

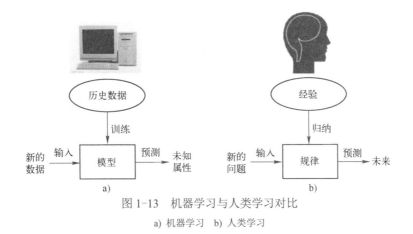

图 1-13　机器学习与人类学习对比

a) 机器学习　b) 人类学习

机器学习在 AI 的研究中具有十分重要的地位。一个不具有学习能力的智能系统难以称得上是一个真正的智能系统，以往的智能系统都普遍缺少学习的能力。例如，它们遇到错误时不能自我校正，不会通过经验改善自身的性能，不会自动获取和发现所需要的知识。它们的推理仅限于演绎而缺少归纳，因此最多只能证明已存在事实、定理，而不能发现新的定理、定律和规则等。随着人工智能的深入发展，这些局限性表现得愈加突出。正是在这种情形下，机器学习逐渐成为人工智能研究的核心之一。它的应用已遍及人工智能的各个分支，如专家系统、自动推理、自然语言理解、模式识别、计算机视觉、智能机器人等领域。典型的是专家系统中的知识获取瓶颈问题，人们一直试图采用机器学习的方法加以克服。

机器学习是 AI 的核心，是使计算机具有智能的根本途径，其应用遍及 AI 的各个领域。机器学习作为一门多学科交叉专业，涵盖概率论、统计学、近似理论和复杂算法知识，使用计算机作为工具并致力于真实且实时的模拟人类学习方式，并将现有内容进行知识结构划分来有效提高学习效率，支撑着 AI 的技术层面。它的研究是根据生理学、认知科学等对人类学习机理的了解，建立人类学习过程的计算模型或认识模型，发展各种学习理论和学习方法，研究通用的学习算法并进行理论上的分析，建立面向任务的具有特定应用的学习系统。这些研究目标相互影响相互促进。

机器学习的数学基础是统计学、信息论和控制论，还包括其他非数学学科。这类机器学习对经验的依赖性很强。计算机需要不断从解决一类问题的经验中获取知识，学习策略，在遇到类似的问题时，运用经验知识解决问题并积累新的经验，就像普通人一样。人们将这样的学习方式称为连续型学习。但人类除了会从经验中学习之外，还会创造，即跳跃型学习。这在某些情形下被称为灵感或顿悟。一直以来，计算机最难学会的就是顿悟，正因为如此，机器学习也迎来了它的发展瓶颈。

4. 人工神经网络与深度学习

人工神经网络（Artificial Neural Networks，ANN）是一种模仿动物神经网络行为特征，进行分布式并行信息处理算法的数学模型。这种网络依靠系统的复杂程度，通过调整内部大量节点之间相互连接的关系，从而达到处理信息的目的。1943 年，美国数学家皮茨和心理学家麦卡洛克首次提出了人工神经网络这一概念，并使用数学模型对人工神经网络中的神经元进行了理论建模，开启了人们对人工神经网络的研究。人工神经网络具有自学习和自适应的能力，可以通过预先提供的一批相互对应的输入输出数据，分析两者之间潜在的规律，最终根据这些规律，用新的输入数据来推算输出结果，这种学习分析的过程被称为"训练"。神经网络模型图如图 1-14 所示。其中 Input 表示输入层，Hidden 表示隐藏层，Output 表示输出层。

深度学习是人工神经网络的一个分支，具有深度网络结构的人工神经网络是深度学习最早的网络模型。在 2006 年，加拿大多伦多大学 Hinton 教授提出了深层网络训练中梯度消失问题的解决方案：无监督预训练对权值进行初始化+有监督训练微调。具体分为两步：首先逐层构建单层神经元，这样每次都是训练一个单层网络；当所有层训练完后，再使用 Wake-Sleep 算法进行调优，建立多层神经网络。至此开启了深度学习在学术界和工业界的浪潮。

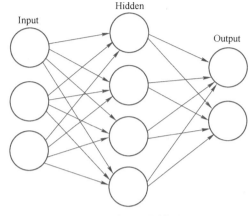

图 1-14　神经网络模型图

普通人工神经网络与深度学习的区别在于，深度学习将除最顶层的其他层间的权重变为双向的，这样最顶层仍然是一个单层神经网络，而其他层则变为图模型。向上的权重用于"认知"，向下的权重用于"生成"。然后使用 Wake-Sleep 算法调整所有权重，让认知和生成达成一致，也就是保证生成的最顶层表示能够尽可能正确地复原底层的节点。如顶层的一个节点表示人脸，那么所有人脸的图像应该激活这个节点，并且这个结果向下生成的图像应该能够表现为一个大概的人脸图像。Wake-Sleep 算法分为醒（Wake）和睡（Sleep）两部分：Wake 阶段是认知过程，通过外界的特征和向上的权重产生每一层的抽象表示，并且使用梯度下降修改层间的下行权重；Sleep 阶段是生成过程，通过顶层表示和向下权重，生成底层的状态，同时修改层间向上的权重。

机器学习在用于现实任务时，描述样本的特征通常需要人类专家来设计，这称为特征工程（Feature Engineering）。人类专家设计出好特征也并非易事，而特征的好坏对泛化性能有至关重要的影响，深度学习则是通过技术自身来产生好特征，这使深度学习向"全自动数据分析"又前进了一步。深度学习是一类模式分析方法的统称，就具体研究内容而言，主要涉及以下三类方法。

1）基于卷积运算的神经网络系统，即卷积神经网络（Convolutional Neural Network，CNN）。

2）基于多层神经元的自编码神经网络，包括自编码（Auto Encoder）以及近年来受到广泛关注的稀疏编码（Sparse Coding）两类。

3）以多层自编码神经网络的方式进行预训练，进而结合鉴别信息进一步优化神经网络权值的深度置信网络（Deep Belief Network，DBN）。

深度学习在搜索技术、数据挖掘、机器学习、机器翻译、自然语言处理、多媒体学习、语音、产品推荐和个性化技术以及其他相关领域都取得了很多成果。深度学习使机器能够模仿视听、思考等人类的活动，解决了很多复杂的模式识别难题，使得人工智能相关技术取得了很大进步。

1.4.3　知识应用

通信、感知与行动是现代人工智能的三个关键能力，分别对应计算机视觉、自然语言处理和机器人这三个 AI 应用的重要分支，下面就从这三个方面来说明 AI 的知识应用。

1. 计算机视觉

计算机视觉（Computer Vision，CV）是一门研究如何使机器"看"的科学，它的目的就是让机器能够看懂图片里的内容。进一步说，就是指用摄影机和计算机代替人眼对目标进行识别、跟踪和测量等机器视觉，并进一步做图形处理，通过处理和分析图像以从中获取信息。计算机视觉的典型应用是智能安防和人脸识别。

（1）智能安防

随着各级政府大力推进"平安城市"的建设，监控点位越来越多，监控生成的图片和视频形成了海量数据。尤其是高清监控的普及，整个安防监控领域的数据量在爆炸式增长，依靠人工来分析和处理这些信息变得越来越困难。利用以计算机视觉为核心的智能安防技术，从事前预防到事后案件追查，对安防监控人员提供了很大的帮助。

（2）人脸识别

人脸识别是基于人的脸部特征信息进行身份识别的一种生物识别技术。用摄像机或摄像头采集含有人脸的图像或视频流，并自动在图像中检测和跟踪人脸，进而对检测到的人脸进行脸部识别。无论是手机的人脸解锁，还是门禁前的人脸刷卡，人脸识别技术已经得到广泛应用，如图 1-15 所示。

2. 自然语言处理

自然语言处理（Natural Language Processing，NLP）是人工智能和语言学领域的分支学科，是机器语言和人类语言之间沟通的桥梁，以实现人机交流为目的。人类通过语言来交流，机器也有自己的交流方式，那就是数字信息。不同的语言之间是无法进行沟通的，例如人类无法听懂动物的叫声，甚至不同国家语言的人类之间都无法直接交流，需要依靠翻译。而计算机也是如此，为了让计算机之间互相交流，人们让所有计算机都遵守一些规则，计算机的这些规则就是计算机之间的语言。不同人类语言之间可以通过翻译进行交流，那么人类和机器之间也可以通过类似翻译的形式进行交流，NLP 就充当了人类和机器之间的翻译机。自然语言就是人们平时在生活中常用的表达方式，NLP 并不是一般的研究自然语言，而是研制能有效地实现自然语言通信的计算机系统。NLP 的目的就是实现人与机器之间用自然语言进行有效通信的各种理论和方法。语音识别、文本挖掘和机器翻译都属于 NLP 的研究领域。

（1）语音识别

语音识别是指识别语音（人类说出的语言）并将其转换成对应文本的一项技术。随着大数据和深度学习技术的发展，语音识别进展迅速。语音识别能够处理人类语言的声音片段，精确识别词语并从中推断出含义，示例包括检测语音命令并将其转换为可操作数据的软件。语音识别通过接收语音指令实现要求的相关操作，最典型的产品有苹果手机中的 Siri、百度的小度智能音箱等，如图 1-16 所示。

（2）文本挖掘

这里的文本挖掘主要指文本分类，该技术可用于理解、组织和分类结构化或非结构化文本文档。其涵盖的主要任务有句法分析、情绪分析和垃圾信息检测。现阶段，有很多应用都已经集成了基于文本挖掘的情绪分析或垃圾信息检测技术。但是文本挖掘和分类领域的一个瓶颈出现在歧义和有偏差的数据上，例如"方便"一词，在不同环境场景上它所表达的含义是不同的，它既可以代表"便利",又可以代表"上厕所"。而机器却不能准确地根据所处语境来表达其相应的含义,研究人员们也在努力攻克这一困难。

图 1-15　人脸识别

图 1-16　百度智能音箱

（3）机器翻译

机器翻译是利用机器的力量自动将一种自然语言（源语言）的文本翻译成另一种语言（目标语言）。生活中遇到外文文章,人们想到的第一件事就是寻找翻译网页或者 App,然而每次机器翻译出来的结果基本上都是不符合语言逻辑的,需要人们再次对句子进行二次加工或者组合。对于专业领域的翻译（如法律、医疗领域）,机器翻译就显得力不从心。面对这一困境,NLP 正在努力打通翻译的壁垒,只要提供海量的数据,机器就能自己学习任何语言。例如学习法律类专业文章的翻译,可以保证翻译 95% 的流畅度,而且能做到实时同步。机器翻译如图 1-17 所示。

3. 机器人

机器人是自动执行工作的机器装置,它既可以接受人类指挥,又可以运行预先编排的程序,也可以根据人工智能技术制定的原则纲领行动。它的任务是协助或取代人类的工作,例如,制造业、建筑业,或是危险的工作。机器人可以分成两大类:固定机器人和移动机器人。固定机器人通常被用于工业生产,例如用于装配线。常见的移动机器人有货运机器人、空中机器人和自动载具。机器人需要不同部件和系统的协作才能实现最优的作业,其中在硬件上包含传感器、反应器和控制器,另外还有能够实现感知能力的软件,如定位、地图测绘和目标识别。

（1）产业机器人

工业中应用较多的就是产业机器人,产业机器人是指计算机控制的可再编程多功能操作器,又称工业机器人。一般的产业机器人由手臂、腕、末端执行器和机身等部分组成,具有类似人类上肢的多自由度的运动功能,较高级的产业机器人是具有感觉、识别和决策功能的智能机器人。这种机器人可以进行自我诊断和修复,减少了企业开支,提高了生产效能。如图 1-18 所示为产业机器人。

图 1-17　机器翻译

图 1-18　产业机器人

（2）物流机器人

物流机器人是结合机器人产品和 AI 技术实现高度柔性和智能物流自动化的产物。在消费升级下的市场压力、海量的库存管理、难以控制的人力成本，都已经成为电商、零售等行业的共同困扰。而物流机器人管理成本低，包裹完整性强，可以满足各种分拣效率和准确率的要求，投资回报周期短。它的出现可有效提升生产柔性，助力企业实现智能化转型。如图 1-19 所示为物流机器人。

图 1-19　物流机器人

1.5　人工智能的应用领域

随着智能家电、穿戴设备、智能机器人等产物的出现和普及，人工智能技术已经深入到人们生活的各个领域，引发越来越多的关注。人工智能应用（Applications of Artificial Intelligence）的范围很广，人工智能应用深入各行各业，给人们带来了便利和全新的生活方式。下面就从农业、工业、商业、医疗和教育这五个方面来阐述人工智能的应用。

1.5.1　AI 在农业方面的应用

AI 在农业领域的研发及应用早在 21 世纪初就已经开始，这其中既包括耕作、播种和采摘等智能机器人，也有探测土壤、探测病虫害、气候灾难预警等智能识别系统，还有在家畜养殖业中使用的禽畜智能穿戴产品。这些应用帮助人们提高产出、提高效率，同时减少农药和化肥的使用。下面从产量预测、识别病虫害、禽畜智能穿戴三个方面来说明 AI 在农业方面的应用。

1．产量预测

通过对卫星拍摄或航拍图片进行智能识别和分析，AI 能够精确预报天气、气候灾害、识别土壤肥力、农作物的健康状况等。如美国的 Descartes Labs 公司收集了海量与农业相关的卫星图像数据，通过 AI 分析这些图像信息，寻找其与农作物生长之间的关系，从而对农作物的产量做出精准预测，它预测农作物产量的准确率通常高达 99%。如图 1-20 所示，AI 可以根据卫星拍摄的照片识别农田中的杂草，并且根据土壤的温湿度准确预测农作物的产量。

2．识别病虫害

虽然如今各种土壤、气候传感器及遥感图像都已纷纷问世，但在对农作物生产的优化上仍然有限，尤其在预报晚疫病、白粉虱等病虫害上仍显得力不从心。而借助 AI 的分析，农民可以及时处理受感染的叶片，尽可能地减小损失。以往，病虫害的检测需要人工巡视，一旦发现不及时，就会导致农作物大片死亡。AI 的引入可以提供不间断的监测和预报，降低了因病虫害造成的损失。

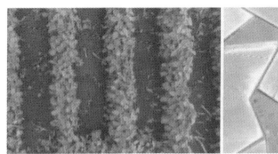

图 1-20　AI 通过卫星识别杂草和检测湿度

3. 禽畜智能穿戴

智能穿戴产品主要应用于畜牧业，其可以实时搜集所养殖畜禽的个体信息，通过 AI 识别畜禽的健康状况、发情期探测和预测、喂养状况等，从而及时获得相应处置。以日本 Farmnote 公司开发的一款用于奶牛身上的可穿戴设备 "Farmnote Color" 为例，它可以实时收集每头奶牛的个体信息。这些数据信息会通过配套的软件进行分析，采用 AI 技术分析奶牛是否出现生病、排卵或是生产的情况，并将相应信息自动推送给农户，以得到及时的处理。监测奶牛个体信息的智能设备如图 1-21 所示。

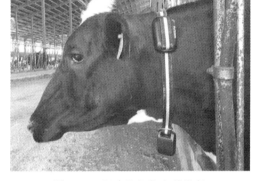

图 1-21　奶牛和智能穿戴设备

1.5.2　AI 在工业方面的应用

在智能制造不断发展壮大的趋势下，工业企业纷纷开始探索智能化转型的路径，基于工业 AI 的应用也越来越受企业的青睐。AI 可以通过对机器关键的运行参数进行建模，定位异常参数，协助故障分析。还可以通过判断机器的运行状态，预测维护时间。下面从机器的故障诊断和预测性维护两方面来介绍 AI 在工业领域的应用。

1. 故障诊断

在工业生产中，最令厂商头疼的事件莫过于在生产过程中机器出现了故障，在传统的工业生产中，机器如果出现故障，就不得不停止生产，并且还要请专业的维修工程师对机器进行维修，这影响了当天的产量，耗时耗力。有了 AI 的引入，机器能够自己进行诊断，找到哪里产生了问题，原因是什么，同时还能够根据历史维护的记录或者维护标准，告诉人们如何解决故障，甚至让机器自己解决问题、自我恢复，这无异于提高了工业生产的效率。如图 1-22 所示，机器在自我诊断后，向工程师发送诊断信息。

图 1-22　机器自我诊断

2．预测性维护

AI 不仅可以让机器在出现故障后进行自我诊断和修复，AI 还可以让机器在出现问题之前就感知或者分析出可能出现的问题。如工厂中的数控机床在运行一段时间后刀具就需要更换，通过分析历史的运营数据，机器可以提前知道刀具会损坏的时间，从而提前准备好更换的配件，并安排在最近的一次维护时更换刀具。

1.5.3　AI 在商业方面的应用

在商业领域，AI 与商业营销相结合，可以帮助企业轻松实现那些看似不可能完成的目标。商业营销人员通过 AI 对客户进行用户画像，可以对客户进行针对性的营销，从而提升自己的业绩；企业管理者可以通过 AI 的数据分析，帮助自己进行商业决策；AI 聊天机器人能为用户回答业务相关问题，节省了企业人员成本。下面从推荐系统、决策支持和聊天机器人三方面来介绍 AI 在商业方面的应用。

1．推荐系统

AI 能够帮助建立更个性化的推荐系统。亚马逊、阿里巴巴等企业正在竭尽全力地利用这一功能来提高用户体验。推荐系统根据用户以前的搜索和兴趣显示用户需要的产品，通过在同一地点获得类似的结果，用户不再需要花费大量时间来搜索产品，这极大地增强了用户体验。

2．决策支持

决策是任何企业的重要支柱，它可以成就一个企业也可以将一个企业瞬间搞垮。企业每天会做出大大小小的决策，同时决策不是一个简单的过程，因为在做出决策之前，必须从各个方面进行思考。AI 以其处理海量数据和分析数据的能力，简化了决策过程，还可以对各个决策进行预测结果，方便管理者做出自己的决定。

3．聊天机器人

在各大商业网站上，人们总能看到聊天机器人的身影。它可以帮助用户寻找想要跳转的网页，也可以针对性地回答用户所提问的问题。聊天机器人是使用 AI 算法构建的，并通过检索或者生产的方式来回答用户所查询的问题。它的优势是可以 24 小时服务，从不感到无聊。

1.5.4　AI 在医疗方面的应用

在医疗应用场景中，AI 正在简化患者的就医流程，同时也在颠覆性地改变医生的工作流程。AI 可以针对收集的数据进行分析，使得医疗过程更加高效，甚至辅助医生为病人提供更加精准服务。例如，通过 AI 看 X 光片可以节省医生的时间，在提高工作效率的同时也能提高诊疗水平。围绕健康等功能的各种可穿戴设备也在 AI 的作用下迎来一波机遇，例如智能手表、智能手环这些智能设备可以随时监测人们的身体状况，成为人们的私人健康助手。下面从医学影像识别和医用 AI 机器人两方面介绍 AI 在医疗方面的应用。

1．医学影像识别

医学影像的精准识别对医生的决策至关重要。可以说 AI 处理医学影像是目前发展最快的方向，医学影像识别无论是在疾病诊断方面还是治疗方面，都有着广泛的应用前景。在疾病诊断方面，影像诊断占据着重要位置。目前，智能影像诊断在很多疾病中的诊断准确率上已超过临床医生。在未来完全可以依靠独立智能影像诊断系统对医学影像及病理切片进行可靠诊断，这将节省医院影像科及病理科的人力成本，并可提高影像诊断和病理诊断的质量和效率。医疗影像是多模态数据，有一些比较常见的二维影像，如眼底皮肤癌影像或者消化道的胃镜肠镜；还有一些三维影像，如影像 CT 或者核磁通过切片扫描的方式，对人体进行上百次的扫描，生成一个完整的三维影像。能够很好地用来做各种诊断和治疗。医学影像识别如图 1-23 所示。

2．医用 AI 机器人

新冠肺炎疫情发生以来，全民都投入到"抗疫"战斗当中。在医院中，会见到很多医疗机器人，有专门为病人送餐药的无接触送餐机器人，也有为走廊进行消杀的消毒机器人，还有在医院门前检测体温的检测机器人，它们都为抗击疫情做出了突出贡献。以消毒机器人为例，消毒机器人采用消毒液喷洒技术对隔离病区进行消毒，可达到手术室消毒级别标准，并可根据消毒对象的不同自动调整喷头。消毒机器人每天在病区完成的消毒杀菌工作，可以替代 4 个专业消杀人员的工作，它还可以对自身进行消毒，同时还具备语音提醒、自动识别人群和避障等功能。消毒机器人如图 1-24 所示。

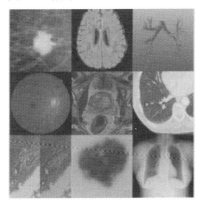 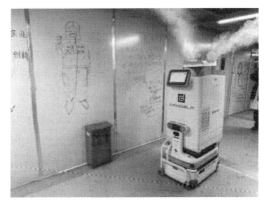

图 1-23　医学影像识别　　　　　　　　　图 1-24　消毒机器人

1.5.5　AI 在教育方面的应用

AI 给教育带来的变革主要体现在"重塑教育流程，推动人才培养更加多元化、更加精准化、更加个性化"。换句话说，就是 AI 对教育的三个"化"：精准化、个性化和智慧化。精准化即 AI 能够帮助老师针对不同的学生采取不同的教学方式与内容，做到因材施教。个性化是 AI 能够利用大数据搜集和分析学生的学习数据，并向学生推荐定制化的学习方案，有效调动学生学习的积极性和个性化发展。智慧化则是应用 AI 加持的各种智能设备，使教学环节更加简单、便捷和智能，教师压力也能得到进一步释放。

1．因材施教

因材施教的教育方法在我国已有 2000 多年的历史，但在我国应试教育的大环境下，根据学生不同的认知水平、学习能力以及自身素质来制定个性化学习方案可谓说易行难。当传统思想与尖端科技相结合，因材施教的可行性有了大幅提高。AI 的介入，可以更方便地构建和优化内容模型，建立知识图谱，让用户可以更容易、更准确地发现适合自己的内容。这方面的典型应用是分级阅读平台，此平台可以给用户推荐适宜的阅读材料，并将阅读与教学联系在一起，文后带有小测验，并生成相关阅读数据报告，使得老师可以随时掌握学生阅读情况。

2．智能测评

在求学期间，老师长时间批改作业直至深夜的场景历历在目。随着信息化建设和 AI 的发展，文字识别、语音识别、语义识别等核心技术的不断突破，使得规模化的自动批改和个性化反馈走向现实。利用 AI 减轻教师批改作业的压力，实现规模化又个性化的作业反馈，是未来教育的重要攻克点，也是国内外众多企业看中的市场。学生在智能测评系统中可以进行个性化学习，系统会根据学生的喜好推送相关学习内容，在学生学习完之后，还可以进行相关内容的测试，并且自动测评打分，给出章节学习建议。这种定制化的学习模式不仅减少了教师的工作量，而且提高了学生的学习积极性。智能测评系统如图 1-25 所示。

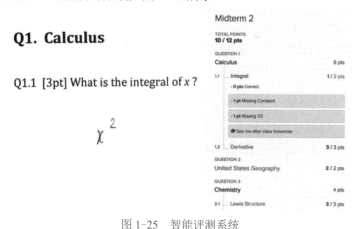

图 1-25　智能评测系统

3．教育机器人

用机器人充当教育者的角色直接和孩子交流，已经不只存在于科幻小说里了。目前，一些新兴的创新公司正在开发可以成为孩子老师和朋友的机器人。美国 CogniToys 公司在 2015 年推出了一款叫 Dino 的机器人，可以直接和孩子对话。这个机器人在听到孩子问题之后，可以自动连接网络寻找答案，并且通过和孩子的交流逐渐学习和了解孩子的情绪和个性。机器人和孩子交流得越多，对孩子的了解就越深，和孩子的对话也就越个性化，越贴近孩子的喜好。机器人会变得越来越人性化，成为孩子们的良师益友。如图 1-26 所示为孩子与教育机器人。

图 1-26　孩子与教育机器人

1.6 本章习题

1. 什么是人工智能？
2. 人工智能有哪些分类？
3. 人工智能的特征是什么？
4. 人工智能有哪些流派？它们的思想是什么？
5. 什么是专家系统？
6. 什么是知识图谱？
7. 知识获取的方式有哪些？
8. 人工智能有哪些应用分类？
9. 什么是计算机视觉和自然语言处理？
10. 人工智能有哪些方面的应用？

第 2 章
人工智能与大数据、云计算

当人们谈到人工智能的时候，总离不开大数据和云计算技术。人工智能（AI）、大数据（Big Data）和云计算（Cloud Computing）是当前最受关注的技术，业内取这三个技术英文名的首字母将其合称为 ABC。最近十年，社会对这三种技术的热度按时间排序依次为云计算、大数据和人工智能。事实上，若按照技术出现的时间排序，结果正好相反，人工智能出现得最早，大数据其次，云计算技术则出现得最晚。在学科上，它们相互独立，有着各自的技术生态圈，但在应用上，它们又互相联系，互相影响。大数据和云计算为人工智能提供了海量数据分析和强大的计算能力，对人工智能的发展提供了基本的动力，而人工智能的突飞猛进，也为大数据和云计算提供了新的机遇。如果把人工智能比作一枚火箭，那么燃料为大数据，而云计算则是发动机。

本章首先介绍大数据和云计算，使读者了解它们如何为人工智能提供发展的动力。然后介绍它们之间的关系，使读者了解它们之间发展的背景。

2.1 大数据——AI 发展的能量源

人工智能所取得的成就基本和大数据密切相关。通过大数据采集、处理、分析，从各行各业的海量数据中获得有价值的洞察，为更高级的算法提供素材。大数据是人工智能的基石，也是人工智能发展的能量源。目前深度学习主要是建立在大数据的基础上，即对大数据进行训练，并从中归纳出可以被计算机运用在类似数据上的知识或规律。正如腾讯 CEO 马化腾说的："有 AI 的地方都必须涉及大数据，这毫无疑问是未来的方向"。

2.1.1 大数据简介

大数据是指无法在一定时间范围内用常规软件工具进行捕捉、管理和处理的数据集合，是需要新处理模式才能具有更强的决策力、洞察发现力和流程优化能力的海量、高增长率和多样化的信息资产。

何为大数据？虽然很多人将其定义为"大数据就是大规模的数据"。但是，这个说法并不准确。"大规模"只是针对数据的量而言，数据量大，并不代表着数据一定有可以被深度学习算法利用的价值。例如地球绕太阳运转的过程中，每一秒记录一次地球相对太阳的运动速度、位置，可以得到大量数据。可如果只有这样的数据，其实并没有太大可以挖掘的价值。大数据技术描述了一种新一代技术和构架，用经济的方式、以高速的捕获、发现和分析技术，从各种超大规模的数据中提取价值，而且未来急剧增长的数据迫切需要寻求新的技术处理手段。

在大数据时代，通过互联网、社交网络、物联网，人们能够及时全面地获得大量信息。同时，信息自身存在形式的变化与演进，使得作为信息载体的数据以远超人们想象的速度迅速膨胀。大数据时代的到来使得数据创造的主体由企业逐渐转向个体，而个体所产生的绝大部分数据为图片、文档、视频等非结构化数据。信息化技术的普及使得企业更多的办公流程通过网络得以实现，由此产生的数据也以非结构化数据为主。传统的数据仓库系统、BI、链路挖掘等应用对数据处理的时间要求往往以小时或天为单位，但大数据应用突出强调数据处理的实时性。在线个性化推荐、股票交易处理、实时路况信息等数据处理时间要求以分钟甚至秒为单位。

随着数据的爆发式增长，数据的多样性成为大数据应用亟待解决的问题。例如如何实时地通过各种数据库管理系统来安全地访问数据，如何通过优化存储策略评估当前的数据存储技术并改进、加强数据存储能力，最大限度地利用现有的存储投资。从某种意义上说，数据将成为企业的核心资产。大数据不仅是一场技术变革，更是一场商业模式变革。在大数据概念提出之前，尽管互联网为传统企业提供了一个新的销售渠道，但总体来看，二者平行发展，鲜有交集。可以看到，无论是 Google 通过分析用户个人信息，根据用户偏好提供精准广告，还是 Facebook 将用户的线下社会关系迁移在线上，构造一个半真实的实名世界，这些商业和消费模式仍不能脱离互联网，传统企业仍无法嫁接到互联网中。同时，传统企业通过传统的用户分析工具很难获得大范围用户的真实需求，企业从大规模制造过渡到大规模定制，必须掌握用户的需求特点。在互联网时代，这些需求特征往往是在用户不经意的行为中透露出来的。通过对信息进行关联、参照、聚类、分类等方法分析，才能得到答案。大数据可以在互联网与传统企业间建立一个交集，它推动互联网企业融合进传统企业的供应链，并在传统企业种下互联网基因。传统企业与互联网企业的结合，网民和消费者的融合，必将引发消费模式、制造模式、管理模式的巨大变革。

2.1.2 大数据的特征

大数据同过去的海量数据有所区别，其基本特征可以用 4 个 V 来总结：Volume、Variety、Value 和 Velocity，即体量大、多样性、价值密度低、速度快。如图 2-1 所示。

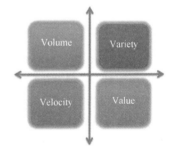

图 2-1 大数据的 4V 特征

1）Volume：截至目前，人类生产的所有印刷材料的数据量是 200PB（$1PB=2^{10}TB$），而历史上全人类说过的所有话的数据量大约是 5EB（$1EB=2^{10}PB$）。当前，典型个人计算机硬盘的容量为 TB 量级，而一些大企业的数据量已经接近 EB 量级。

2）Variety：相对于以往便于存储的以文本为主的结构化数据，非结构化数据越来越多，包括网络日志、音频、视频、图片、地理位置信息等，这些多类型的数据对数据的处理能力提出了更高要求。

3）Value：价值密度的高低与数据总量的大小成反比。以视频为例，一部 1h 的视频，在连续不间断的监控中，有用数据可能仅有几秒。如何通过强大的机器算法更迅速地完成数据的价值"提纯"，成为目前大数据背景下亟待解决的难题。

4）Velocity：这是大数据区分于传统数据挖掘的最显著特征。根据 IDC "数字宇宙"的报告，2020 年，全球数据使用量已达到 35.2ZB。在如此海量的数据面前，处理数据的效率就是企业的生命。

用一句话概括大数据基本特征之间的关系：大数据技术通过使用高速的采集、发现或分析，从超大容量的多样数据中提取价值。

2.1.3　大数据技术生态圈

大数据技术是指从各种类型的巨量数据中，快速获得有价值信息的技术。解决大数据问题的核心是大数据技术。目前所说的大数据不仅指数据本身的规模，也包括采集数据的工具、平台和数据分析系统。大数据研发的目的是发展大数据技术并将其应用到相关领域，通过解决巨量数据处理问题促进其突破性发展。因此，大数据时代带来的挑战不仅体现在如何处理巨量数据并从中获取有价值的信息，也体现在如何加强大数据技术研发，抢占时代发展的前沿。大数据技术在过去的几十年中取得非常迅速的发展，Hadoop 和 Spark 最为突出，已构建起庞大的技术生态圈。如图 2-2 所示，其生态体系包含 Sqoop、Flume、Kafka、Storm、Spark 等，具体介绍如下。

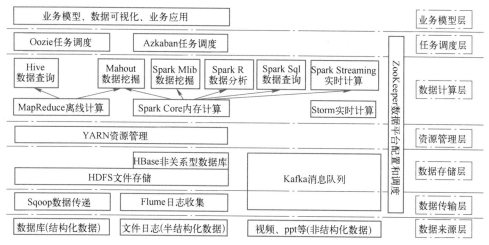

图 2-2　大数据技术生态圈

1）Sqoop：Sqoop 是一款开源的工具，主要用于在 Hadoop、Hive 与关系型数据库（MySql）之间进行数据的传递，可以将一个关系型数据库（如 MySQL、Oracle 等）中的数据导入到 Hadoop 的 HDFS 中，也可以将 HDFS 的数据导入到非关系型数据库中。

2）Flume：Flume 是 Cloudera 提供的高可用、高可靠、分布式的海量日志采集、聚合和传输的系统，Flume 支持在日志系统中定制各类数据发送方，用于收集数据；同时，Flume 提供对数据进行简单处理，并写到各种数据接收方的能力。

3）Kafka：Kafka 是一种高吞吐量的分布式发布订阅消息系统，有如下特性。

① 通过 $O(1)$ 的磁盘数据结构提供消息的持久化，这种结构对于 TB 级的消息存储也能够保持长时间的稳定性能。

② 高吞吐量：即使是非常普通的硬件，Kafka 也可以支持每秒数百万的消息传输。

③ 支持 Hadoop 并行数据加载。

4）Storm：用于"连续计算"，对数据流做连续查询，在计算时就将结果以流的形式输出给用户。

5）Spark：当前最流行的开源大数据内存计算框架。可以基于 Hadoop 上存储的大数据进行计算。

6）Oozie：一个管理 Hadoop 作业（Job）的工作流程调度管理系统。

7）HBase：一个分布式、面向列的开源数据库。HBase 不同于一般的关系数据库，它是一个适合于非结构化数据存储的数据库。

8）Hive：是基于 Hadoop 的一个数据仓库工具，可以将结构化的数据文件映射为一张数据库表，并提供简单的 SQL 查询功能，可以将 SQL 语句转换为 MapReduce 任务运行。其优点是学习成本低，可以通过类 SQL 语句快速实现简单的 MapReduce 统计，不必开发专门的 MapReduce 应用，十分适合数据仓库的统计分析。

9）R 语言：用于统计分析、绘图的语言和操作环境。R 是属于 GNU 系统的一个自由、免费、源代码开放的软件。

10）Mahout：是个可扩展的机器学习和数据挖掘库。

11）ZooKeeper：Google 的一个开源实现，是针对大型分布式系统的一个可靠协调系统，提供的功能包括配置维护、名字服务、分布式同步、组服务等。ZooKeeper 的目标是封装好复杂易出错的关键服务，将简单易用的接口和性能高效、功能稳定的系统提供给用户。

2.2　云计算——AI 发展的发动机

众所周知，人工智能发展必备的三要素是数据、算法和计算力。大数据为 AI 提供了海量的数据，云计算给 AI 提供了强大的计算能力，它就像汽车或者火箭的发动机一样，不断为 AI 应用供能。如今，AI 产业化正在加速，5G、物联网、边缘计算和区块链等新技术的加速普及，使数据也在不断膨胀且结构变得日趋复杂，并且社会对算力的需求正出现指数级增长，同时计算变得更加复杂。自动驾驶等实时 AI 应用，对计算时效性、准确性、稳定性提出更高要求。计算成本日益高涨，降本增效成为各行各业的需求。总之，IT 时代的计算基础架构已越来越难以满足 DT 时代的计算需求。因此，云端协同成为新的核心计算架构。

2.2.1　云计算简介

云计算是什么？它就像盲人摸象一样（见图 2-3），不同的人对它有不同的理解。现阶段广为接受的是美国国家标准及技术研究所（NIST）的定义：云计算是一种模型，能以按需方式通过网络方便地访问云系统的可配置计算资源共享池（如网络、服务器、存储、应用程序和服务），同时它以最小的管理开销及与供应商最少的交互，迅速配置提供或释放资源。

为了更好地理解云计算的概念，用一个例子进行说明。过去，人们为了喝水，各家各户都挖了水井，但挖水井需要大量的人力，还需要花大量的钱去购买压水井的设备，并且后期还需要进行维护，很麻烦。而现代社会有了水库、自来水公司，每家每户铺设了自来水管道，人们拧开水龙头就能喝上干净的水。如果把水管看成通信网络，把水龙头看成手机、平板计算机、个人计算机，那么自来水公司的各类水处理设备和水源就是云，从水源地采水、消毒、净化、存储的过程就是云计算，而把自来水送到家里，并按照用户的用水量收费就是云服务，如图 2-4 所示。

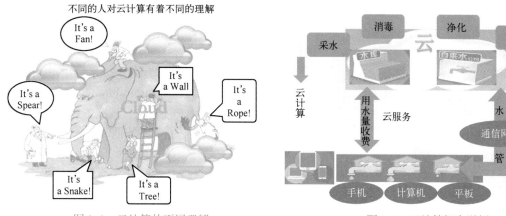

图 2-3　云计算的不同理解　　　　　　　　　图 2-4　云计算概念举例

　　云计算和云服务拥有像自来水一样的优点，如便捷（云服务可以按需购买使用）、价低（购买云服务不用自己买服务器花钱维护）、随处可达（用户存放在云上的所有数据在任何地点、任何终端都可以有效访问到，并且可以全国调配计算资源）。除了这些，云计算还拥有比自来水更多的优点，因为在云计算的基础上，可以提供视频、图片、文字等各类数据服务，还可以提供金融、健康、交通、教育、电子政务、电子商务等各类行业性的云服务。一句话，云计算为社会发展、企业运行、人们生活提供了丰富多彩的应用和服务，已经成为当今社会最主要的发展驱动力之一。

2.2.2　云计算的基础架构

　　一般来说，目前大家公认的云架构划分为基础设施即服务（Infrastructure as a Service, IaaS）、平台即服务（Platform as a Service, PaaS）、软件即服务（Software as a Service，SaaS），它们分别对应于传统 IT 中的"硬件""平台"和"应用软件"，架构图如图 2-5 所示。

图 2-5　云计算的基础架构图

从图 2-5 可以看出，这个云架构共分为服务和管理这两大部分。在服务方面，主要以提供用户基于云的各种服务为主，共包含三个层次：其一是软件即服务，这层的作用是将应用主要以基于 Web 的方式提供给客户；其二是平台即服务，这层的作用是将一个应用的开发和部署平台作为服务提供给用户；其三是基础设施即服务，这层的作用是将各种底层的计算（比如虚拟机）和存储等资源作为服务提供给用户。从用户角度而言，这三层服务之间关系是独立的，因为它们提供的服务是完全不同的，而且面对的用户也不尽相同。但从技术角度而言，云服务这三层之间的关系并不是独立的，而是有一定依赖关系的，如一个 SaaS 层的产品和服务不仅需要使用到 SaaS 层本身的技术，而且还依赖 PaaS 层所提供的开发和部署平台或者直接部署于 IaaS 层所提供的计算资源上，此外，PaaS 层的产品和服务也很有可能构建于 IaaS 层服务之上。在管理方面，主要以云的管理层为主，它的功能是确保整个云计算中心能够安全稳定地运行，并且能够被有效地管理。

1．软件即服务

软件即服务（SaaS）为商用软件提供基于网络的访问。SaaS 为企业提供一种降低软件使用成本的方法——按需使用软件而不是为每台计算机购买许可证。尤其是考虑到大多数计算机在 70%的时间是空闲的，SaaS 可能非常有效。企业不必为单一用户购买多个许可证，而是让许可证的使用时间尽可能接近 100%，从而尽可能节省成本。

2．平台即服务

平台即服务（PaaS）提供对操作系统和相关服务的访问。它让用户能够使用提供商支持的编程语言和工具把应用程序部署到云中。用户不必管理或控制底层基础架构，而是控制部署的应用程序并在一定程度上控制应用程序驻留环境的配置。PaaS 的提供者包括 Google App Engine、Windows Azure、Force.com、Heroku 等。小企业软件工作室是非常适合使用 PaaS 的企业。通过使用云平台，可以创建世界级的产品，而不需要负担内部生产的开销。通过 PaaS 这种模式，用户可以在一个提供软件开发工具包（Software Development Kit，SDK）、文档、测试环境和部署环境等在内的开发平台上非常方便地编写和部署应用，而且不论是在部署，还是在运行的时候，用户都无须为服务器、操作系统、网络和存储等资源的运维而操心，这些烦琐的工作都由 PaaS 云供应商负责。而且 PaaS 在整合率上非常惊人，如一台运行 Google App Engine 的服务器能够支持成千上万的应用，也就是说，PaaS 是非常经济的。

3．基础设施即服务

基础设施即服务（IaaS）是云的基础。它由服务器、网络设备、存储磁盘等物理资产组成。在使用 IaaS 时，用户并不实际控制底层基础架构，而是控制操作系统、存储和部署应用程序，还在有限的程度上控制网络组件的选择。通过 IaaS 这种模式，用户可以从供应商那里获得他所需要的计算或者存储等资源来装载相关的应用，并只需为其所租用的那部分资源进行付费，而同时这些基础设施烦琐的管理工作则交给 IaaS 供应商来负责。

2.2.3 云计算的特点

云计算有以下几个特点。

（1）超大规模

"云"具有相当大的规模，Google 云计算已经拥有 100 多万台服务器，Amazon、IBM、微软等的"云"均拥有几十万台服务器。企业私有云一般拥有数百上千台服务器。"云"能赋予用户前所未有的计算能力。

（2）虚拟化

云计算支持用户在任意位置、使用各种终端获取应用服务。所请求的资源来自"云"，而不是固定的有形实体。应用在"云"中某处运行，但实际上用户无须了解、也不用担心应用运行的具体位置。只需要一台笔记本或者一个手机，就可以通过网络服务来实现人们需要的一切，甚至包括超级计算这样的任务。

（3）高可靠性

"云"使用了数据多副本容错、计算节点同构可互换等措施，来保障服务的高可靠性，使用云计算比使用本地计算机可靠。

（4）通用性

云计算不针对特定的应用，在"云"的支撑下可以构造出千变万化的应用，同一个"云"可以同时支撑不同的应用运行。

（5）高可扩展性

"云"的规模可以动态伸缩，满足应用和用户规模增长的需要。

（6）按需服务

"云"是一个庞大的资源池，用户可以按需购买；云可以像自来水、电、煤气那样计费。

（7）极其廉价

由于"云"的特殊容错措施可以采用极其廉价的节点来构成云，"云"的自动化集中式管理使大量企业无须负担日益高昂的数据中心管理成本，"云"的通用性使资源的利用率较之传统系统大幅提升，因此用户可以充分享受"云"的低成本优势，经常只要花费几百美元、几天时间就能完成以前需要数万美元、数月时间才能完成的任务。

云计算形成的大规模集群式的计算能力逐渐成为 AI 算力的基础，它可以汇聚数据，能满足客户对自有数据学习、挖掘、训练和推理的能力。正是因为如此，AI 技术要输出，就离不开云计算所提供的服务。

2.3　人工智能、大数据与云计算的关系

如果人工智能是一辆汽车，那么大数据就是汽油，而云计算则是它的发动机。这个比喻形象地说明了人工智能、大数据和云计算三者之间的依存关系。大数据时代已经来临，海量数据出现的背后是云计算在做辅助，二者之间实现高效衔接能够为人工智能的发展奠定良好基础，打破创新瓶颈。大数据时代是在云计算真正兴起后依附衍生出来的一种形式，由于计算机在运作时会留下痕迹，而拓宽网络应用范围就代表数据含量也会随之增加，在这种情况下必然会引起数据变革。有了海量的数据和强大的计算能力，人工智能从最开始的理论假说逐渐变成一种可能，人工智能的应用产品也悄无声息地影响着人们的日常生活。

2.3.1　大数据与云计算的关系

本质上，云计算与大数据的关系是静与动的关系。云计算强调的是计算，是动的概念。而数据则是计算的对象，是静的概念。如果结合实际的应用，前者强调的是计算能力或者看重的是存储能力。而大数据强调的是处理数据的能力，例如数据获取、清洗、转换、统计等能力。大数据

无法用单台的计算机进行数据处理，必须采用分布式计算架构。它的特点在于对海量数据的挖掘，但它必须依托云计算的分布式处理、分布式数据库、云存储和虚拟化技术。他们之间的关系可以这样理解：云计算技术是一个容器，大数据正是存放在这个容器中的水，大数据必须要依靠云计算技术来进行存储和计算。如果数据是财富，那么大数据就是宝藏，而云计算就是挖掘和利用宝藏的利器。

大数据时代超大数据体量的存在，已经超越了传统数据库的管理能力。基于大数据技术的新一代技术架构，将帮助人们存储管理大量数据，并从大体量、高复杂的数据中提取价值。未来，数据可能成为最大的交易商品。围绕大数据，一批新兴的数据挖掘、数据存储、数据处理与分析技术将不断涌现，使人们处理海量数据更加容易、更加廉价和迅速。

云计算及其分布式架构是大数据处理的重要途径，它能处理几乎各种类型的海量数据，无论是微博、文章、电子邮件、文档、音频、视频，还是其他形态的数据。它工作的速度非常快并且具有普及性，它将计算任务分布在大量计算机构成的资源池上，使用户能够按需获取计算力、存储空间和信息服务。云计算及其技术给了人们廉价获取巨量计算和存储的能力，分布式架构能够很好地支持大数据存储和处理需求。这样的低成本硬件、低成本软件、低成本运维，更加经济和实用，使得大数据处理和利用成为可能。简而言之，云计算作为计算资源的底层，支撑着上层的大数据处理。

2.3.2　人工智能=云计算+大数据

大数据技术主要针对大规模无规则数据的处理，包括数据的采集、存储、管理以及挖掘使用。同时，这些处理过程的改善越来越依赖人工智能技术的参与，可以说大数据的一些关键技术也属于人工智能的范畴。因此，人工智能的快速发展也促进了大数据相关技术的发展。云计算为海量数据提供了强大的计算能力，而人工智能也正是通过一系列复杂的算法和计算，从看似无用的大量数据中得到有价值的数据。云计算和大数据都是开展人工智能的支持，同时也是突破当前行业制约的核心力量。实现大数据与云计算的协同开展，能够给人工智能的成熟提供源源不竭的动力。人工智能可以通过学习云端的海量信息实现自身的知识储备，并且利用它的计算能力、精准度实现自身执行效率的提升。从表面上来看，大数据、人工智能以及云计算相互之间具有很强的独立性。从应用形式和发展理念上来说，三者之间有着千丝万缕、相互推动的关系，关系图如图2-6所示。

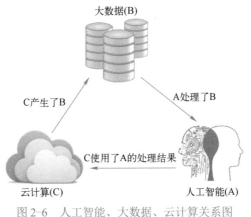

图2-6　人工智能、大数据、云计算关系图

　　随着科技的进步，时代的发展，无论是云计算、大数据、还是人工智能，都将成为新的发展机遇。人们必须弄清楚它们的本质，抓住机遇，跟上趋势，创新发展，才能在高科技的发展大潮中立于不败之地。

2.4　本章习题

　　1．简述什么是大数据。

　　2．大数据有什么特点？

　　3．简述什么是云计算。

　　4．云计算有什么特点？

　　5．人工智能、大数据和云计算三者有什么关系？

第3章

人工智能的技术基础

人工智能作为新一代数字技术的典型代表，逐渐从专业领域走向实际应用。并且作为新一轮产业变革的核心驱动力，将催生新的技术、产品、产业、业态、模式，从而引发经济结构的重大变革，实现社会生产力的整体提升。当前，人工智能发展进入了新阶段，涉及数学、神经生理学、计算机科学、信息控制论、生物学、语言学、心理学等多门学科，是研究、开发用于模拟、延伸和扩展人的智能的理论、方法、技术及应用系统的一门新的交叉性、边缘性学科。人工智能的研究内容包括知识表示和知识图谱、自动推理、专家系统、群智能算法等，目标是使机器能完成一些人类才能完成的复杂性工作。

3.1 知识表示和图谱

知识图谱旨在描述真实世界中存在的各种实体或概念及其关系，其构成一张巨大的语义网络图。节点表示实体或概念，边则由属性或关系构成。现在的知识图谱已被用来泛指各种大规模的知识库。知识图谱对结构化、半结构化和非结构化数据中的实体、关系和属性进行提取，然后进行知识表示。接下来将简要介绍知识的相关概念，及知识图谱的概念。

3.1.1 知识与知识表示的概念

1. 知识的概念

知识（Knowledge）是指人们经过对信息的提炼和推理而得到的正确结论，是人们对于自然界、人类社会以及思维方式与运动规律的理解，是人们的大脑通过思维重新组合、系统化的信息集合。但是在人工智能领域中，知识的含义和人们一般认识的知识含义是有一定区别的，指的是以某种结构化方式表示的概念、事件或过程，所以并不是对现实生活中的所有知识都能进行知识表示。只有限定了范围和结构，经过编码改造的知识才能转换成人工智能概念下的知识。

一般情况下，人工智能概念下的知识分为如下几类。

1）有关现实世界中所关心对象的概念，即用来描述现实世界总结出的概念。

2）有关现实世界中发生的事件、关系对象的行为、状态等，也就是说不只是有前项所述的静态的概念，还有动态的信息。

3）关于过程的知识，即要有当前状态和行为的描述，还要有对其发展的变化及其相关条件、因果关系等的描述。

4）元知识即控制知识集，就是关于知识的知识，其涉及知识分类、知识项的宏观描述、控制知识的激发和运行等。例如一个专家可以拥有几个不同领域的知识，而元知识可以决定哪一个知识库是适用的，也可决定某一领域中哪些规则是可适用的。

2．知识表示的概念

知识表示是指把知识客体中的知识因子与知识关联起来，便于人们识别和理解知识。知识表示是知识组织的前提和基础，任何知识组织方法都建立在知识表示的基础上。人工智能语境下的知识表示（Knowledge Representation，KR）是对知识的一种约定，一种计算机可以接受的用于知识描述的数据结构。某种意义上讲，知识表示可以视为数据结构及其处理机制的综合体。如在专家系统（Expert System）中知识表示是专家系统中能够对专家的知识进行计算机处理。接下来将简要介绍知识的表示方法。

3.1.2　知识表示方法

知识表示是指把知识客体中的知识因子与知识关联起来，便于人们识别和理解知识，是知识工程的关键技术之一。知识表示可以看成是一组事务的约定，是把人类知识表示成机器能够处理的数据结构。对知识进行表示的过程就是把知识编码成某种数据结构的过程，主要研究用什么样的方法将解决问题所需的知识存储在计算机中，能够方便和正确地使用知识，合理地表示知识，使得问题的求解变得容易和具有较高的求解效率，并便于计算机处理。知识表示是推理和行动的载体，如果没有合适的知识表示，任何构建智能体的计划都无法实现。知识表示的研究既要考虑知识的表示与存储，又要考虑知识的使用。

常见的知识表示方法有产生式表示法、框架表示法、脚本表示法、语义网络表示法。

1．产生式表示法（Production Representation）

产生式表示法是用规则序列的形式来描述问题的思维过程，形成求解问题的思维模式。产生式表示法中的每一条规则称为一个产生式。目前产生式表示法已成为专家系统首选的知识表示方式，也是人工智能中应用最多的一种知识表示方式。产生式专家系统由数据库、规则库和推理机三部分组成，如图 3-1 所示。数据库用来存放问题的初始状态、已知事实、推理的中间结果或最终结论等。规则库用来存放与求解问题有关的所有规则。推理机用来控制整个系统的运行、决定问题求解的线路，包括匹配、冲突消解、路径解释等。

图 3-1　产生式专家系统的组成

2．框架表示法

框架表示法是以框架理论为基础发展起来的一种结构化知识表示方式，适用于表达多种类型的知识。框架理论认为人们对现实世界中各种事物的认识都是以一种类似于框架的结构存储在记忆当中的，当面临一个新事物时，就从记忆中找出一个适合的框架，并根据实际情况对其细节加以修改补充，从而形成对当前事物的认识。框架表示法的具体实例如图 3-2 所示，框架（Frame）是一种描述所论对象属性的数据结构。框架名用来指代某一类或某一个对象。槽用来表示对象的某个方面的属性。侧面可以描述一个属性的不同侧面。槽侧面的取值可以为原子型，也可以为集合型。

```
框架名：<灾难>
    时间：
    地点：
    伤亡：
        死亡人数：
        受伤人数：
        失踪人数：
    损失：
        直接经济损失：
        间接经济损失：
------------------------------------
框架名：<地震>
    类    属：<灾难>
    震    级：
    震源深度：
    断    层：
```

图 3-2　框架表示法的具体实例

3．脚本表示法（State Space Representation）

脚本表示法是一种与框架表示法类似的知识表示方法，由一组槽组成，用来表示特定领域内一些时间的发生序列，类似于电影剧本。脚本表示的知识有明确的时间或因果顺序，必须是前一个动作完成后才会触发下一个动作。与框架相比，脚本用来描述一个过程而非静态知识。脚本由以下几点组成，具体实例如图 3-3 所示。

例：用脚本表示去餐厅吃饭

(1) 进入条件：① 顾客饿了，需要进餐；② 顾客有足够的钱。

(2) 角色：顾客，服务员，厨师，老板。

(3) 道具：食品，桌子，菜单，账单，钱。

(4) 场景：

场景1：进入——① 顾客进入餐厅；② 寻找桌子；③ 在桌子旁坐下。

场景2：点菜——① 服务员给顾客菜单；② 顾客点菜；③ 顾客把菜单还给服务员；④ 顾客等待服务员送菜。

场景3：等待——① 服务员告诉厨师顾客所点的菜；② 厨师做菜，顾客等待。

场景4：吃饭——① 厨师把做好的菜送给服务员；② 服务员把菜送给顾客；③ 顾客吃菜。

场景5：离开——① 服务员拿来账单；② 顾客付钱给服务员；③ 顾客离开餐厅。

(5) 结果：① 顾客吃了饭，不饿了；② 顾客花了钱；③ 老板赚了钱；④ 餐厅食品少了。

图 3-3　脚本表示法的具体实例

1）进入条件：给出脚本中所描述时间的前提条件。

2）角色：用来描述事件中可能出现的人物。

3）道具：用来描述事件中可能出现的相关物体。

4）场景：用来描述事件发生的真实顺序。一个事件可以由多个场景组成，每个场景又可以是其他事件的脚本。

5）结果：给出在脚本中描述的事件发生以后所产生的结果。

4．语义网络表示法

语义网络的概念来源于万维网，是万维网的变革与延伸，是 Web of Documents 向 Web of Data 的转变，其目标是让机器或设备能够自动识别和理解万维网上的内容，使得高效的信息共享和机器智能协同成为可能。其本质是以 Web 数据的内容（即语义）为核心，用机器能够理解和处理的方式链接起来的海量分布式数据库。语义网络表示法提供了一套为描述数据而设计的表示语言和工具，用于形式化地描述一个知识领域内的概念、术语和关系，如图 3-4 所示。

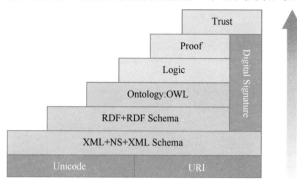

图 3-4　语义网络表示法

1）第一层：Unicode 和 URI（Uniform Resource Identifier）是整个语义网的基础，Unicode 处理资源的编码，实现网上信息的统一编码；URI 负责标识资源，支持网上对象和资源的标识。

2）第二层：XML+NS（Name Space）+XML Schema，用于表示数据的内容和结构，通过 XML 标记语言将网上资源信息的结构、内容和数据的表现形式进行分离。

3）第三层：RDF+RDF Schema 用于描述网上资源及其类型，为网上资源描述提供一种通用框架和实现数据集成的元数据解决方案。

4）第四层：Ontology 用于描述各种资源之间的联系，揭示资源本身及资源之间更为复杂和丰富的语义联系，明确定义描述属性或类的术语语义及术语间关系。

5）第五层：逻辑（Logic）层，主要提供公理和推理规则，为智能推理提供基础，该层用来产生规则。

6）第六层：证明（Proof）层，执行逻辑层产生的规则，并结合信任层的应用机制来评判是否能够信赖给定的证明。

7）第七层：信任（Trust）层，注重提供信任机制，以保证用户代理在网上进行个性化服务和彼此间交互合作时更安全可靠。

3.1.3　知识图谱的概念

知识图谱的概念最早出现于 Google 公司的知识图谱项目，体现在使用 Google 搜索引擎时，出现于搜索结果右侧的相关知识展示。知识图谱（Knowledge Graph）旨在描述真实世界中存在的各种实体或概念及其关系，其构成一张巨大的语义网络图，节点由实体、关系和事实构成。

1）实体（Entity）：现实世界中可区分、可识别的事物或概念。

2）关系（Relation）：实体和实体之间的语义关联。

3）事实（Fact）：陈述两个实体之间关系的断言，通常表示为（head entity, relation, tail entity）三元组形式。

狭义知识图谱是具有图结构的三元组知识库。知识库中的实体作为知识图谱中的节点。知识库中的事实作为知识图谱中的边，边的方向由头实体指向尾实体，边的类型就是两实体间关系类型。如图 3-5 所示，知识图谱的三元组模型中包含三种节点，其基本形式为（实体 1-关系-实体 2）、（实体-属性-属性值）。

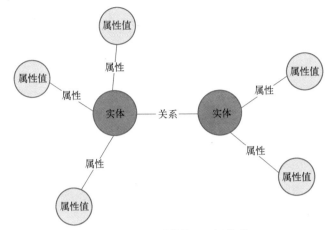

图 3-5 知识图谱的三元组模型

1）实体：指的是有可区别性且独立存在的事物。如某个国家：中国、日本等；某个城市：北京、东京等。

2）语义类：具有某种特性的实体构成的集合，如国家、城市、民族等。

3）属性值：实体指向属性的值。如中国（实体）面积（属性）960 万平方千米（属性值）。

4）关系：在知识图谱上，关系是把 k 个图节点（实体、语义类、属性值）映射到布尔值的函数。

基于上述概念，可以构建一个国家的知识图谱，如图 3-6 所示。

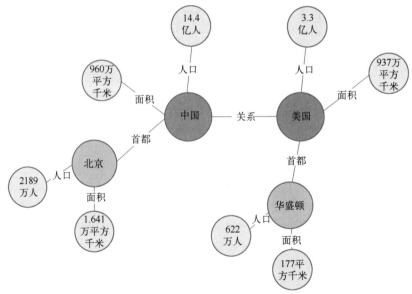

图 3-6 知识图谱简易示例

3.1.4 本体知识表示、万维网知识表示

1. 本体知识表示

本体是对领域实体存在本质的抽象，强调实体间的关联，并通过多种知识表示元素将这些关联表达和反映出来，这些知识表示元素被称为元本体，主要包括如下内容。

　　1）概念：表示领域知识元，包括一般意义上的概念以及任务、功能、策略、行为、过程等，在本体的实现中，概念通常用类（Class）来定义，而且通常具有一定的分类层次关系。

　　2）属性：描述概念的性质，是一个概念区别于其他概念的特征，通常用槽（Slot）或者类的属性（Properties）来定义。

　　3）关系：表示概念之间的关联，一些常用的关联有父关系、子关系、相等关系等。

　　4）函数：表示一类特殊的关系，即由前 $n-1$ 个要素来唯一决定第 n 个要素，如长方形的长和宽唯一决定其面积。

　　5）公理：表示永真式，在本体论中，对于属性、关系和函数都具有一定的关联和约束，这些约束就是公理，公理一般用槽的侧面（Facet）来定义。

　　6）实例：表示某个概念类的具体实体。

　　本体的每一个知识表示元素可以被看作一个知识片，每一个知识片都包含名称、定义和文档说明。总的来说，构造本体的目的是实现某种程度的知识共享和重用。从广义上讲，本体的作用主要有两方面。

　　① 本体的分析澄清了领域知识的结构，从而为知识表示打好基础。本体可以重用，从而避免重复的领域知识分析。

　　② 统一的术语和概念使知识共享成为可能。较为具体地讲，本体的作用包括三个方面：交流（Communication）、互操作（Interoperability）和系统工程（System Engineering）。

　　首先，交流主要为人与人之间或组织与组织之间提供共同的词汇。其次，互操作是在不同的建模方式、范式、语言和软件工具之间进行翻译和映射，以实现不同系统之间的互操作和集成。最后，本体分析能够为系统工程提供便利。

　　2. 万维网知识表示

　　在万维网知识表示中，所有的实体或属性数据都应该用统一资源标识符（Uniform Resource Identifier，URI）来表示，除了文本描述的数据，所有数据都应该有一个统一的标识，标识的形式可以是 XML、RDF、RDFS 或者本体语言 OWL。URI 是一个用于标识某一互联网资源名称的字符串，相当于人类的身份证。该标识允许用户对任何（包括本地和互联网）的资源通过特定的协议进行交互操作。URI 由包括确定语法和相关协议的方案所定义。

　　Web 上可用的每种资源，如 HTML 文档、图像、视频片段、程序等，均由一个通用资源标识符 URI 进行定位。

　　资源描述框架（Resource Description Framework，RDF）是知识图谱中数据展示的一种形式，它可以看作是一个数据模型，即表达数据的一种手段。RDF 中的 R 表示一种数据资源，是可以用 URI 唯一标识的对象；D 表示描述，描述的是资源的关系和属性的内容；F 表示框架，是描述资源的语言、语法和模型。在 RDF 中，知识总是以三元组的形式出现，每一条知识都是由主语（Subject）、谓语（Predicate）和宾语（Object）的三元组（Triple）来表示，和 RDF 一起使用的还有 RDFS（RDF Schema），RDF 表示的是数据层的内容，RDFS 表示的是模型层的内容，RDFS 为 RDF 数据提供一个类型系统，定义了数据的类型、子类型、属性、子属性、主语的范围、宾语的范围等信息，RDFS 为数据定义了一个规则范围，RDF 数据按照 RDFS 制定的规则组织数据。

　　Web 本体语言（Web Ontology Language，OWL）是 W3C 制定一种适用于语义网使用的数据模型规范，它融合了哲学中本体的概念，研究世界上的各种实体以及它们是如何关联的。OWL

是对 RDFS 的一种扩展，弥补了 RDFS 在表达能力上的一些缺陷。OWL 也遵循 RDF 规范，比 RDF 更加严谨，丰富了属性以及属性约束，定义域、值域的约束等。

3.2　知识图谱的现状及发展

与近年来其他大多数学者的意见相同，本书中的"知识图谱"泛指知识库项目，而非特指 Google 的知识图谱项目。知识图谱的出现是人工智能对知识需求所导致的必然结果，但其发展又得益于很多其他的研究领域，如图 3-7 所示，知识图谱涉及金融、公安、医疗、电商等众多领域，是交叉融合的产物，而非一脉相承。

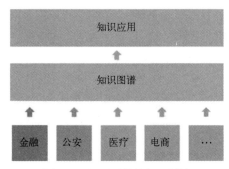

图 3-7　知识图谱的交叉领域

早在 20 世纪 70 年代，专家系统作为人工智能的重要分支，其是利用知识和推理过程来解决那些借助人类专家知识才能够解决的问题的计算机程序。

20 世纪 80 年代，专家系统发展规模超前的日本五代机项目在这期间开始，专家系统是其核心部分。专家系统一般由知识库与推理引擎两部分组成。人类专家提供知识，再将这种显式的知识映射并存储到知识库中用来推理。Cyc 是这一期间较为出色的项目，由 Douglas Lenat 在 1984 年设立，旨在收集生活中的常识并将其编码集成到一个全面的本体知识库。Cyc 知识库中的知识使用专门设计的 CycL 表示。同其他专家系统一样，Cyc 不仅包括知识，而且提供了非常多的推理引擎，支持演绎推理和归纳推理。Cyc 知识库涉及 50 万条概念的 500 万条常识。OpenCyc 是其开放出来免费供大众使用的部分知识，包括 24 万条概念的约 240 万条常识。

1985 年，普林斯顿大学认识科学实验室在心理学教授乔治·米勒的指导下，开始建立和维护名为 WordNet 的英语字典，旨在为词典信息和现代计算提供更加有效的结合，为计算机程序提供可读性较强的在线词汇数据库。在 WordNet 中，名词、动词、形容词以及副词被按照认知上的同义词分组，称为 synsets，每一个 synset 表征一个确定的概念。synset 之间通过概念语义以及词汇关系链接。在汉语中，类似的典型代表有《同义词词林》及其扩展版、知网（HowNet）等，都是从语言学的角度，以概念为最基本的语义单元构建起来的可以被计算机处理的汉语词典。这些早期的知识图谱都是由相关领域专家进行人工构建，具有很高的准确率和利用价值，但是其构建过程耗时耗力，而且存在覆盖性较低的问题。

1989 年，链接数据与基于百科知识图谱构建的万维网出现，为知识的获取提供了极大的方便，1998 年，万维网之父蒂姆·伯纳斯·李再次提出语义网（Semantic Web），其初衷是让机器也同人类一样可以很好地获取并使用知识。不同于人工智能中训练机器使之拥有和人类一样的认知能力，语义网络直接向机器提供可直接用于程序处理的知识表示。但语义网络是一个较为宏观的设想，并且其设计模型是"自顶向下"的，导致其很难落地，学者们逐渐将焦点转向数据本身。

2006 年，伯纳斯·李提出链接数据（Linked Data）的概念，鼓励大家将数据公开并遵循一定的原则（2006 年提出 4 条原则，2009 年精简为 3 条原则）。将其发布在互联网中，链接数据的宗旨是希望数据不仅仅发布于语义网中，而是建立起数据之间的链接从而形成一张巨大的链接数据网。其中，最具代表性的当属 2007 年开始运行的 DBpedia 项目，是目前已知的第一个大规模开放域链接数据。DBpedia 项目最初由柏林自由大学和莱比锡大学的学者发起，其初衷是缓解语义网当时面临的窘境，第一份公开数据集在 2007 年发布，通过自由授权的方式允许他人使用。Leipzig 等学者认为在大规模网络信息的环境下传统"自上而下"地在数据之前设计本体是不切实际的，数据及其元数据应当随着信息的增加而不断完善。数据的增加和完善可以通过社区成员合作的方式进行，但这种方式涉及数据的一致性、不确定性，以及隐式知识的统一表示等诸多问题。Leipzig 等人认为探寻这些问题最首要并高效的方式就是提供一个内容丰富的多元数据语料，有了这样的语料便可以极大推动诸如知识推理、数据的不确定管理技术（以及开发面向语义网的运营系统。朝着链接数据的构想，DBpedia 知识库利用语义网技术（如资源描述框架（RDF）），与众多知识库（如 WordNet、Cyc 等）建立链接关系，构建了一个规模巨大的链接数据网络，如图 3-8 所示。

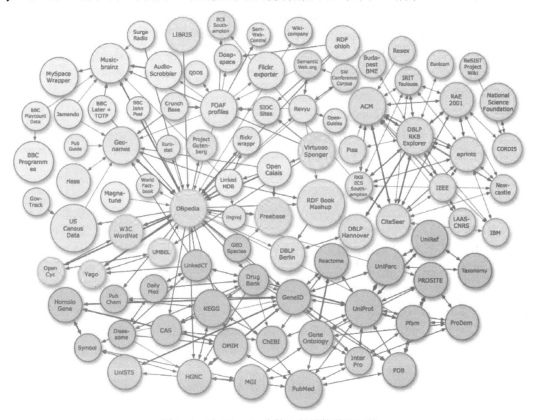

图 3-8　以 DBpedia 为核心的链接数据网络

2001 年，一个名为维基百科（Wikipedia）的全球性多语言百科全书协作计划开启，其宗旨是为全人类提供自由的百科全书。在短短几年的时间里利用全球用户的协作完成数十万词条（至今拥有上百万词条）知识。前面介绍的专家构建的 WordNet 拥有准确率极高的本体知识，但知识覆盖度仅限于一些常见的概念或实体；相比之下，维基百科蕴含丰富的实体知识，但维基百科提供的概念层次结构类似于标签结构，并不精确，并不适合直接用于本体构建。

Yago 是由德国马普研究所于 2007 年开始运作的项目，区别于当时的应用仅使用单一源背景知识的情形，Yago 是一个高质量、高覆盖的多源背景知识的知识库。Yago 的主要思路是将 WordNet 与维基百科二者的知识结合，即利用 WordNet 的本体知识补充维基百科中实体的上位词知识，从而获取大规模高质量、高覆盖的知识库。截至目前，Yago 拥有超过 1000 万实体的 1.2 亿条事实知识，同时近些年也构建起了与其他知识库的链接关系。DBpedia 主要通过社区成员来定义和撰写抽取模版，从维基百科中抽取结构化信息（如 infobox）构建大规模知识库，另外本体（即知识库的元数据、Schema）的构建也是通过社区成员合作完成的。由于维基百科是社区撰写，其知识表达难免有不一致的情况，DBpedia 利用 Mapping 技术与抽取模版来实现知识描述的统一与一致性。另外，为了实现知识的更新与扩增，DBpedia 开发 Dbpedia Live 来保持与维基百科的同步。在 2016 年发行的版本中，DBpedia 拥有超过 600 万实体及数十亿条事实知识，其中人工构建的本体库包含 760 种类别信息。同时，DBpedia 拥有大量的跨语言知识，共拥有 66 亿条除英语外其他语言的事实知识。

2007 年，Freebase 开始构建，类似维基百科，其内容主要来自其社区成员的贡献，但与维基百科最大的不同之处在于 Freebase 中都是结构化的知识，在维基百科中人们编辑的是文章，而在 Freebase 中编辑的是知识。在 Freebase 中，用户是其主要核心，除了对实体的编辑，用户也参与本体库的构建、知识的校对，以及与其他知识库的链接工作。除人工输入知识，Freebase 也主动导入知识，如维基百科的结构化知识。Freebase 拥有大约 2000 万实体，目前被 Google 公司收购，Freebase 的 API 服务已经关闭但仍提供数据下载服务。

2012 年，考虑到维基百科中的大部分知识都是非结构化的，带来诸多问题，如无法对知识进行有效的搜索与分析，进而知识无法得到很好的重用，甚至存在知识的不一致性，维基媒体基金会推出了 Wikidata 项目，一个类似于 Freebase 的大规模社区成员合作知识库，旨在用一种全新的方式管理知识克服以上存在于维基百科中的问题。

以上介绍的知识图谱都是基于英语的，即使是多语言知识图谱也是以英语为主语言，其他语言知识是用跨语言知识如语言间链接（ILLs）、三元组对齐（TWA）链接得到的。近些年，国内推出了大量以中文为主语言的知识图谱，它们主要基于百度百科和维基百科的结构化信息构建，如上海交通大学的 zhishi.me、清华大学的 XLore、复旦大学的 CN-pedia。2017 年，由国内多所高校发起 cnSchema.org 项目，旨在利用社区力量维护开放域知识图谱的 Schema 标准。

上述的知识图谱构建方式包括人工编辑和自动抽取，但自动抽取方法主要是基于在线百科中结构化信息而忽略了非结构化文本，而互联网中的大部分信息恰恰是以非结构化的自由文本形式呈现。在链接数据发展的同期，很多基于信息抽取技术的知识获取方法被提出，用以构建基于自由文本的开放域知识图谱。

2007 年，华盛顿大学 Banko 等人率先提出开放域信息抽取（OIE），从大规模自由文本中直接抽取实体关系三元组，即头实体、关系指示词以及尾实体三部分，类似于语义网中 RDF 规范的 SPO 结构。在 OIE 提出之前，也有很多面向自由文本的信息抽取被提出，但这些方法主要的思路都是为每个目标关系训练相应的抽取器。这类传统的信息抽取方法在面对互联网文本中海量的关系类别时无法高效工作，即为每个目标关系训练抽取器是不现实的，更为严重的是在很多情况下，面对海量的网络文本无法事先明确关系的类型。OIE 通过直接识别关系词组（Relation Phrases，也称关系指示词，即显式表证实体关系的词组）来抽取实体关系。基于 OIE 的指导思想，华盛顿大学陆续推出 TextRunner、Reverb、OLLIE 等基于自由文本的开放域三元组抽取系统；此外，还有卡耐基梅隆大学的 NELL 系统、德国马普研究中心的 PATTY 等。这些系统有的需要自动构造标注的训练语料，进而从中提取关系模版或训练分类器；有的则依据语法或句法特征直接从分析结果中抽取关系三元组。接下来将简要介绍具有代表性的 Reverb 和 NELL 系统的实现思想。

Reverb 针对之前的 OIE 系统中存在的不连贯抽取与信息缺失抽取两个问题，提出句法约束：对于多词语关系词组，必须以动词开头、以介词结束，并且是由句子中相邻的单词组成。该约束可以有效缓解以上两个问题造成的抽取失败。此外，为了避免由句法约束带来的冗长并且过于明确的关系指示词，Reverb 引入了启发式的词法约束。

总的来说，Reverb 提出了两个简单却高效的约束，在面向英文自由文本的开放域知识抽取中取得了不错的效果，很具启发意义。Never-Ending Learning 被定义为是一种不同于传统的机器学习方式，通过不断的阅读获取知识，并不断提升学习知识的能力以及利用所学知识进行推理等逻辑思维。NELL 就是一种这样的智能体，其任务是学习如何阅读网页以获取知识。NELL 的输入如下。

1）定义了类别和二元关系的初始本体库。

2）对于每个类别和关系的训练种子数据。

3）网页数据（从预先准备好的网页集合中获取、每天从 Google 搜索 API 获取）。

4）偶尔的人工干预。

NELL 每天 24 小时不停歇地进行如下操作。

1）从网页中阅读（抽取）知识事实用以填充知识库，并移除之前存在于知识库中不正确的知识事实，每个知识具有一定的置信度以及参考来源。

2）学习如何比前一天更好地阅读（抽取）知识事实。

NELL 从 2010 年 1 月开始进行上述阅读过程，目前所产生的知识库已经拥有超过 8000 万条相互链接的事实，以及上百万个学习到的短语，如图 3-9 所示。

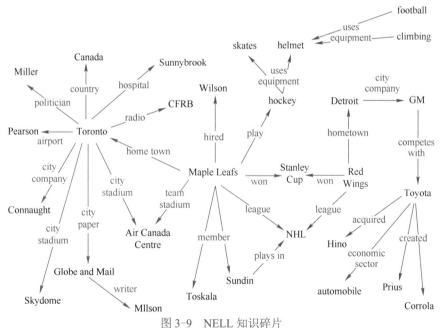

图 3-9　NELL 知识碎片

上述的 OIE 系统大多专注于对开放域实体关系三元组的抽取，但忽略了对于知识图谱不可或缺的本体库的构建，即知识图谱元数据或称为 Schema 的构建，是为三元组赋以语义的关键。

2014 年，由哈尔滨工业大学社会计算与信息检索研究中心发起的《大词林》项目，面向包括自由文本的多信息源对实体的类别信息进行自动抽取并层次化，进而实现对实体上下位关系体系的自动构建，而上下位关系体系正是本体库的核心组成之一。

《大词林》的构建不需要领域专家的参与，而是基于多信息源自动获取实体类别并对可能的多个类别进行层次化，从而达到知识库自动构建的效果。同时也正是由于《大词林》具有自动构建能力，其数据规模可以随着互联网中实体词的更新而扩大，很好地解决了以往的人工构建知识库对开放域实体的覆盖程度极为有限的问题。

另外，相比以往的类别体系知识库，《大词林》中类别体系的结构也更加灵活。如《同义词词林（扩展版）》中每个实体具有具备五层结构，其中第四层仅有代码表示，其余四层由代码和词语表示，而《大词林》中类别体系结构的层数不固定（见图 3-10），依据实体词的不同而动态变化，如"哈工大"一词有 7 层之多，而"中国"一词有 4 层。另外，《大词林》中的每一层都是用类别词或实体词表示。

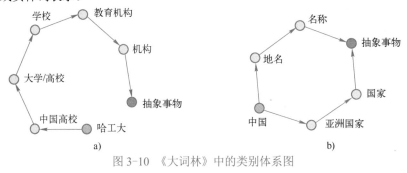

图 3-10 《大词林》中的类别体系图

a)《大词林》中"哈工大"的类别体系 b)《大词林》中"中国"的类别体系

自 2014 年 11 月 27 日上线，《大词林》不断添加中义实体及其层次化类别信息，自动构建开放域实体知识库。目前，《大词林》中包括约 900 万个实体、约 17 万个类别；平均每个命名实体有 1.77 个不同粒度的优质类别；上下位关系超过 1000 万对，其中实体与上位词之间的上下位关系与上位词之间的上下位关系准确率均达到 90%以上。

3.3 自动推理

从一个或几个已知的判断（前提）推论出一个新判断（结论）的思维形式称为推理，这是事物的客观联系在意识中的反映。自动推理是知识的使用过程，解决问题就是利用以往的知识，通过推理得出结论。自动推理是人工智能研究的核心问题之一，人工智能理论研究的一个很强的推动力就是要设法寻找更为一般的、统一的推理算法。按照新判断推出的途径来划分，自动推理可分为演绎推理、归纳推理、反绎推理。演绎推理是一种从一般到个别的推理过程，它是人工智能中的一种重要的推理方式，目前研制成功的智能系统中，大多是用演绎推理实现的。在现实世界中存在大量不确定问题。不确定性来自人类的主观认识与客观实际之间存在差异。事物发生的随机性，人类知识的不完全、不可靠、不精确和不一致，自然语言中存在的模糊性和歧义性都反映了这种差异，都会带来不确定性。针对不同的不确定性起因，人们提出了不同的理论和推理方法。接下来将简要介绍自动推理和概念以及其中的一种分类方法。

（1）确定性推理

确定性推理是指推理时所用的知识与证据都是确定的，推出的结论也是确定的，其值或者为真或者为假。

（2）不确定性推理

不确定性推理是指推理时所用的知识与证据不都是确定的，推出的结论也是不确定的。泛指除精确推理以外的其他推理问题，包括不完备或不精确知识的推理、模糊知识的推理、非单调性推理等。采用不确定性推理因所需知识不完备或不精确、所需知识描述模糊等多种原因导致同一结论解题方案不唯一。在人工智能领域中，有代表性的不确定性理论和推理方法有 Bayes 理论、Dempster-Shafer 证据理论、Zadeh 模糊集理论等。

3.4　专家系统

本节主要介绍专家系统的定义、结构、特点和类型，是深入学习专家系统的基础。

3.4.1　专家系统的概念及特点

专家系统是一个含有大量某个领域专家水平的知识与经验的智能计算机程序系统，能够利用人类专家的知识和解决问题的方法来处理该领域问题。简而言之，专家系统是一种模拟人类专家解决领域问题的计算机程序系统。专家系统有如下特点。

1）启发性：专家系统能运用专家的知识与经验进行推理、判断和决策。

2）透明性：专家系统能够解释本身的推理过程并回答用户提出的问题，以便让用户了解推理过程，提高对专家系统的信赖感。

3）灵活性：专家系统能不断增长知识，修改原有知识，不断更新。

3.4.2　专家系统的结构及类型

专家系统的结构是指专家系统各组成部分的构造方法和组织形式。系统结构选择恰当与否与专家系统的适用性和有效性密切相关。选择什么结构最为恰当，要根据系统的应用环境和所执行任务的特点而定，专家系统分类也要据此划分，其分类如下。

1）解释专家系统：通过对过去和现在已知状况的分析，推断未来可能发生的情况，特点是数据量很大，常不准确、有错误、不完全能从不完全的信息中得出解释，并不能对数据做出某些假设，推理过程可能很复杂或很长，如语音理解、图像分析、系统监视、化学结构分析和信号解释等。

2）预测专家系统：通过对已知信息和数据的分析与解释，确定它们的含义。特点是系统处理的数据随时间变化，且可能是不准确和不完全的，系统需要有适应时间变化的动态模型，如气象预报、军事预测、人口预测、交通预测、经济预测和谷物产量预测等。

3）诊断专家系统：根据观察到的情况来推断某个对象机能失常的原因。诊断专家系统能够了解被诊断对象或客体各组成部分的特性以及它们之间的联系，能够区分一种现象及其所掩盖的另一种现象，能够提取用户测量的数据，并从不确切信息中得出尽可能正确的诊断，如医疗诊断、电子机械和软件故障诊断以及材料失效诊断等。

4）设计专家系统：寻找出某个能够达到给定目标的动作序列或步骤。其特点是从多种约束中得到符合要求的设计；系统需要检索较大的可能解空间；能试验性地构造出可能设计；易于修改；能够使用已有设计来解释当前新的设计。如 VAX 计算机结构设计专家系统。

5）规划专家系统：寻找出某个能够达到给定目标的动作序列或步骤。其所要规划的目标可能是动态的或静态的，需要对未来动作做出预测，所涉及的问题可能很复杂。例如军事指挥调度系统、ROPES 机器人规划专家系统、汽车和火车运行调度专家系统等。

6）监视专家系统：不断观察系统、对象或过程的行为，并把观察到的行为与其应当具有的行为进行比较，以发现异常情况，发出警报。其特点是系统具有快速反应能力，发出的警报有很高的准确性，能够动态处理其输入信息。如黏虫测报专家系统。

7）控制专家系统：自适应地管理一个受控对象或客体的全面行为，使之满足预期要求。特点是控制专家系统具有解释、预报、诊断、规划和执行等多种功能。例如空中交通管制、商业管理、自主机器人控制、作战管理、生产过程控制和质量控制等。

8）调试专家系统：对失灵的对象给出处理意见和方法。其特点是同时具有规划、设计、预报和诊断等专家系统的功能。这方面的实例还比较少见。

9）教学专家系统：是根据学生的特点、弱点和基础知识，以最适当的教案和教学方法对学生进行教学和辅导。如 MACSYMA 符号积分与定理证明系统、计算机程序设计语言、物理智能计算机辅助教学系统以及聋哑人语言训练专家系统等。

10）修理专家系统：对发生故障的对象进行处理，使其恢复正常工作。修理专家系统具有诊断、调试、计划和执行等功能。如美国贝尔实验室的 ACI 电话和有线电视维护修理系统。

此外，还有决策专家系统和咨询专家系统等。

3.4.3 专家系统工具与环境

专家系统工具是从被实践证明了有实用价值的专家系统中抽出实际领域的知识背景，并保留系统中推理机的结构所形成的一类工具，EMYCIN、EXPERT 和 PC 等均属于此类型。EMYCIN 疾病诊断专家系统在 MYCIN 的基础上，抽取了医疗专业知识，修改了不精确推理，增强了知识获取和推理解释功能，是世界上最早的专家系统工具之一。EXPERT 是从石油勘探和计算机故障诊断专家系统中抽象并构造出来的，适用于开发诊断解释型专家系统。专家系统开发环境是一种典型的模块组合式开发工具。

3.5 群智能算法

群智能算法主要模拟了昆虫、兽群、鸟群和鱼群的群体行为，这些群体按照一种合作的方式寻找食物，群体中的每个成员通过学习它自身的经验和其他成员的经验来不断改变搜索的方向。任何一种由昆虫群体或者其他动物社会行为机制而激发设计出的算法或分布式解决问题的策略均属于群体智能，群智能优化算法的原则如下。

1）邻近原则：群体能够进行简单的空间和时间计算。
2）品质原则：群体能够响应环境中的品质因子。
3）多样性反应原则：群体的行动范围不应该太窄。
4）稳定性原则：群体不应在每次环境变化时都改变自身的行为。

基于以上原则，本节将简要介绍常见的群智能优化算法，如遗传算法、粒子群算法、蚁群算法等。

3.5.1 群智能算法的发展历程

群智能优化算法非常受研究者欢迎，很多研究学者也都提出了一些自己的群智能优化算法，图 3-11 为主要的群智能算法的提出时间和提出者，可以看出大多数算法诞生于 2000—2010 年这十年，随着计算机计算能力的提升，人们越来越开始依赖这些既能得到较优的结果又不会消耗太多计算时间的群智能算法。

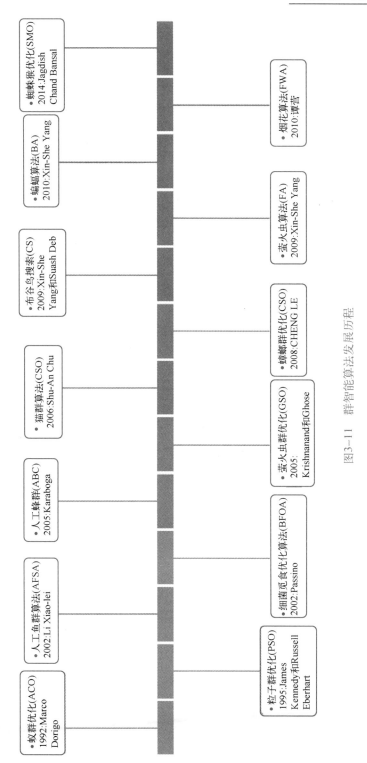

图3-11　群智能算法发展历程

其实人群也算是一种特殊的群体，只不过人群不像其他的群体那样，人作为一种高级动物，除了吃饱肚子以外，还有其他很多精神方面的需求，如幸福度、快乐度和舒适度等，并且人类具有的最大优势是语言沟通和学习能力，因此，基于这样的特性也可以提出基于人群的优化算法，只不过可能需要结合更多的组织行为学和行为心理学等相关的知识，对人的群体行为进行理论解释，同时可以采用更多以机器学习或人工智能为基础的高级策略，并应用于多目标优化问题。

3.5.2 遗传算法

遗传算法（Genetic Algorithm，GA）最早由美国的 John Holland 于 20 世纪 70 年代提出。该算法根据大自然中生物体进化规律而设计提出，是模拟达尔文生物进化论的自然选择和遗传学机理的生物进化过程的计算模型，是一种通过模拟自然进化过程搜索最优解的方法。该算法通过数学的方式利用计算机仿真运算，将问题的求解过程转换成类似生物进化中的染色体基因的交叉、变异等过程。在求解较为复杂的组合优化问题时相对一些常规的优化算法，通常能够较快地获得较好的优化结果。遗传算法已被人们广泛地应用于组合优化、机器学习、信号处理、自适应控制和人工生命等领域。

1. 遗传算法的基本原理

遗传算法是模拟生物在自然环境下遗传和进化过程的一种自适应的全局优化搜索算法，通过借助遗传学的原理，经过自然选择、遗传、变异等作用机制进而筛选出适应性更高的个体（适者生存）。遗传算法现在主要适用于 NP 问题（指存在多项式算法能够解决的非决定性问题）、非线性、多峰函数优化和多目标优化问题等。同时，其在机器学习、模式识别和神经网络及社会科学中的应用也非常出色。

2. 遗传算法的算法理论

简单来说，遗传算法就是利用种群搜索技术将种群作为一组问题解，通过对当前种群施加类似生物遗传环境因素的选择、交叉、变异等一系列的遗传操作来产生新一代的种群，并逐步使种群优化到包含近似最优解的状态。其基本术语如图 3-12 所示。

遗传学术语	遗传算法术语
种群	可行解集
个体	可行解
染色体	可行解的编码
基因	可行解编码的分量
基因形式	遗传编码
适应度	评价的函数值（适应度函数）
选择	选择操作
交叉	编码的交叉操作
变异	可行解编码的变异

图 3-12 遗传算法基本术语

3. 遗传算法特点

1）遗传算法以决策变量的编码作为运算对象，这种对决策变量的编码处理，使得在优化计算中可以借鉴生物学的染色体和基因概念，模拟自然界的生物遗传和进化机制，方便地应用决策变量编码成的位串进行遗传算子。

2）遗传算法直接以目标函数值作为搜索收敛条件。它仅仅使用目标函数值变换来的适应度函数值就可以确定进一步的搜索方向和范围，而不是使用目标函数的求导来进行，简化了算法。

3）遗传操作是基于概率因子来操作的。

4）遗传算法是自组织、自学习的。

4．遗传算法的应用

由于遗传算法的整体搜索策略和优化搜索方法在计算时不依赖于梯度信息或其他辅助知识，而只需要影响搜索方向的目标函数和相应的适应度函数，所以遗传算法提供了一种求解复杂系统问题的通用框架，它不依赖于问题的具体领域，对问题的种类有很强的鲁棒性，所以得到了广泛应用。

1）函数优化是遗传算法的经典应用领域，也是遗传算法进行性能评价的常用算例，人们构造出了各种各样形式复杂的测试函数：连续函数和离散函数、凸函数和凹函数、低维函数和高维函数、单峰函数和多峰函数等。对于一些非线性、多模型、多目标的函数优化问题，用其他优化方法较难求解，而遗传算法可以方便地得到较好的结果。

2）随着问题规模的扩大，组合优化问题的搜索空间也急剧增大，有时在计算上用枚举法很难求出最优解。对这类复杂的问题，人们已经意识到应把主要精力放在寻求满意解上，而遗传算法是寻求这种满意解的最佳工具之一。实践证明，遗传算法对于组合优化中的 NP 问题非常有效。如遗传算法已经在求解旅行商问题、背包问题、装箱问题、图形划分问题等方面得到成功的应用。此外，遗传算法也在生产调度问题、自动控制、机器学习、图像处理、人工生命、遗传编码和机器学习等方面获得了广泛应用。

3.5.3　粒子群算法

粒子群算法（Particle Swarm Optimization，PSO）源于对鸟群社会系统的研究，由美国普渡大学的埃伯哈特（J. Eberhart）和肯尼迪（R. Kennedy）于 1995 年提出。其核心思想是利用个体的信息共享促使群体在问题解空间从无序进行有序演化，最终得到问题的最优解，可以利用如下经典描述直观地理解粒子群优化算法。

设想场景：一群鸟在寻找食物，在远处有一片玉米地，所有的鸟都不知道玉米地到底在哪里，但是它们知道自己当前的位置距离玉米地有多远。那么，找到玉米地的最优策略就是搜寻目前距离玉米地最近的鸟群的所在区域。粒子群优化算法就是从鸟群食物的觅食行为中得到启示从而构建形成的一种优化方法。粒子群优化算法将每个问题的解类比为搜索空间中的一只鸟，称为"粒子"，问题的最优解对应鸟群要寻找的"玉米地"。每个粒子设定一个初始位置和速度向量，根据目标函数计算当前所在位置的适应度值（Fitness Value），可以将其理解为与"玉米地"之间的距离。粒子在迭代过程中，根据自身的"经验"和群体中的最优粒子的"经验"进行学习，从而确定下一次迭代时飞行的方向和速度。通过逐步迭代，整个群体逐步趋于最优解。

1．粒子群算法基本框架

粒子群算法将每个个体初始化为 n 维搜索空间中一个没有体积和质量以一定速度飞行的粒

子，其数学模型描述如下，飞行的粒子，其中速度决定粒子飞行的方向和距离，目标函数决定粒子的适应度值，通过迭代寻优获取问题的最优解。

在 n 维连续搜索空间中，$\boldsymbol{x}^i(k)=[x_1^i,x_2^i,\cdots,x_n^i]^T$ 表示搜索空间中粒子 i 的当前位置；$\boldsymbol{v}^i(k)=[v_1^i,v_2^i,\cdots,v_n^i]^T$ 表示该粒子 i 的速度向量；$\boldsymbol{p}^i(k)=[p_1^i,p_2^i,\cdots,p_n^i]^T$ 表示粒子 i 当前经过的局部最优位置（p_{best}）；$\boldsymbol{p}^g(k)=[p_1^g,p_2^g,\cdots,p_n^g]^T$ 表示所有粒子当前经过的全局最优位置（G_{best}），则早期的粒子群优化算法速度和位置向量更新公式如下。

速度向量公式为

$$\boldsymbol{v}_j^i(k+1)=\boldsymbol{v}_j^i(k)+c_1r_1(\boldsymbol{p}_j^i(k)-\boldsymbol{x}_j^i(k))+e_2r_1(\boldsymbol{p}_j^g(k)-\boldsymbol{x}_j^i(k))$$

位置向量公式为

$$\boldsymbol{x}_j^i(k+1)=\boldsymbol{x}_j^i(k)+\boldsymbol{v}_j^i(k+1)$$

其中，$i=1$，2，$\cdots$，m，$j=1$，2，$\cdots$，n，c_1、c_2 为速度因子，均为非负值。r_1 和 r_2 为[0,1]范围内的随机数。

2．粒子群优化算法的具体步骤

具体步骤如下。

```
for 每个粒子 i
    初始化每个粒子 i，随机设置每个粒子的初始位置 x^i 和速度 v^i
    计算每个粒子 i 的目标函数，Gbest=xi
end for
Gbest =min{Pbesti}
while not stop
    for i=1 to m
        更新粒子 i 的速度和位置
        if fit（xi）<fit(Pbesti)
            Pbesti= xi;
        if fit（Pbesti）<fit(Gbest)
            Gbest = Pbesti;
    end for
end while
Print Gbest
end procedure
```

3．粒子群优化算法的改进

粒子群优化算法具有收敛快的优点，但是在算法运行的初期，算法存在精度较低、易发散等缺点。因此国内外诸多研究人员致力于提高粒子群优化算法的性能，现阶段主要侧重于理论研究改进、拓扑结构改进、混合改进算法、参数优化等方面。

3.5.4 蚁群算法

蚁群算法又称蚂蚁算法，1992 年多里戈（M. Dorigo）受自然界中蚁群的觅食行为启发提出，它是最早的群智能优化算法，起初被用来求解旅行商（Traveling Salesman Problem，TSP）问题。蚂蚁是一种社会性生物，在寻找食物时，会在经过的路径上释放一种信息素，一定范围内的蚂蚁能够感觉到这种信息素，并移动到信息素浓度高的方向，因此蚁群通过蚂蚁个体的交互能够表现出复杂的行为特征。蚁群的群体性行为可以看作是一种反馈现象，因此，蚁群行为又可以被理解成增强型学习系统（Reinforcement Learning System）。

1. 蚁群算法的基本原理

蚂蚁在路径上释放信息素，碰到还没走过的路口，就随机挑选一条路走。同时，释放与路径长度有关的信息素，信息素浓度与路径长度成反比。后来的蚂蚁再次碰到该路口时，就选择信息素浓度较高的路径，最优路径上的信息素浓度越来越大，最终蚁群由此找到最优寻食路径。人工蚁群与真实蚁群的不同点如图 3-13 所示。

相同点	不同点
1. 都存在个体相互交流的通信机制 2. 都要完成寻找最短路径的任务 3. 都采用根据当前信息进行路径选择的随机选择策略	1. 人工蚂蚁具有记忆能力 2. 人工蚂蚁选择路径时不是完全盲目的 3. 人工蚂蚁生活在离散时间的环境中

图 3-13　人工蚁群与真实蚁群对比

2. 蚁群算法步骤

在计算之初，需要对相关参数进行初始化，如蚁群规模（蚂蚁数量）m、信息素重要程度因子 α、启发函数重要程度因子 β、信息素挥发因子 ρ、信息素释放总量 Q、最大迭代次数 iter_max、迭代次数初值 iter=1。其具体流程如下。

1）构建解空间将各个蚂蚁随机地置于不同的出发点，对每个蚂蚁 k（k=1，2，…，m），计算其下一个待访问地点，直到所有蚂蚁访问完所有地点。

2）更新信息素，计算每个蚂蚁经过路径的长度 L_k（k=1，2，…，m)，记录当前迭代次数中的最优解（最短路径）。同时，对各个城市连接路径上的信息素浓度进行更新。

3）判断是否终止，若 iter<iter_max，则令 iter=iter+1，清空蚂蚁经过路径的记录表，并返回步骤 2），否则，终止计算，输出最优解。

3.6　搜索技术

人工智能系统要解决各种各样的问题，其中大多数问题都是结构不良或者非结构化的，对于这样的问题没有现成的算法去解决，只能利用现有知识一步一步摸索。这一过程的关键就是如何找到可用知识，也就是说如何确定推进路线，并且付出的代价尽量小，却又能使问题较好地解决。因此，对于给定的问题，人工智能系统的行为一般是找到能够达到所希望目标的动作序列，并使其付出的代价最小、性能最好。搜索就是找到人工智能系统动作序列的过程。在本节中将简要介绍搜索的相关概念以及技术，包括盲目搜索、启发式搜索、图搜索等。

3.6.1　搜索的概念

在人工智能系统中，即使对于结构性能较好、理论上有算法可依的问题，由于问题本身的复杂性，以及计算过程在时间、空间上的局限性，有时也需要通过搜索来求解。对人工智能系统来说，搜索问题一般包括两个重要的问题：搜索什么、在哪里搜索。前者通常指的是搜索目标，后者通常指的是搜索空间。搜索空间是指一系列状态的汇集，因此也称为状态空间。与通常的搜索空间不同，人工智能系统中大多数问题的状态空间在问题求解之前不一定全部知道。所以，人工智能系统中的搜索可以分成两个阶段：状态空间的生成阶段和该状态空间中对所求问题状态的搜索阶段。

3.6.2 搜索算法

搜索最适合用于设计基于一个操作算子集的问题求解任务，每个操作算子的执行均可使问题求解更接近于目标状态，搜索路径由实际选用的操作算子的序列构成。接下来将介绍图搜索算法、盲目搜索算法和启发式搜索算法。

1. 图搜索算法

图搜索是一种在图中寻找路径的方法，从图中的初始节点开始，至目标节点为止。其中，初始节点和目标节点分别代表产生系统的初始数据库和满足终止条件的数据库。方法是先把问题的初始状态作为当前状态，选择适用的运算符对其进行操作，生成一组子状态，检查目标状态是否在其中出现。若出现，则搜索成功，找到了问题的解；若不出现，则按某种搜索策略从已生成的状态中再选一个状态作为当前状态。重复上述过程，直到目标状态出现或者不再有可供操作的状态及运算符时为止。

为了求解问题，需要把有关知识存储在计算机的知识库中。存储方式有显式存储和隐式存储两种。

1）显式存储（或显式图）：把与问题有关的全部状态空间图，即相应的有关知识全部直接存入知识库。

2）隐式存储：只存储与问题求解有关的部分知识（即部分状态空间）。在求解过程中，由初始状态出发，运用相应的知识，逐步生成所需的部分状态空间图，通过搜索推理，逐步转移到要求的目标状态，只需在知识库中存储局部状态空间图，这种图称为隐式图。为了节约计算机的存储容量，提高搜索推理效率，通常采用隐式存储方式进行隐式图搜索推理。

2. 盲目搜索算法

在一般搜索算法中，每种搜索算法都有一个共同属性，即维护两个列表：开放列表（OPEN）和封闭列表（CLOSED），OPEN 表包含树中所有待搜索（或扩展）的节点，提高搜索效率的关键在于 OPEN 表中节点的排列方式，若每次排在表首的节点都在最终搜索到的解答路径上，则算法不会扩展任何多余的节点就可以快速结束搜索。所以排序方式成为研究搜索算法的焦点，并由此形成了多种搜索策略。一种简单的排序策略就是按预先确定的顺序或随机排序新加入OPEN 表中的节点，常用的方式是宽度优先和深度优先。宽度优先、深度优先及其改进算法的缺点是节点排序的盲目性，因为不采用领域专门知识去指导排序，结果是在大量无关的状态节点后才碰到解答，所以这类搜索称为盲目搜索。盲目搜索方法又叫非启发式搜索，是一种无信息搜索，一般只适用于求解比较简单的问题，盲目搜索通常是按预定的搜索策略进行搜索，而不会考虑到问题本身的特性。

3. 启发式搜索算法

前面讨论的各种搜索方法都是按事先规定的路线进行搜索的，没有用到问题本身的特征信息，具有较大的盲目性，产生的无用节点较多，搜索空间较大，效率不高。如果能够利用问题自身的一些特征信息来指导搜索过程，则可以缩小搜索范围，提高搜索效率。

　　启发式搜索（Heuristically Search）又称为有信息搜索（Informed Search），它是利用问题拥有的启发信息来引导搜索，达到减少搜索范围、降低问题复杂度的目的，这种利用启发信息的搜索过程称为启发式搜索。启发式搜索通常应用于两种问题：正向推理和反向推理。正向推理一般用于状态空间的搜索。在正向推理中，推理是从预选定义的初始状态出发向目标状态方向执行。反向推理一般用于问题规约中。

　　如果在选择节点时能充分利用与问题有关的特征信息，估计出节点的重要性，就能在搜索时选择重要性较高的节点，以利于求得最优解，人们把这个过程为启发式搜索。"启发式"实际上代表了"大拇指准则"（Rule of Thumb）：在大多数情况下是成功的，但不能保证一定成功。与被解问题的某些特征有关的控制信息（如解的出现规律、解的结构特征等）称为搜索的启发信息，反映在评估函数中。估价函数的作用是估计待扩展各节点在问题求解中的价值，即估价节点的重要性。用于评价节点重要性的函数称为估价函数，其一般形式为

$$f(x) = g(x) + h(x)$$

其中，$g(x)$为从初始节点到节点 x 付出的实际代价；$h(x)$为从节点 x 到目标节点的最优路径的估计代价。启发性信息主要体现在 $h(x)$ 中，其形式要根据问题的特性来确定。虽然启发式搜索有望能够很快到达目标节点，但需要花费一些时间来对新生节点进行评价。因此，在启发式搜索中，估计函数的定义是十分重要的。如定义不当，则上述搜索算法不一定能找到问题的解，即使找到解，也不一定是最优的。

　　（1）启发式搜索 A 算法

　　在一般的图搜索过程中，如果对 OPEN 表排序是根据 $f(x)=g(x)+h(x)$ 进行的，则称该过程为启发式搜索过程。该过程按 $f(x)$ 对 OPEN 表中的节点排序，$f(x)$ 最小的值排在首位，优先加以扩展，体现了最佳优先（Best-First）搜索策略思想，其算法如下。

　　1）将初始节点 S_0 放入 OPEN 表中。

　　2）如 OPEN 表为空，则搜索失败，退出。

　　3）把 OPEN 表的第一个节点取出，放入到 CLOSED 表中，并把该节点记为节点 n。

　　4）如果节点 n 是目标节点，则搜索成功，求得一个解，退出。

　　5）扩展节点 n，生成一组子节点，对既不在 OPEN 表中也不在 CLOSED 表中的子节点，计算出相应的估价函数值。

　　6）把节点 n 的子节点放到 OPEN 表中。

　　7）对 OPEN 表中的各节点按估价函数值从小到大排列。

　　8）转到 2）。

　　（2）启发式搜索 A*算法

　　A*算法中，启发性信息用一个特别的估价函数 f^* 来表示：$f^*(x)=g^*(x)+h^*(x)$，式中，$g^*(x)$为从初始节点到节点 x 的最佳路径所付出的代价；$h^*(x)$是从 x 到目标节点的最佳路径所付出的代价；$f^*(x)$是从初始节点出发通过节点 x 到达目标节点的最佳路径的总代价。基于上述 $g^*(x)$ 和 $h^*(x)$ 的定义，对启发式搜索算法中的 $g(x)$ 和 $h(x)$ 做如下限制。

　　1）$g(x)$是对 $g^*(x)$的估计，且 $g(x)>0$。

　　2）$h(x)$是 $h^*(x)$的下界，即对任意节点 x 均有 $h(x) \leqslant h^*(x)$。

　　在满足上述条件情况下的有序搜索算法称为 A*算法。

对于某一搜索算法，当最佳路径存在时，就一定能找到它，则称此算法是可纳的。可以证明，A*算法是可纳算法。也就是说，对于有序搜索算法，当满足 $h(x) \leqslant h^*(x)$ 时，只要最佳路径存在，就一定能找出这条路径。

3.7　本章习题

1．简述知识图谱的概念。
2．自动推理的类别有哪些？
3．专家系统的流程图结构是怎样的？
4．蚁群算法中人工蚁群和真实蚁群的不同点有哪些？
5．搜索算法有哪些？

第4章
知识发现与数据挖掘

　　信息时代社会每时每刻都产生着大量的信息，导致数据库中存储的数据量急剧增大，大量信息给人们带来方便的同时也带来了一系列问题和挑战。人们意识到隐藏在大规模数据背后更深层次、更重要的内容是能够描述信息的整体特征，可以预测事物发展趋势。这些潜在信息在决策过程中具有重要的参考价值。为进一步提高信息的利用率，产生了新的研究方向：基于数据库的知识发现（Knowledge Discovery in Database，KDD），以及相应的数据挖掘（Data Mining）理论和技术。而数据挖掘是整个 KDD 过程中的一个重要步骤，其主要根据知识发现的目标选用一些算法从数据库中提取出用户感兴趣的知识。并以一定的方式表现出来。可以说数据挖掘的好坏决定着知识发现的成功与否。随后的发展研究使知识发现和数据挖掘成长为一个涉及多学科的研究领域，数据库技术、人工智能、机器学习、统计学、粗糙集、模糊集、神经网络、模式识别、知识库系统、高性能计算、数据可视化等均与其相关。

　　目前，关于数据挖掘与知识发现的研究工作已经被众多领域关注，如信息管理、商业、医疗、过程控制、金融等领域。作为大规模数据库中先进的数据分析工具，数据挖掘已经成为数据库及人工智能领域的研究热点之一。本章主要介绍知识发现和数据挖掘的相关内容，首先从知识发现的对象、任务、方法三方面对知识发现进行概述。在理解了知识发现之后，对知识发现的核心步骤数据挖掘从产生定义、功能、方法进行详细说明。但随着大数据时代的到来，知识发现和数据挖掘的数据源变得复杂多样，因此在本章的最后部分将介绍大数据处理技术。最后通过知识发现应用实践将理论与实践相结合，加深读者对知识点的理解。

4.1　知识发现概述

　　1929 年 KDD 作为一个新的研究方向被提出，经过近百年的研究，KDD 已经成为一门涉及多领域的科目。在最初人们给 KDD 下过很多定义，其内涵也各不相同，目前公认的是由 Fayyad 等人提出的定义：基于数据库的知识发现（KDD）是指从大量数据中提取有效的、新颖的、潜在有用的、最终可以被理解的模式的非平凡过程。为了方便理解 KDD 的定义，需要说明这里的数据是指一个有关事实 F 的集合，用于描述事物的基本信息，如学生档案数据库中有关学生的基本情况的记录。而定义中的模式是指语言 L 中的表达式 E，E 所描述的数据是集合 F 的一个子集 F_E。F_E 表明数据集 F 中的数据具有特性 E。作为一个模式，E 比枚举数据子集 F_E 简单，如"如果分数在 80～90 分，则成绩优良"可称为一个模式。而非平凡过程是由多个步骤构成的处理过程，包括数据预处理、模式提取、知识评估及过程优化。非平凡是指具有一定程度的智能性和自动性，而不仅是简单的数值统计和计算。从定义层面的理解无法把握知识发现的细节，下面将从知识发现的对象、任务、方法三方面对知识发现作进一步的介绍。

4.1.1　知识发现的对象

知识发现的对象原则上可以是以各种方式存储的信息。目前的信息存储方式主要包括关系数据库、数据仓库、事务数据库、高级数据库系统、文件数据库和 Web 数据库。其中，高级数据库系统包括面向对象数据库、关系对象数据库，以及面向应用的数据库（如空间数据库、时态数据库、文本数据库、多媒体数据库等）。

1）关系数据库：关系数据库（Relational Database）是创建在关系模型基础上的数据库，借助集合代数等数学概念和方法来处理数据库中的数据。现实世界中的各种实体以及实体之间的各种联系均用关系模型来表示。关系模型是由埃德加·科德于 1970 年首先提出的。标准数据查询语言（SQL）就是一种基于关系数据库的语言，这种语言对关系数据库执行检索和操作。关系模型由数据结构、关系操作集合、关系完整性约束三部分组成。简单来说，关系模型是一个类似于二维表的模型，而关系型数据库就是二维表格和其中的数据所组成的一个数据组织。通俗地说，在一张二维表中，每个关系都具有一个关系名，也就是通常说的表名。属性在二维表中，是类似于 Excel 表格中的一列，在数据库中被称为字段。域是属性的取值范围，也就是数据库中某一字段的属性限制条件。关键字是一组可以直接标识元组的属性。关系模式是指对关系的描述，其格式为关系名（属性 1，属性 2，…，属性 N），也就是数据库中的表结构。其作为数据库中的数据可以通过数据库管理系统（DBMS）进行存储和管理。DBMS 提供数据库结构定义、数据检索语言（SQL）、数据存储、并发与共享和分布式机制、数据访问授权等功能。关系数据库由表组成，每个表有一个唯一的表名。属性（列或域）集合组成表结构，表中数据按行存放，每一行称为一个记录，记录间通过键值加以区别。关系表中的一些属性域描述了表间的联系，这种语义模型就是实体关系 ER 模型。关系数据库是目前最流行、最常见的数据库之一，为知识发现研究工作提供了丰富的数据源。

2）数据仓库：数据仓库也称为企业数据仓库，是商业智能的核心组成部分，是来自一个或者多个不同来源的集成数据的中央存储库。数据仓库将当前和历史数据存储在一起，用于为整个企业的员工创建分析报告。对数据进行提取、转换、加载和提取、加载、转换是用于构建数据仓库系统的两种主要方法。数据仓库的构成需要经历数据清洗、数据格式转换、数据集成、数据载入及阶段性更新等过程。其主要功能是组织资讯系统中联机事务处理所累积的大量资料，这些资料可以通过数据仓库理论所特有的资料存储架构进行系统的分析整理。严格地讲，数据仓库是面向问题的、集成的、随时间变化的、相对稳定的数据集，可为管理决策提供支持。其中面向问题是指数据仓库的组织围绕一定的主题，不同于日复一日的操作和事务处理型的组织，其是通过排斥对决策无用的数据等手段提供围绕主题的简明观点。集成性是指数据仓库将多种异质数据源集成为一体，如关系数据库、文件数据在线事务记录等。数据存储包含历史信息（如过去的 5～10 年）。数据仓库要将分散在各个具体应用环境中的数据转换后才能使用，所以，它不需要事务处理、数据恢复、并发控制等机制。数据仓库根据多维数据库结构建模，每一维代表一个属性集，每个单元存放一个属性值，并提供多维数据视图，允许通过预计算快速地对数据进行总结。尽管数据仓库中集成了很多数据分析工具，但仍然需要像知识发现等的更深层次、自动的数据分析工具。

3）面向对象数据库：面向对象数据库是基于面向对象程序设计的范例，其每一个实体作为一个对象与对象相关的程序和数据封装在一个单元中，通常用一组变量描述对象等价于实体关系模型和关系模型中的属性。对象通过消息与其他对象或数据库系统进行通信，对象机制提供一种模式获取消息并做出反应的手段。类是对象共享特征的抽象，对象是类的实例，也是基本运行实体。可以把对象类按级别分为类和子类，实现对象间属性共享。

4）关系对象数据库：关系对象数据库的构成基于关系对象模型。为操作复杂的对象，该模型通过提供丰富数据类型的方法进一步扩展了关系模型。在关系查询语言中增加了新增类型的检索能力。关系对象数据库在工业和其他应用领域的使用越来越普遍。与关系数据库上的知识发现相比，关系对象数据库上的知识发现更强调操作复杂的对象结构和复杂数据类型。

5）文本数据库：文本数据库是包含用文字描述的对象的数据库。这里的文字不是通常所说的简单关键字，它可能是长句子或图形，如产品说明书、出错或调试报告、警告信息、简报等文档信息。文本数据库可以是无结构的（如 WWW 网页），也可以是半结构的（如邮件信息、HTML/XML 网页）。数据挖掘可以揭示对象类的通常描述，如关键字与文本内容之间的关联，基于文本对象的聚类等。

6）多媒体数据库：在多媒体数据库中存储图像、音频、视频等数据。多媒体数据库管理系统提供对多媒体数据进行存储、操纵和检索的功能，特别强调多种数据类型间（如图像、声音等）的同步和实时处理。主要应用在基于图片内容的检索、语音邮件系统、视频点播系统。多媒体数据库挖掘、存储和检索技术需要集成标准的数据挖掘方法，还要构建多媒体数据立方体，运用基于模式相似匹配的理论等。

7）异构数据库和遗产数据库：异构数据库由一组互联的自治成员数据库组成。这些成员相互通信，以便交换信息和回答查询。一个成员数据库中的对象可以与其他成员数据库中的对象有很大差别，将它们的语义同化到整个异构数据库中十分困难。很多企业通过信息技术开发的长期历史（包括运用不同的硬件和操作系统）获得遗产数据库（Legacy Database）。遗产数据库是一组异构数据库，包括关系数据库、对象数据库、层次数据库、网状数据库、多媒体数据库、文件系统等。这些数据库可以通过内部网络或互联网络连接。

4.1.2　知识发现的任务

知识发现的主要任务就是发现知识，这里的知识定义为"模式"，"模式"是指用高级语言表示的有一定逻辑含义的信息，通常指数据库中数据之间的逻辑关系，即要发现的知识。而"非平凡"是指在 KDD 中知识的发现过程应具有某种不确定性和一定的自由度。能够以确定的计算过程提取的模式一般称为平凡知识，如在人事数据库中，已知职工的工资，求出职工的总工资或平均工资等均是平凡知识，平凡知识不是 KDD 的目标。这里通过知识发现提取的知识还应该具备有效性（可信性）、新颖性，且具有潜在作用并可被理解。即从数据中发现的知识（模式）必须具有一定的可信度且是新颖的，该模式可以被实际运用并具有一定的作用。然后就是发现的模式能够被用户理解，在知识发现的最后一步知识评价可以完成这一目标。简而言之，知识发现的任务就是发现数据中的知识。

4.1.3　知识发现方法

KDD 是一个反复迭代的人机交互处理过程。该过程需要经历多个步骤，并且很多决策需要由用户做出。从宏观上看，KDD 过程主要由三部分组成，即数据整理、数据挖掘和结果的解释评估。KDD 的工作步骤如图 4-1 所示。

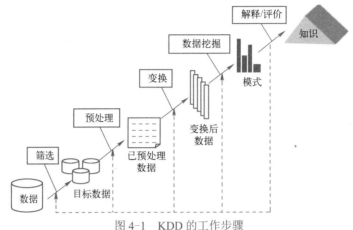

图 4-1　KDD 的工作步骤

1）数据准备：了解 KDD 应用领域的有关情况。包括熟悉相关的背景知识、搞清用户需求。

2）数据筛选：根据用户的需要从原始数据库中选取相关数据或样本。在此过程中，将利用一些数据库操作对数据库进行相关处理，数据选取的目的是确定目标数据。

3）数据预处理：对选出的数据进行再处理，检查数据的完整性及数据一致性，消除噪声，滤除与数据挖掘无关的冗余数据，根据时间序列和已知的变化情况，利用统计等方法填充丢失的数据。

4）数据变换：根据知识发现的任务对经过预处理的数据进行再处理，主要是通过投影或利用数据库的其他操作减少数据量。

5）数据挖掘：这是整个 KDD 过程中很重要的一个步骤。首先，确定 KDD 目标，即根据用户的要求，确定 KDD 要发现的知识类型。因为对 KDD 的不同要求会在具体的知识发现过程中采用不同的知识发现算法，如分类、总结、关联规则、聚类等。然后，根据确定的任务来选择合适的知识发现算法，包括选取合适的模型和参数。同样的目标可以选用不同的算法来解决，这可以根据具体情况进行分析选择。有两种选择算法的途径，一是根据数据的特点，选择与之相关的算法；二是根据用户的要求，有的用户希望得到描述型的结果，有的用户希望得到预测准确度尽可能高的结果，不能一概而论。总之，要做到选择算法与整个 KDD 过程的评判标准相一致。最后运用选择的算法，从数据库中提取用户感兴趣的知识，并以一定的方式表示出来（如产生式规则等）。

6）解释评价：对在数据挖掘步骤中发现的模式（知识）进行解释。经过用户或机器评估后，可能会发现这些模式中存在冗余或无关的模式，此时应该将其剔除。如果模式不能满足用户的要求，就需要返回到前面的某些处理步骤中反复提取。如重新选取数据、采用新的数据变换方法、修改数据挖掘算法的某些参数值，甚至换另外一种挖掘算法，从而提取出更有效的模式。

7）知识评价：将发现的知识以用户能了解的方式呈现给用户。这期间也包含对知识一致性的检查，以确保本次发现的知识不会与以前发现的知识相抵触。由于挖掘出来的知识最终是呈现给用户的，所以，应该以用户能够理解的最直观的方式作为最终结果。因此，知识发现工作还包括对模式进行可视化处理等。

在上述步骤中，数据挖掘占据非常重要的地位，它主要是利用某些特定的知识发现算法，在一定的运算效率范围内，从数据中发现有关知识，可以说，它决定了整个 KDD 过程的效果与效率。

4.1.4　知识发现的应用领域

知识发现的潜在应用十分广阔，从工业到农业，从天文到地理，从预测预报到决策支持，KDD都发挥着越来越重要的作用。许多计算机软件开发商，如IBM、Microsoft、SPSS、SGI 等，都已经推出了相应的数据挖掘产品。知识发现和数据挖掘作为信息处理的新技术已经在实际应用中崭露头角。

1．商业方面

在商业方面的成功应用不断刺激着 KDD 的发展，进而拓展到越来越广阔的应用领域，特别是销售业和服务行业，是KDD应用最广泛的领域。在商业方面，KDD 主要应用于销售预测、库存需求、零售点选择、价格分析和销售模式分析。如酒店通过对消费特别高和特别低的顾客进行偏离模式分析，可以发现一些有趣的消费情况：美国一家公司使用 Advanced Software Applications 的 ModelMaX预测模型并结合地理信息分析开发了 Lottery Machine Selection，以决定在佛罗里达州安装彩票机的最佳地点。

2．农业方面

农业是一个大型复杂系统，我国农业部门数十年来积累了大量关于土肥、气象、病虫害、市场信息等方面的数据、实例和经验知识，通过KDD可以从中发现许多有价值和有规律的知识。如通过对病虫害数据库的分析，可以发现病虫害的影响因素、迁移或蔓延规律等，从而遏制灾害的发生、扩展或降低灾害损失，通过对国际国内市场信息的挖掘来指导农业生产规划等。

3．医学生物方面

医疗保健行业有大量数据需要处理，但这个行业的数据由不同的信息系统管理，数据组织性差而且类型复杂。如医疗诊断数据可能包括文本、数值、图像等，给应用带来了一些困难。KDD在医药方面主要用于医疗诊断分析、药物成分的效用分析、新药研制和药物生产工艺控制优化等。

4．金融保险方面

金融事务需要收集和分析大量数据，从而发现其数据模式及特征，然后可能发现某个潜在客户、消费群体或组织的金融和商业兴趣，并可观察金融市场的变化趋势。KDD 在金融领域应用广泛，如金融、股票市场分析和预测、账户分类、银行担保和信用评估等。

4.2　数据挖掘概述

通过前面的介绍已经了解到数据挖掘是 KDD 过程中的一个重要步骤，由于数据预处理和解释评价研究都已经比较成熟，目前 KDD 的难点问题都集中在数据挖掘上面。数据挖掘作为 KDD 的关键步骤，其中包括选用特定的数据挖掘算法对预处理的数据进行处理，从而提取用户感兴趣的知识（模式），并以一定的方式（如产生式规则等）表示出来，最终完成数据挖掘。下面具体讲述数据挖掘技术的产生及定义、数据挖掘的功能、数据挖掘的方法。

4.2.1　数据挖掘技术的产生及定义

数据挖掘技术和知识发现产生有相同的背景，都是在面对信息社会中数据和数据库的爆炸式增长，人们分析数据从中提取有用信息的能力，远远不能满足用户的需要。目前做到的只是对数据库已有的数据进行存储、查询、统计等功能，无法发现这些数据中存在的关系和规则，更不能根据现有的数据预测未来的发展趋势。这种现象产生的主要原因就是缺乏挖掘数据背后隐藏的知识的有力手段，而导致"数据爆炸但知识贫乏"的现象。数据挖掘就是为迎合这种要求而产生并迅速发展起来的，可用于开发信息资源的一种新的数据处理技术。1989 年 8 月在美国底特律举办的第十一届国际人工智能联合会议上正式形成了数据挖掘的相关概念和研究方向，从 1995 年在加拿大召开的第一届知识发现和数据挖掘国际学术会议开始，每年都举行一次 KDD 国际学术会议，把对知识发现和数据挖掘的研究不断向前推进。

数据挖掘（Data Mining）公认的定义是由 U. M. Fayyad 等人提出的：数据挖掘就是从大量的、不完全的、有噪声的、模糊的、随机的数据集中，提取隐含在其中的、人们事先不知道的、但又是潜在的有用的信息和知识的过程，提取的知识表示为概念（Concepts）、规则（Rules）、规律（Regularities）、模式（Patterns）等形式。数据挖掘是一种决策支持过程，分析各组织原有的数据，做出归纳的推理，从中挖掘出潜在的模式，为管理人员决策提供支持。

4.2.2　数据挖掘的功能

数据挖掘是实现知识挖掘的重要步骤，首先要确定用户定义的不同需求，从而决定KDD 要发现的知识类型。因为对 KDD 的要求不同，所以会在具体的知识发现过程中采用不同的知识发现算法，如分类、总结、关联规则、聚类等。而不同的算法将会导致数据挖掘的不同结果，从而实现不同的功能，总的来说，数据挖掘是将预处理之后的数据，使用不同的算法对数据进行进一步处理，挖掘出数据内在的、未知的模式。下面介绍数据挖掘的具体功能。

（1）类/概念描述（Class/Concept Description）

类/概念描述是通过汇总、分析和比较对相关对象的内涵及相应特征进行总结性的、简要的、准确的描述。类/概念描述可通过数据特征化（Data Characterization）、数据区分（Data Discrimination），可以是特征性描述，也可以是区别性描述。特征性描述可以描述出相关对象的共同特征，区别性描述可以描述出相关对象之间的差异。数据特征输出形式多种多样，可采用曲线、条图、饼图、多维表等，也可采用泛化关系或特征性规则。

（2）分类和预测（Classification and Prediction）

分类和预测主要用于处理预测问题。分类是指将数据映射到预先定义的数据类或概念集中。预测是建立连续值函数模型，并用来预测空缺的或不知道的数据值。在分类和预测之前，应进行相关分析（Relevance Analysis）来排除对分类或预测过程无用的属性。

（3）关联分析（Association Analysis）

关联分析是通过挖掘数据中的频繁模式（Frequent Pattern），建立关联规则（Association Rule）的一种重要的发现知识的方法。通过建立关联规则，可为某些决策提供支持。关联分简单、因果、数量和时序等类型，对时间上存在前后关系的数据项进行挖掘，称为时序关联挖掘。对逻辑上存在因果关系的数据项进行挖掘，称为因果关联挖掘。数据项间存在统计相关性并不能确定数据项间存在因果关联；数据项间存在因果关联并不能保证数据项间存在统计相关性。

（4）聚类分析（Clustering Analysis）

聚类分析源于数学、计算机、统计学、经济学以及生物学等众多学科领域，通过描述数据项间的相似性而进行分类的探索性分析方法。把数据项分类到不同的簇（Cluster），同一簇中的个体存在很大相似性，不同簇间的个体存在很大差异性。也可作为分类算法、定性归纳算法等的预处理步骤。

（5）偏差分析（Deviation Analysis）

偏差分析即离群点分析，是依据数据的历史、现状以及相应标准，探索实际出现明显偏离或者变化的数据的分析方法。在实际结果出现了偏离预期较大、分类或模式中出现反常或例外的时候，均可采用偏差分析。在海关检测、银行欺诈、金融洗钱等领域，发现偏差数据（噪声或异常数据）更具实际意义。

4.2.3　常用的数据挖掘方法

数据挖掘的方法种类繁多，若按照挖掘方法进行分类则包括统计方法、机器学习方法、神经网络方法和数据库方法。统计方法可细分为回归分析（多元回归、自回归等）、判别分析（贝叶斯判别、费歇尔判别、非参数判别等）、聚类分析（系统聚类、动态聚类等）、探索性分析（主成分分析、相关分析等）等，机器学习方法可细分为归纳学习方法（决策树、规则归纳等）、基于范例学习、遗传算法等，神经网络方法可进一步分为前向神经网络（BP 算法）、自组织神经网络（自组织特征映射、竞争学习等），数据库方法主要是多维数据分析和 OLAP 技术，此外还有面向属性的归纳方法。由于篇幅有限下面将重点介绍常用数据挖掘方法。

1. 粗糙集

粗糙集（Rough Set）理论是由波兰的 Z. Pawlak 教授于 20 世纪 80 年代初提出的，是处理模糊和不确定性问题的新的数学工具，它能有效地分析和处理不精确、不一致、不完整等不完备性的数据，通过发现数据间隐藏的关系，揭示潜在的规律，从而提取有用信息，简化信息的处理。在粗糙集的理论框架中，主要研究一个由对象集和属性集构成的信息系统 S，$S =<U, C, D, V, f>$ 为知识系统，其中，U 是对象集合；$A=C \cup D$ 是属性集合，子集 C 和 D 分别为条件属性集和结论属性集；$V = \underset{q \in A}{\dfrac{U}{}} V_q$ 是属性集合，V_q 为属性 q 的值；f 是指定 U 中每个对象属性值的信息函数，即 $f : U \times A \rightarrow V_q$。这种"属性-值"关系构成了一张二维表，称为信息表或决策表。在粗糙集理论中，知识是通过指定对象的基本特征（属性）和它的特征值（属性值）来描述的。如果用知识系统的条件属性表示规则的条件部分，决策属性表示规则的结论部分，则每一个对象可以方便地表示一条产生式规则。

相对于概率统计、证据理论、模糊集等处理含糊性和不确定性问题的数学工具而言，粗糙集理论既与它们有一定的联系，又具有这些理论不具备的优越性。统计学需要概率分布，证据理论需要基本概率赋值，模糊集理论需要隶属函数，而粗糙集理论的主要优势之一在于它不需要关于数据的任何预备的或额外的信息。给定的对象集合由若干个属性描述，对象按照属性的取值情况形成若干等价类（同一等价类中对象的各个属性取值相同），同一等价类中的对象不可分辨。给定集合 A，粗糙集基于不可分辨关系，定义集合 A 的上近似和下近似，用这两个精确集合表示给定集合。根据现有关于对象的知识，下近似由肯定属于集合 A 的对象组成，上近似由可能属于集

合 A 的对象组成。随着研究工作的不断深入，粗糙集理论已广泛应用于知识发现、机器学习、决策支持、模式识别、专家系统、归纳推理等领域。

2. 聚类

聚类分析又称为群分析，是研究（样品或者指标）分类问题的一种统计分析方法。聚类分析起源于分类学，但是聚类不等于分类。聚类与分类的不同在于，聚类所要求划分的类是未知的。也就是说在分类的过程中，人们不必事先给出一个分类的标准，聚类分析能够从样本数据出发，自动进行分类。聚类分析所使用方法的不同，常常会得到不同的结论。不同研究者对于同一组数据进行聚类分析，所得到的聚类数未必一致。而由于事先无法确定簇的内涵，使得聚类分析方法种类繁多。聚类分析的方法可分为基于层次的聚类方法、基于划分的聚类方法、基于图论的聚类方法、基于密度和网格的方法等。

1）基于层次的聚类算法又称为树聚类算法，该方法使用数据的连接规则，通过层次式架构方式反复将数据进行分裂或聚合，以形成一个层次序列的聚类问题的解，算法主要有两种策略：自底向上的聚合式层次聚类和自顶向下的分裂式层次聚类。近年来，具有代表性的研究成果有Hungarian 聚类算法、面向连续数据的粗聚类算法（RCOSD）和基于 Quartet 树的快速聚类算法等。层次聚类算法的优点在于不需要用户事先指定聚类数目，可以灵活控制不同层次的聚类粒度，并且可以清晰地表达簇之间的层次关系。但是，层次聚类算法也有不可避免的缺点：在层次聚类过程中不能回溯处理已经形成的簇结构，即上一层次的簇形成后，通常不能在后续的执行过程中对其进行调整。这种特性造成了巨大的计算开销，已成为提高层次聚类算法性能的瓶颈，使其不适用于大规模数据集。

2）基于划分的聚类方法已在模式识别、数据挖掘等领域得到广泛应用，至今仍是许多研究工作的思想源头。假设目标函数是可微的，首先给出数据集的初始划分，然后以此为起点，在迭代过程中不断调整样本点的归属，从而使目标函数达到最优。当目标函数收敛时，便可得到最终聚类结果。K-means 和 Fuzzy C-Means 是这类算法的典型代表，近年来的研究成果主要有密度加权模糊聚类算法、基于混合距离学习的双指数模糊 C 均值算法等。这类方法的优点可归结为收敛速度快且易于扩展，缺点在于它们通常需要事先指定聚类数目。此外，初始簇中心的选择、噪声数据的存在和聚类数目的设置均会对聚类结果产生较大影响。

3）基于图论的聚类方法将待聚类的数据集转化为一个赋权的无向完全图 $G=(V, E)$。其中，顶点集 V 为特征空间中的数据点，边集 E 及其权重为任意两个数据点之间的连接关系和相似程度。这样，便可将聚类问题转化为图划分问题来解决，所产生的若干个子图对应于数据集包含的簇。近年来，代表性的研究成果有 Gradient Boosting Regression 算法、基于最大 θ 距离子树的聚类算法等。基于图论的聚类方法大多使用点对数据来表示数据点之间的相互关系，与其他方法相比，这类方法更适于发现数据集中、形状不规则的类簇。但是，求图的最优划分在数学上可归结为一个 NP 级的组合优化问题，如何面向大规模数据集求图的最优划分仍需要进一步探讨。

4）基于密度和网格的聚类方法来源于基于密度的聚类方法和基于网格的聚类方法。前者通常适用于只包含数值属性的数据集，后者适用于任何属性的数据集。由于这两类方法在处理数据时都侧重于使用样本点的空间分布信息，并且经常结合在一起使用，可将它们归为一类。该类方法对处理形状复杂的簇具有明显的优势，近年来具有代表性的研究成果有 TFCTMO 算法和 ST-DBSCAN 算法等。

3．关联规则

关联规则反映一个事物与其他事物之间的相互依赖性或相互关联性。如果两个或多个事物之间存在关联，那么，其中一个事物就能从其他已知事物中预测得到，这样可以帮助人们制定出准确的决策。关联规则是通过形如 $X{\to}Y$ 的一种蕴含式表达的，其中 X 和 Y 是不相关的项集，$(X, Y)\in I$，并且有 $X\cap Y$=NULL 成立。关联规则强度可用支持度和置信度进行度量，规则的支持度和置信度是两个不同的量化标准。支持度确定规则可以用于给定数据集的频繁程度，置信度确定 Y 在包含 X 的事物中出现的频繁程度。支持度和置信度两个关键的相关形式定义如下。①规则 $X{\to}Y$ 的支持度：规则 $X{\to}Y$ 在交易数据库 D 中的支持度（Support）是指交易集中包含 X 和 Y 的交易数与所有交易数之比，记为 support$(X{\to}Y)$，即 support$(X{\to}Y)$=$|X\cap Y|/|D|$。②规则 $X{\to}Y$ 置信度（Confidence）：是指规则 $X{\to}Y$ 在交易集中同时包含 X 和 Y 的交易数与只包含 X 的交易数之比，记为 confidence$(X{\to}Y)$，即 confidence$(X{\to}Y)$=$|X\cap Y|/|X|$。一般，给定一个数据库，挖掘关联规则的问题可以转换为寻找满足最小支持度和最小置信度阈值的强关联规则过程，分为两步：先是生成所有频繁项集，即找出支持度大于或等于最小支持度阈值的项集；然后生成强关联规则，即找出频繁项集中大于或等于最小置信度阈值的关联规则。在关联规则算法方面，这里必须要提最著名的 Apriori 算法，其核心思想是把发现关联规则的工作分为两步：第一步通过迭代检索出事务数据库中的所有频繁项集，即频繁项集的支持度不低于用户设定的阈值；第二步从频繁项集中构造出满足用户最低信任度的规则。挖掘或识别所有频繁项集是 Apriori 算法的核心，占整个计算量的大部分。后来的许多算法多是对 Apriori 算法的改进研究，如 AprioriTid、AprioriHybrid 等。

关联规则的分类方法有基于规则中处理的变量类别、基于规则中数据的抽象层次、基于规则中数据的维数。下面分别进行介绍。

1）基于规则中处理的变量类别，关联规则可分为布尔型和多值属性。布尔型关联规则处理的是离散、种类化的数据，它研究项是否在事务中出现。多值属性关联规则又可分为数量属性和分类属性，它显示了量化的项或属性之间的关系。在挖掘多值属性关联规则时，通常将连续属性运用离散（等深度桶、部分 K 度完全法）、统计学方法划分为有限个区间，每个区间对应一个属性，分类属性的每个类别对应一个属性，再对转换后的属性运用布尔型关联规则算法进行挖掘。

2）基于规则中数据的抽象层次，关联规则可分为单层和多层。实际应用中，数据项之间有价值的关联规则常出现在较高的概念层中，因此，挖掘多层关联规则比单层关联规则能得到更深入的知识。根据规则中对应项目的粒度层次，多层关联规则可以划分为同层和层间关联规则。多层关联规则挖掘的两种设置支持度的策略为统一的最小支持度和不同层次设置不同的最小支持度。前者相对而言容易生成规则，但未考虑到各个层次的精度，容易造成信息丢失和信息冗余问题，后者增加了挖掘的灵活性。

3）基于规则中数据的维数关联规则分为单维和多维。单维关联规则处理的变量只是一维的；多维关联规则处理的是两个或两个以上的对象。根据同一维在规则中是否重复出现，多维关联规则又可分为维内关联规则和混合关联规则。

4．模糊集

经典集合论对应二值逻辑，一个元素要么属于、要么不属于给定集合。因此，经典集合论不能很好地描述具有模糊性和不确定性的问题。美国加利福尼亚大学的扎德教授于 1965 年提出了

模糊集的理论。在介绍模糊集之前，应先理解这几个概念，①论域，处理某一问题时对有关议题的限制范围称为该议题的论域。②集合，在论域中，具有某种属性的事物的全体称为集合。③特征函数，设论域为 X，$A \subseteq X$，对于 $\forall x \in A$，要么 $x \in X$ 要么 $x \notin X$，二者必居其一且仅居其一。由集合 A 可以确定一个映射 X_A，$X_A : X \to \{0,1\}, x \to X_A(x)$，其中 $X_A(x) = 1, x \in A$ 或者 $X_A(x) = 0, x \notin A$。称 X_A 为 A 的特征函数。由 X_A 可以确定一个集合 $\{x \in X | X_A(x) = 1\}$。④隶属度，特征函数 μ_A 在 $X=x$ 处的值为 x 对 A 的隶属度，反映 X 中的元素对 A 的隶属程度。在了解这些概念之后给出模糊集的定义，给出映射 $\mu_A : X \to [0,1], x \to \mu_A(x)$，称 μ_A 确定了一个模糊子集 A，μ_A 称为模糊集 A 的隶属函数，μ_A 称为 x 对 A 的隶属度。隶属函数是模糊集的实质。一个隶属函数称为模糊集的特征函数，隶属函数用于将论域中每一元素隶属度关联到每一个对应的模糊集中。模糊集中的隶属函数可以是任何形状和类型，它由模糊集领域的专家定义，但要满足约束。一个隶属函数必须分别被 0 和 1 限制上下界，因此一个隶属函数取值范围必须在[0, 1]。注意对于每一个 $x \in X$，隶属函数必须唯一，即对于同一个模糊集而言，同一个元素不能够映射到不同的隶属度。

模糊集合 A 是一个抽象概念，其元素是不确定的，只能通过隶属函数 μ_A 来认识和掌握 A。$\mu_A(x)$ 的数值大小反映论域 X 中的元素 x 对于模糊集合 A 的隶属程度，$\mu_A(x)$ 的值越接近于 1，表示 x 对于模糊集合 A 的隶属程度越高；而 $\mu_A(x)$ 的值越接近于 0，表示 x 对于模糊集合 A 的隶属程度越低。特别地，若 $\mu_A(x) = 1$，则认为 x 完全属于 A；若 $\mu_A(x) = 0$，则认为 x 完全不属于 A。因此，经典集合可以看作是特殊的模糊集合。

模糊集一般有三种表示方法：扎德表示法、序偶表示法以及隶属函数表示法。隶属函数表示法就是直接使用隶属函数来表示模糊集。扎德表示法为：若论域 X 为有限离散集，即 $X = \{x_1, x_2, \cdots, x_n\}$，则使用求和符号可表示为 $A = \dfrac{\mu_A(x_1)}{x_1} + \dfrac{\mu_A(x_2)}{x_2} + \cdots + \dfrac{\mu_A(x_n)}{x_n}$，需要注意的是，这里的 $\dfrac{\mu_A(x_i)}{x_i}$ 不表示分数，而是表示 x_i 隶属 A 程度为 $\mu_A(x_i)$。序偶表示法为：当论域 $X = \{x_1, x_2, \cdots, x_n\}$ 时，则模糊集 $A = \{\mu_A(x_1) + \mu_A(x_2) + \cdots + \mu_A(x_n)\}$。

模糊集能够很好地描述模糊性和不确定的问题，而很多聚类分析方法的实现都是数据对象进行硬性划分，但是客观事物的类属往往并不十分明确。而基于模糊集的模糊聚类方法可以很好地表达和处理对象的这种不分明的类属性质。模糊聚类方法包括传递闭包法、最大树法、编网法、基于摄动的模糊聚类方法、模糊 C-均值方法等。模糊聚类分析已广泛应用于经济学、生物学、气象学、信息科学、工程技术科学等许多领域。另外，模糊集方法也可用于分类问题。模糊逻辑可用于基于规则的系统，模糊逻辑系统已用于许多分类领域，如中药的分类。

5. 决策树

决策树是在一种情况发生的概率已知的前提下，构建决策树来分析项目的概率，用树形结构图解评价是否可行的概率分析方法。决策树是一个预测模型，代表的是对象属性与对象值之间的一种映射关系。树中每个节点表示某个对象，每个分叉路径代表某个可能的属性值，每个叶节点则对应从根节点到该叶节点所经历的路径所表示对象的值。决策树仅有单一输出，若想要有多数输出，可以建立独立的决策树以处理不同输出。数据挖掘中决策树是一种经常要用到的技术，可以用于分析数据，同样也可以用来预测。而在机器学习领域，决策树是能进行模型预测的监督学习方法。其优点是逻辑上易于描述、理解和实现，数据准备要求低，易于通过测试来预测模型；缺点是不擅长处理连续性的数值，时序数据的预处理工作较多，类别数据越多，导致正确率越低。常见算法有经典的 ID3 算法、适用于连续属性的 C4.5 算法以及适用于大数据集 C5.0 算法。

　　6．神经网络

　　人工神经网络（ANN）简称为神经网络（NN），是由构成动物大脑的生物神经网络系统启发出的计算模型。人工神经网络基于人工神经元的连接单元或节点的集合，这些单元或节点可以对生物脑中的神经元进行松散建模。每个连接都像生物大脑中的突触一样，可以将信号传输到其他神经元。接收信号的人工神经元随后对信号进行处理，并可以向与之相连的神经元发出信号。连接处的"信号"是实数，每个神经元的输出通过其输入之和的某些非线性函数来计算。这些连接称为 Edge。神经元和神经边缘的权重随着学习的进行而不断调整。神经元可以具有阈值，使得仅当总信号超过该阈值时才发送信号。通常，神经元聚集成层，不同的层可以对它们的输入执行不同的变换。信号可能从第一层（输入层）传播到最后一层（输出层），也可能是信号在多次遍历这些层之后输出到最后一层。

　　人工神经网络按其模型结构大体可以分为前馈型网络（也称为多层感知机网络）和反馈型网络（也称为 Hopfield 网络）两大类，前者在数学上可以看作是一类大规模的非线性映射系统，后者则是一类大规模的非线性动力学系统。按照学习方式，人工神经网络又可分为有监督学习、非监督学习和半监督学习三类；按工作方式可分为确定性和随机性两类；按时间特性可分为连续型和离散型两类。不论何种类型的人工神经网络，它们共同的特点是大规模并行处理、分布式存储、弹性拓扑、高度冗余和非线性运算，因而具有很高的运算速度、很强的联想能力、很强的适应性、很强的容错能力和自组织能力。这些特点和能力构成了人工神经网络模拟智能活动的技术基础，并在广阔的领域获得应用。如在通信领域，人工神经网络可以用于数据压缩、图像处理、矢量编码、差错控制（纠错和检错编码）、自适应信号处理、自适应均衡、信号检测、模式识别、ATM 流量控制、路由选择、通信网优化和智能管理等。

　　神经网络法是在人工神经网络的基础上，使用训练数据进行训练，进而完成学习。神经网络法是一种非线性的预测模型，通过不断地进行网络学习，神经网络法能从未知模式的大量复杂数据中发现相应的规律和结果。其优点是具有抗干扰性，具有联想记忆功能，具有非线性学习功能及具有准确预测复杂情况结果的功能；其缺点是缺少统计理论基础，导致解释性不强，因随机性较强导致应用范围不广泛，高维数值的处理需要较多的人力和较长的时间。神经网络适用于分类、聚类、特征挖掘等多方面的数据挖掘任务。

4.3　大数据处理概述

　　虽然大数据蕴含价值巨大，但其价值密度较低并且数据体量浩大、模式繁多、生成快速。这些特点使得直接针对大数据进行知识发现和数据挖掘提取其价值变得不可取，主要原因在于知识发现和数据挖掘无法直接对海量且数据结构复杂的数据进行操作。因此针对大数据进行知识发现和数据挖掘必须要经过大数据技术的处理。大数据处理的流程为：在合适工具的辅助下，对广泛异构的数据源进行抽取和集成，结果按照一定的标准统一存储，利用合适的数据分析技术对存储的数据进行分析，从中提取有益的知识并利用恰当的方式将结果展示给终端用户。对统一标准存储的数据集进行分析的方法主要包括数据挖掘和机器学习。本节的重点内容是介绍大数据处理工具，首先是大数据处理基础设施平台 Hadoop 及其生态系统，以及分布式计算框架 Spark 和其生态系统，由于 Spark 性能强大，解决了 MapReduce 每次数据存盘及编程方式的痛点，是对 Hadoop 平台很好的补充，加速了大数据处理技术的发展和大数据应用的落地。然后介绍一种与 MapReduce 处理方式截然不同的大数据处理框架 Storm，最后介绍大数据分析的相关内容。

4.3.1 分布式数据基础设施平台 Hadoop 及其生态系统

Hadoop 是 Apache 软件基金会旗下的开源计算框架，Hadoop 主要用于海量数据（PB 级数据是大数据的临界点）的高效存储、管理和分析，可以部署在廉价的普通商用计算机上，具有高容错、水平可扩展等特性，采用分布式存储与处理方法解决了高成本、低效率处理海量数据的瓶颈。作为一个强大的分布式大数据开发平台，Hadoop 具备处理大规模分布式数据的能力，且所有的数据处理作业都是批处理的，所有要处理的数据都要求在本地。如今，大多数计算机软件都运行在分布式系统中，其交互界面、应用的业务流程及数据资源均存储于松耦合的计算节点和分层的服务中，再由网络将它们连接起来。分布式开发技术已经成为建立应用框架（Application Framework）和软件构件（Software Component）的核心技术，在开发大型分布式应用系统中表现出强大的生命力。不同的分布式系统或开发平台，其所在的层次是不一样的，功能也有所不同。

1. Hadoop 概述

Hadoop 采用 Java 语言开发，是对 Google 的 MapReduce、GFS（Google File System）和 Bigtable 等核心技术的开源实现，具有高可靠性和良好的扩展性，可以部署在大量成本低廉的硬件设备上，为分布式计算任务提供底层支持。图 4-2 是 Hadoop 的 logo。

图 4-2　Hadoop 的 logo

Hadoop 是分布式开发技术的一种，它实现了分布式文件系统和部分分布式数据库的功能。如一个只有 500GB 的单机节点无法一次性处理连续的 PB 级的数据，那么应如何解决这个问题？这就需要把大规模数据集分别存储在多个不同节点的系统中，实现一个跨网络的多个节点资源的文件系统，即分布式文件系统（Distributed File System，DFS）。Hadoop 中的并行编程框架 MapReduce 可以让软件开发人员在不了解分布式底层细节的情况下开发分布式并行程序，并可以充分利用集群的威力进行高速运算和存储。

Hadoop 能够在大数据处理中得到广泛应用，得益于它能以一种可靠、高效、可伸缩的方式进行数据处理。首先，Hadoop 是可靠的，因为它会假设计算元素和存储失败的情况，所以它会维护多个工作数据副本，确保能够针对失败的节点重新分布处理。其次，Hadoop 是高效的，因为它以并行的方式工作，通过并行处理加快处理速度。再次，Hadoop 是可伸缩的，能够处理PB 级数据。另外，Hadoop 依赖于社区服务，因此成本比较低，任何人都可以使用。最后，Hadoop 是用 Java 语言编写的框架，因此运行在 Linux 平台上是非常理想的，且 Hadoop 上的应用程序也可以使用其他语言编写。

2. Hadoop 架构

Hadoop 是一个能够实现对大数据进行分布式处理的软件框架，Hadoop 的基础架构如图 4-3 所示。由实现数据分析的 MapReduce 计算框架和实现数据存储的分布式文件系统（HDFS）有机结合而成。Hadoop 自动把应用程序分割成许多小的工作单

图 4-3　Hadoop 的基础架构

元，并把这些单元放到集群中的相应节点上执行；分布式文件系统（HDFS）负责各个节点上数据的存储，实现高吞吐率的数据读写。

（1）HDFS

HDFS 是 Hadoop 的分布式文件存储系统，整个 Hadoop 的体系结构就是通过 HDFS 来实现对分布式存储的底层支持。HDFS 是一个典型的主从（Master/Slave）架构。Master 主节点（NameNode）也叫元数据节点（MetadataNode），可以看作是分布式文件系统中的管理者，存储文件系统的 MetaData（元数据）。元数据就是除了文件内容之外的数据，包括文件系统的管理节点（NameNode）、访问控制信息、块当前所在的位置和集群配置等信息。从节点也叫数据节点（DataNode），提供真实文件数据的物理支持。Hadoop 集群中包含大量的 DataNode，DataNode 响应客户端的读写请求，还响应 MetadataNode 对文件块的创建、删除、移动、复制等命令。在 HDFS 中，客户端（Client）可以通过元数据节点（MetadataNode）从多个数据节点（DataNode）中读取数据块，而这些文件元数据信息的收集是各个数据节点自发提交给元数据节点的，它存储了文件的基本信息。当数据节点的文件信息有变更时，就会把变更的文件信息传送给元数据节点，元数据节点对数据节点的读取操作都是通过这些元数据信息来查找的。这种重要的信息一般会有备份，存储在次级元数据节点（Secondary MetadataNode）上。写文件操作也需要知道各个节点的元数据信息、哪些块有空闲、空闲块的位置、离哪个数据节点最近、备份多少份等，然后再写入。在有至少两个机架（Rack）的情况下，一般除了将数据写入本机架中几个节点外还会写入另外一个机架节点中，这就是所谓的"机架感知"。图 4-4 中的 Rack1 和 Rack2 就是两个机架。

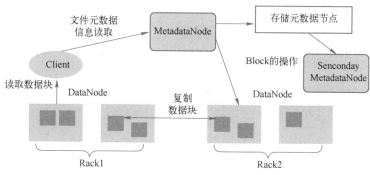

图 4-4　HDFS 写操作示意图

（2）MapReduce

MapReduce 是一种处理大量半结构化数据集合的分布式计算框架，是 Hadoop 的一个基础组件。MapReduce 分为 Map 过程和 Reduce 过程，这两个过程将大任务细分处理再汇总结果。其中，Map 过程对数据集上的独立元素进行指定的操作，生成"键-值对"形式的中间结果；Reduce 过程则对中间结果中相同"键"的所有"值"进行规约，以得到最终结果。MapReduce 也可以称为一种编程模型。MapReduce 编程模型主要由两个抽象类构成，即 Mapper 类和 Reducer 类。Mapper 类用于对切分过的原始数据进行处理；Reducer 类则对 Mapper 类的处理结果进行汇总，得到最后的输出结果。在数据格式上，Mapper 类接受<key, value>格式的数据流，并产生一系列同样是<key, value>形式的输出，这些输出经过相应的处理，形成<key, {value list}>形式的中间结果；之后，再将由 Mapper 类产生的中间结果传给 Reducer 类作为输入，对相同 key 值的 {value list} 做相应处理，最终生成<key, value>形式的结果数据，再将其写入 HDFS 中。

MapReduce 这样的功能划分，使得 MapReduce 非常适合在大量计算机组成的分布式并行环境中进行数据处理。MapReduce 的基本原理如图 4-5 所示。

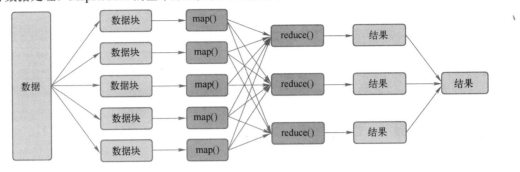

图 4-5　MapReduce 的基本原理

从 MapReduce 的编程模型中可以发现，数据以不同的形式在不同节点间流动，即经过一个节点的分析处理，以另外一种形式进入下一个节点，从而得出最终结果。因此，了解数据在各个节点之间的流入形式和流出形式十分重要。下面以 WordCount 为例来讲解 MapReduce 数据流，整个处理过程如图 4-6 所示。

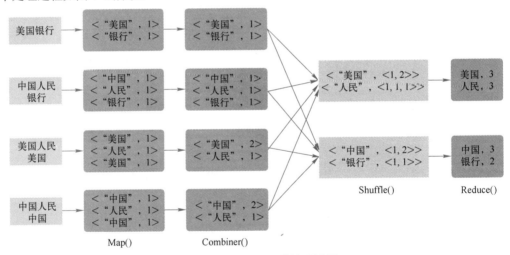

图 4-6　WordCount 的处理过程

1）分片、格式化数据源（InputFormat）。InputFormat 主要有两个任务，一个是对源文件进行分片，并确定 Mapper 的数量；另一个是对各分片进行格式化，处理成<key, value>形式的数据流并传给 Mapper。图 4-6 中先将源文件分成了 4 片，并确定了 Mapper 的数量（4 个），然后对各分片进行格式化，将其处理成<key, value>形式的数据流并传给 Map()。

2）Map 过程。Mapper 接收<key, value>形式的数据，并将其处理成<key, value>形式的数据，具体的处理过程可由用户定义。在 WordCount 中，Mapper 会解析传来的 key 值，以"空字符"为标识符，如果碰到"空字符"，就会把之前累计的字符串作为输出的 key 值，并以 1 为当前 key 的 value 值，形成<word, 1>的形式。

3）Combiner 过程。每一个 Map()都可能产生大量的本地输出，Combiner()的作用就是对

Map()端的输出先做一次合并，以减少在 Map 和 Reduce 节点之间的数据传输量，提高网络 I/O 性能，这是 MapReduce 的优化手段之一。例如，在 WordCount 中，Map()在传递数据给 Combiner()前，Map 端的输出会先做一次合并。

4）Shuffle 过程。Shuffle 过程是指从 Mapper 产生的直接输出结果经过一系列的处理成为 Reducer 最终的直接输入数据为止的整个过程，这一过程也是 MapReduce 的核心过程。

5）Reduce 过程。Reducer 接收<key, {value list}>形式的数据流，形成<key, value>形式的数据输出，输出的数据直接写入 HDFS，具体的处理过程可由用户定义。在 WordCount 中，Reducer 会将相同 key 的{value list}进行累加，得到这个单词出现的总次数，然后输出。

3. Hadoop 生态系统

目前，Hadoop 已经发展成为包含很多项目的集合，形成了一个以 Hadoop 为中心的生态系统（Hadoop Ecosystem），如图 4-7 所示。此生态系统提供了互补性服务或在核心层上提供了更高层的服务，使 Hadoop 的应用更加方便、快捷。

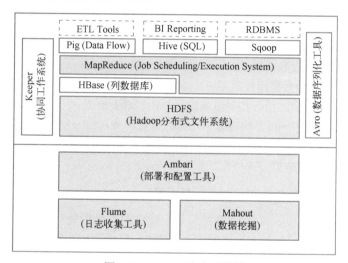

图 4-7　Hadoop 生态系统图

1）Hive（基于 Hadoop 的数据仓库）。Hive 分布式数据仓库擅长数据展示，通常用于离线分析。Hive 管理存储在 HDFS 中的数据，提供了一种类似 SQL 的查询语言（HQL）来查询数据。

2）HBase（分布式列数据库）。HBase 是一个针对结构化数据的可伸缩、高可靠、高性能、分布式和面向列的动态模式数据库。和传统关系型数据库不同，HBase 采用了 Google BigTable 的数据模型—增强的稀疏排序映射表（Key/Value），其中，键由行关键字、列关键字和时间戳构成。HBase 可以对大规模数据进行随机、实时读/写访问，同时，HBase 中保存的数据可以使用 MapReduce 来处理，它将数据存储和并行计算完美地结合在一起。

3）ZooKeeper（分布式协同工作系统）。ZooKeeper 是协同工作系统，用于构建分布式应用，解决分布式环境下的数据管理问题，如统一命名、状态同步、集群管理、配置同步等。

4）Sqoop（数据同步工具）。Sqoop 是 SQL-to-Hadoop 的缩写，是完成 HDFS 和关系型数据库中的数据相互转移的工具。

5）Pig（基于 Hadoop 的数据流系统）。Pig 提供相应的数据流语言和运行环境，实现数据转换（使用管道）和实验性研究（如快速原型），适用于数据准备阶段，运行在由 Hadoop 基本架构构建的集群上。Hive 和 Pig 都建立在 Hadoop 基本架构之上，可以用来从数据库中提取信息，交给 Hadoop 处理。

6）Mahout（数据挖掘算法库）。Mahout 的主要目标是实现一些可扩展的机器学习领域经典算法，旨在帮助开发人员更加方便、快捷地创建智能应用程序。Mahout 现在已经包含了聚类、分类、推荐引擎（协同过滤）和频繁集挖掘等广泛使用的数据挖掘方法。除了算法外，Mahout 还包含数据的输入/输出工具、与其他存储系统（如数据库、MongoDB 或 Cassandra）集成等数据挖掘支持架构。

7）Flume（日志收集工具）。Flume 是一个高可用、高可靠、分布式的海量日志收集工具，即 Flume 支持在日志系统中定制各类数据发送方，用于收集数据；同时，Flume 提供对数据进行简单处理并写到各种数据接收方（可定制）的功能。

8）Avro（数据序列化工具）。Avro 是一种新的数据序列化（Serialization）格式和传输工具，设计用于支持大批量数据交换的应用。它的主要特点有：支持二进制序列化方式，可以便捷、快速地处理大量数据；动态语言友好，Avro 提供的机制使动态语言可以方便地处理 Avro 数据。

9）BI Reporting（Business Intelligence Reporting，商业智能报表）。BI Reporting 能提供综合报告、数据分析和数据集成等功能。

10）RDBMS（关系型数据库管理系统）。RDBMS 中的数据存储在被称为表（Table）的数据库中。表是相关记录的集合，由行和列组成，是一种二维关系表。

11）ETL Tools。ETL Tools 是构建数据仓库的重要环节，由一系列数据仓库采集工具构成。

12）Ambari。Ambari 旨在将监控和管理等核心功能加入 Hadoop。Ambari 可帮助系统管理员部署和配置 Hadoop、升级集群，并可提供监控服务。

4.3.2 分布式计算框架 Spark 及其生态系统

Spark 是一个围绕速度、易用性和复杂分析构建的大数据处理框架。由于 Spark 扩展了 MapReduce 计算模型，能高效地支撑更多的计算模式，包括交互式查询和流处理，能够在内存中进行计算，能依赖磁盘进行复杂的运算等，所以 Spark 比 MapReduce 更加高效，成为大数据中应用得最多的计算模型。

1．Spark 概述

Spark 是由加州大学伯克利分校 AMP 实验室在 2009 年开源的基于内存的大数据计算框架，保留了 Hadoop MapReduce 高容错和高伸缩的特性。不同的是，Spark 将中间结果保存在内存中，从而不再需要读写 HDFS。因此，Spark 能更好地适用于数据挖掘与机器学习等需要迭代的 MapReduce 模式的算法。Spark 可以将 Hadoop 集群的应用在内存中的运行速度提升约 100 倍，在磁盘上的运行速度提升约 10 倍。它具有快速、易用、通用、兼容性好 4 个特点，实现了高效的有向无环图（Directed Acyclic Graph，DAG）执行引擎，支持通过内存计算高效处理数据流。

可以使用 Java、Scala、Python、R 等语言轻松地构建 Spark 并行应用程序，以及通过 Python、Scala 的交互式 Shell 在 Spark 集群中验证解决思路是否正确。Spark 的 logo 如图 4-8 所示。

图 4-8　Spark 的 logo

不同于 Hadoop 只包括 MapReduce 和 HDFS，Spark 的体系架构包括 Spark Core 及在 Spark Core 基础上建立的应用框架 Spark SQL、Spark Streaming、MLlib、GraphX 等。其中 Spark Core 是 Spark 中最重要的部分，主要完成离线数据分析。Spark SQL 提供通过 Hive 查询语言（HiveQL）与 Spark 进行交互的 API，将 Spark SQL 查询转换为 Spark 操作，并且每个数据库表都被当成一个 RDD。Spark Streaming 对实时数据流进行处理和控制，允许程序像 RDD 一样处理实时数据。MLlib 是 Spark 提供的机器学习算法库。GraphX 提供了控制图、并行图操作与计算的算法和工具。Spark 体系架构如图 4-9 所示。

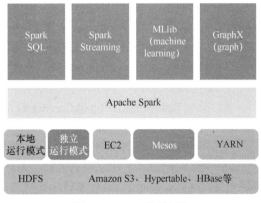

Spark 的运行模式灵活多变，部署在单机上时，既可以用本地模式运行，也可以用伪分布模式运行；而当以分布式集群的方式部署时，需要根据集群的实际情况来选择，底层的资源调度既可以依赖外部资源调度框架，也可以使用 Spark 内建的 Standalone 模式。目前常用的 Spark 运行模式根据资源管理器的不同可以分为 Standalone 模式、Spark on YARN 模式和 Mesos 模式 3 种。

图 4-9　Spark 体系架构

（1）Standalone 模式

Standalone 模式是 Spark 自带的资源调度框架，其主要的节点有 Client 节点、Master 节点和 Worker 节点。Spark 应用程序有一个 Driver 机制。Driver 既可以运行在 Master 节点上，也可以运行在本地 Client 节点上。当用 Spark-Shell 交互式工具提交 Spark 的 Job 时，Driver 在 Master 节点上运行；当使用 Spark-Submit 工具提交 Job 或者在 Eclipse、IDEA 等开发平台上使用 "new SparkConf.setManager（spark: //master:7077）" 方式运行 Spark 任务时，Driver 是运行在本地 Client 节点上的。其运行过程如图 4-10 所示。

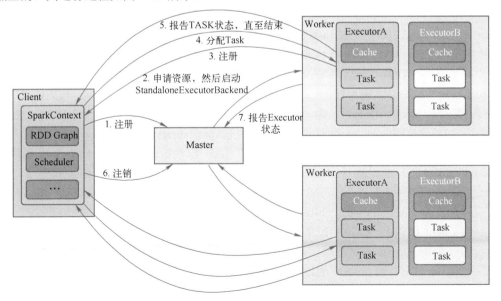

图 4-10　Standalone 模式运行示意图

1）SparkContext 连接到 Master 节点，向 Master 节点注册并申请资源（CPU Core 和 Memory）。

2）Master 节点先根据 SparkContext 的资源申请要求和 Worker 节点心跳周期内报告的信息决定在哪个 Worker 节点上分配资源；然后就在该 Worker 节点上获取资源，并且在各个节点（Worker）上启动 StandaloneExecutorBackend（对 Standalone 来说是 Executor 的守护进程）。

3）StandaloneExecutorBackend 向 SparkContext 注册。

4）在 Client 节点上，SparkContext 根据用户程序构建 DAG 图（在 RDD 中完成），将 DAG 分解成 Stage（TaskSet），把 Stage 发送给 TaskScheduler。TaskScheduler 将 Task 发送给相应 Worker 中的 Executor 运行，即提交给 StandaloneExecutorBackend 执行。

5）StandaloneExecutorBackend 会建立 Executor 线程池，开始执行 Task，并向 Spark Context 报告，直至 Task 完成。

6）所有 Task 完成后，SparkContext 向 Master 节点注销并释放资源。

7）对 Master 报告 Executor 状态。

（2）Spark on YARN 模式

在讲解 Spark on YARN 模式之前，先对 YARN 进行简单介绍。YARN 是一种统一资源管理机制，在 YARN 上面可以运行多种计算框架。Spark 借助 YARN 良好的弹性资源管理机制实现了 Spark on YARN 的运行模式，这种模式不仅使应用的部署更加方便，而且用户在 YARN 集群上运行的服务和应用的资源也完全隔离，并且 YARN 可以通过队列的方式管理同时运行在集群中的多个服务。Spark on YARN 模式根据 Driver 在集群中的位置分为两种：一种是 YARN-Cluster（或称为 YARN-Standalone）模式；另一种是 YARN-Client。生产环境中一般采用 YARN-Cluster 模式，而 YARN-Clicnt 模式一般用于交互式应用或者马上需要看到输出结果的调试场景，Spark on YARN 模式主要分为 YARN-Cluster 和 YARN-Client 两种模式。

在 YARN-Cluster 模式中，当用户向 YARN 提交一个应用程序后，YARN 将分两个阶段运行该应用程序：第一个阶段把 Spark 的 Driver 作为一个 ApplicationMaster 在 YARN 集群中启动；第二个阶段由 ApplicationMaster 创建应用程序，然后向 Resource Manager 申请资源，并启动 Executor 来运行 Task，同时监控 Task 的整个运行过程，直到运行完成。YARN-Cluster 模式的运行流程分为以下几个步骤，如图 4-11 所示。

起始时 Spark YARN Client 向 YARN 集群提交应用程序，包括 ApplicationMaster 程序、启动 ApplicationMaster 的命令、需要在 Executor 中运行的程序等。Resource Manager 收到请求后，在集群中选择一个 Node Manager，为该应用程序分配第一个 Container，要求应用程序在这个 Container 中启动应用程序的 ApplicationMaster，然后 ApplicationMaster 进行 SparkContext 等的初始化。ApplicationMaster 中的 SparkContext 分配 Task 给 CoarseGrainedBackend 进程执行，CoarseGrainedBackend 进程运行 Task 并向 ApplicationMaster 汇报运行的状态和进度，以让 ApplicationMaster 随时掌握各个任务的运行状态，从而可以在任务失败时重新启动任务。应用程序运行完成后，ApplicationMaster 向 Resource Manager 申请注销并关闭自己。

YARN-Client 模式中，Driver 在客户端本地运行，这种模式可以使得 Spark 应用程序和客户端进行交互，因为 Driver 在客户端，所以可以通过 Web UI 访问 Driver 的状态，默认是通过 http://master:4040 访问，而 YARN 通过 http://master:8088 访问。YARN-Client 模式的运行流程分为以下几个步骤，如图 4-12 所示。

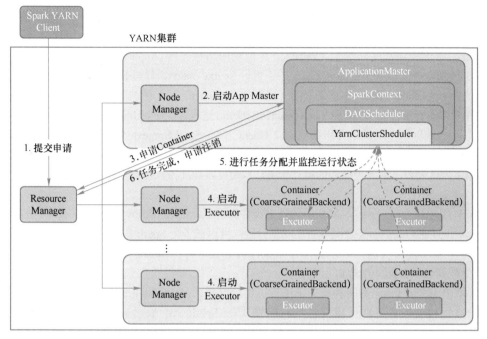

图 4-11　YARN-Cluster 模式的运行流程

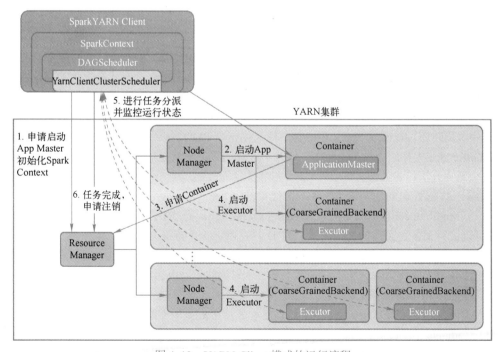

图 4-12　YARN-Client 模式的运行流程

　　首先 Spark YARN Client 向 YARN 集群的 Resource Manager 申请启动 ApplicationMaster。同时在 SparkContent 初始化中创建 DAGScheduler 和 TASKScheduler 等，由于选择的是 YARN-

Client 模式，程序会选择 YarnClientClusterScheduler 和 YarnClientSchedulerBackend 进程。Resource Manager 收到请求后，在集群中选择一个 Nodc Manager，为该应用程序分配第一个 Container，要求应用程序在这个 Container 中启动应用程序的 ApplicationMaster。这里与 YARN-Cluster 的区别是，在该 ApplicationMaster 中不运行 SparkContext，只与 SparkContext 进行联系和资源分派。一旦 ApplicationMaster 申请到资源（也就是 Container）后，便与对应的 Node Manager 通信，要求它在获得的 Container 中启动 CoarseGrainedBackend 进程，CoarseGrainedBackend 进程启动后会向 Client 中的 SparkContext 注册并申请 Task。Client 中的 SparkContext 分配 Task 给 CoarseGrained-ExecutorBackend 执行，Coarse-GrainedExecutorBackend 运行 Task 并向 Driver 汇报运行的状态和进度，以让 Client 随时掌握各个任务的运行状态，从而可以在任务失败时重新启动任务。

（3）Mesos 模式

Spark 可以运行在 Apache Mesos 管理的硬件集群上。使用 Mesos 模式运行 Spark 的优点有两个：Spark 和其他 Framework 之间具有了动态分区；可以在多个 Spark 实例之间进行可伸缩地分区。

当一个驱动程序创建一个作业并开始执行调度任务时，Mesos 将决定什么机器处理什么任务，多个框架可以在同一个集群上共存。

Spark 可以在 Mesos 的两种模式下运行：粗粒度模式（Coarse-grained）和细粒度模式（Fine-grained）。粗粒度模式是默认模式，细粒度模式在 Spark 2.0 后已被弃用。在粗粒度模式下，Mesos 在每台机器上只启动一个长期运行的 Spark 任务，而 Spark 任务则会作为其内部的"mini-tasks"来动态调度。这样做的好处是启动延迟会比较低，但同时，也会增加一定的资源消耗，因为 Mesos 需要在整个生命周期内为这些长期运行的 Spark 任务保留其所需的资源。

2. 弹性分布式数据集

弹性分布式数据集（Resilient Distributed Dataset，RDD）是 Spark 提供的最主要的数据抽象，是对分布式内存的抽象使用，是以操作本地集合的方式来操作分布式数据集的抽象实现。作为跨集群节点间的一个集合，RDD 可以并行地进行操作，控制数据分区。RDD 具有自动容错、位置感知性调度和可伸缩的特点，用户可根据需要对数据进行划分，自行选择将数据保存在磁盘或内存中。用户还可以要求 Spark 在内存中持久化一个 RDD，以便在并行操作中高效地重用，省去了 MapReduce 大量的磁盘 I/O 操作，这对于迭代运算比较常见的机器学习、交互式数据挖掘来说，大大地提升了运算效率。

通常，数据处理的模型有 4 种：迭代算法（Iterative Algorithms）、关系查询（Relational Queries）、MapReduce 和流式处理（Stream Processing），而 RDD 实现了以上 4 种模型，使得 Spark 可以应用于各种大数据处理场景。RDD 具有以下 5 个特征。

1）Partition（分区）。Partition 是数据集的基本组成单位，RDD 提供了一种高度受限的共享内存模型，即 RDD 作为数据结构，本质上是一个只读的记录分区的集合。一个 RDD 会有若干个分区，分区的大小决定了并行计算的粒度，每个分区的计算都被一个单独的任务处理。用户可以在创建 RDD 时指定 RDD 的分区个数，默认是程序所分配到的 CPU Core 的数目。

2）Compute（Compute 函数）。Compute 是每个分区的计算函数，Spark 中的计算都是以分区为基本单位的，每个 RDD 都会通过 Compute 函数来达到计算的目的。

3）Dependencies（依赖）。RDD 之间存在依赖关系，分为宽依赖（Wide Dependency）关系和窄依赖（Narrow Dependency）关系。如果父 RDD 的每个分区最多只能被一个子 RDD（Child RDD）的分区所使用，即上一个 RDD 中的一个分区的数据到下一个 RDD 时还在同一个分区中，则称之为窄依赖，如 map 操作会产生窄依赖，图 4-13 显示的是 RDD 的窄依赖关系。如果父 RDD 的每个分区被多个子 RDD 分区使用，即上一个 RDD 中的一个分区数据到下一个 RDD 时出现在多个分区中，则称之为宽依赖，如 groupByKey 会产生宽依赖，图 4-14 显示的是 RDD 的宽依赖关系。当进行 join 操作的两个 RDD 分区数量一致且 join 结果得到的 RDD 分区数量与父 RDD 分区数量相同时（join with inputs co-partitioned）为窄依赖，当进行 join 操作的每个父 RDD 分区对应所有子 RDD 分区（join with inputs not co-partitioned）时为宽依赖。

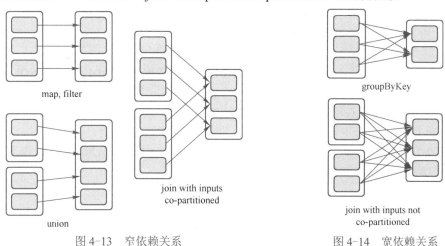

图 4-13　窄依赖关系　　　　图 4-14　宽依赖关系

具有窄依赖关系的 RDD 可以在同一个 Stage 中进行计算，存在 Shuffle 过程，所有操作在一起进行。宽依赖也存在 Shuffle 过程，但需要等待上一个 RDD 的所有任务执行完成才可进行下一个 RDD 任务。

4）Partitioner（分区函数）。Partitioner 只存在于 key-value 类型的 RDD 中，非 key-value 类型 RDD 的 Partitioner 值是 None。Partitioner 函数不但决定了 RDD 本身的分片数量，也决定了父 RDD Shuffle 后输出的分片数量。

5）PreferedLocations（优先位置）。按照"移动数据不如移动计算"的原则，Spark 在进行任务调度时，会优先将任务分配到数据块存储的位置。

RDD 支持两种类型的操作：转换（Transformation）和行动（Action）。转换操作是从现有的数据集上创建新的数据集；行动操作是在数据集上运行计算后返回一个值给驱动程序，或把结果写入外部系统，触发实际运算。例如，map 是一个转换操作，通过函数传递数据集元素，并返回一个表示结果的新 RDD。Reduce 是一个行动操作，它使用一些函数聚合 RDD 的所有元素，并将最终结果返回给驱动程序。查看返回值类型可以判断函数是属于转换操作还是行动操作：转换操作的返回值是 RDD，行动操作的返回值是数据类型。

3. Spark 生态系统

目前 Spark 的生态系统以 Spark Core 为核心，然后在此基础上建立了处理结构化数据的 Spark SQL、对实时数据流进行处理的 Spark Streaming、机器学习算法库 MLlib、用于图计算的 GraphX 4 个子框架。如图 4-15 所示，整个生态系统实现了在一套软件栈内完成各种大数

图 4-15　Spark 的生态系统

据分析任务的目标。

（1）Spark SQL

Spark SQL 的主要功能是分析、处理结构化数据，可以随时查看数据结构和正在执行的运算信息。Spark SQL 是 Spark 用来处理结构化数据的一个模块，不同于 Spark RDD 的基本 API，Spark SQL 接口提供了更多关于数据结构和正在执行的计算结构的信息，并利用这些信息更好地进行优化。Spark SQL 具有以下特征。

1）易整合。可以将 SQL 查询与 Spark 程序无缝整合，可以在 Spark 程序中查询结构化数据，可以使用 SQL 或熟悉的 DataFrame API 等执行引擎，并且支持 Java、Scala、Python 和 R 语言。

2）统一数据访问方式。可以以同样的方式连接到任何数据源。DataFrame 和 SQL 提供了访问各种数据源的常用方法，包括 Hive、Avro、Parquet、ORC、JSON 和 JDBC。

3）兼容 Hive。可以在现有仓库上运行 SQL 或 HiveQL 查询，允许访问现有的 Hive 仓库，支持 HiveQL 语法及 Hive 串行器、解串器和用户定义函数。

4）标准的数据连接。可以通过 JDBC 或 ODBC 连接，支持商业智能软件等外部工具通过标准数据库连接器（JDBC/ODBC）连接 Spark SQL 进行查询。

（2）Spark Streaming

Spark Streaming 用于处理流式计算，是 Spark 核心 API 的一个扩展。它支持可伸缩、高吞吐量、可容错地处理实时数据流，能够和 Spark 的其他模块无缝集成。Spark Streaming 支持从多种数据源获取数据，如 Kafka、Flume、HDFS 和 Kinesis 等，获取数据后可以通过 map、reduce、join 和 window 等高级函数对数据进行处理；最后还可以将处理结果推送到文件系统、数据库等，如图 4-16 所示。

图 4-16　Spark Streaming 的结构

Spark Streaming 是一个粗粒度的框架，也就是只能对一批数据指定处理方法，其处理数据的核心是采用微批次架构。Spark Streaming 的内部工作流程如图 4-17 所示。Spark Streaming 启动后，数据不断通过 input data stream 流进来，根据时间划分成不同的任务（batches of input data），即 Spark Streaming 接收实时数据流并将数据分解成批处理，然后由 Spark Engine 处理，批量生成最终的结果流。

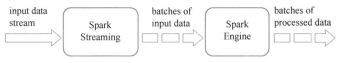

图 4-17　Spark Streaming 的内部工作流程

（3）MLlib

MLlib（Machine Learning lib）是 Spark 的机器学习算法实现库，同时包括相关的测试和数据生成器，特意为在集群上并行运行而设计，旨在使机器学习变得可扩展和更容易实现。MLlib 目前支持常见的机器学习算法，还包括底层的优化原语和高层的管道 API。具体来说，MLlib 主要包括以下 5 个方面的内容。

1）机器学习算法（ML Algorithms）：常见的学习算法，如分类、回归、聚类和协同过滤。

2）特征化（Featurization）：特征提取、变换、降维和选择。

3）管道（Pipelines）：用于构造、评估和优化机器学习管道的工具。

4）持久性（Persistence）：保存和加载算法、模型和管道。

5）实用工具（Utilities）：线性代数、统计、数据处理等工具。

（4）GraphX

GraphX 是 Spark 中一个用于图形并行计算的组件，其结构图如图 4-18 所示。GraphX 通过引入一种点和边都带属性的有向多重图，扩展了 Spark RDD 这种抽象的数据结构。Property Graph 有 Table 和 Graph 两种视图，但只有一份物理存储，物理存储由 VertexRDD 和 EdgeRDD 这两个 RDD 组成。这两种视图都有自己独有的操作符，从而使操作更加灵活，提高了执行效率。

从社交网络到自然语言建模，图数据的规模和重要性已经促进了许多并行图系统的发展，图计算被广泛应用于社交网站中，如 FaceBook、

图 4-18　GraphX 结构图

Twitter 等都需要使用图计算来计算用户彼此之间的联系。当一个图的规模非常大时，就需要使用分布式图计算框架。与其他分布式图计算框架相比，GraphX 最大的贡献是在 Spark 中提供了一站式数据解决方案，可以方便且高效地完成图计算的一整套流水作业。

GraphX 采用分布式框架的目的是将对巨型图的各种操作包装成简单的接口，从而在分布式存储、并行计算等复杂问题上对上层透明，使得开发者可以聚焦在图计算相关的模型设计和使用上，而不用关心底层的分布式细节，极大地满足了对分布式图处理的需求。

4.3.3　低延迟流式处理大数据框架——Storm

批处理和流处理是大数据处理的两种模式。在批处理模式下，数据源是静态的，使用该处理模式的系统有 Spark、Hadoop 等；在流处理模式下，数据源是动态的，而 Storm 就是使用该处理模式的系统。流处理模式相对于批处理模式来讲，处理过程更加简单，并且处理延迟更低，更适用于实时计算。Storm 作为一个实时数据处理框架，是一个非常有效的开源实时计算工具。本节就将对 Storm 进行介绍。

1. Storm 概述

Storm 是一个开源的、实时的计算平台，最初由工程师 Nathan Marz 编写，后来被 Twitter 收购并贡献给 Apache 软件基金会，目前已升级为 Apache 顶级项目，Storm 的 logo 如图 4-19 所示。

图 4-19　Storm 的 logo

作为一个基于拓扑的流数据实时计算系统，Storm 简化了传统方法对无边界流式数据的处理过程，被广泛应用于实时分析、在线机器学习、持续计算、分布式远程调用等领域。下面对 Storm 的基本知识及特性进行介绍。

（1）Storm 的核心概念

Storm 中的核心概念（组件）包括 Topology、Nimbus、Supervisor、Worker、Executor、Task、Spout、Bolt、Tuple、Stream、Stream 分组等，见表 4-1。

表 4-1 Storm 的核心概念（组件）

组件	概念说明
Topology	一个实时计算应用程序逻辑上被封装在 Topology 对象中，类似于 Hadoop 中的作业。与作业不同的是，Topology 会一直运行到该进程结束
Nimbus	负责资源分配和任务调度，类似于 Hadoop 中的 JobTracker
Supervisor	负责接收 Nimbus 分配的任务，启动和停止管理的 Worker 进程，类似于 Hadoop 中的 TaskTracker
Worker	具体的逻辑处理组件
Executor	Storm 0.8 之后，Executor 是 Worker 进程中的具体物理进程，同一个 Spout/Bolt 的 Task 可能会共享一个物理进程，但一个 Executor 中只能运行隶属于同一个 Spout/Bolt 的 Task
Task	是每一个 Spout/Bolt 具体要做的工作内容，同时也是各个节点之间进行分组的单位
Spout	在 Topology 中产生数据源的组件。通常 Spout 获取数据源的数据后，再调用 nextTuple 函数，发送数据供 Bolt 消费
Bolt	在 Topology 中接收 Spout 的数据，再执行处理的组件。Bolt 可以执行过滤、合并、写数据库等操作。Bolt 接收到消息后调用 execute 函数，用户可以在其中执行相应的操作
Tuple	消息传递的基本单元
Stream	源源不断传递的 Tuple 组成了 Stream，也就是数据流
Stream 分组	消息的分组方法。Storm 中提供若干实用的分组方式，包括 Shuffle、Fields、All、Global、None、Direct 和 Local or Shuffle 等

（2）Storm 数据流

Storm 处理的数据被称为数据流（Stream），数据流在 Storm 内各组件之间的传输形式是一系列元组（Tuple）序列，其传输过程如图 4-20 所示。每个 Tuple 内可以包含不同类型的数据，如 int、string 等类型，但不同 Tuple 间对应位置上数据的类型必须一致，这是因为 Tuple 中数据的类型是由各组件在处理前事先明确定义的。

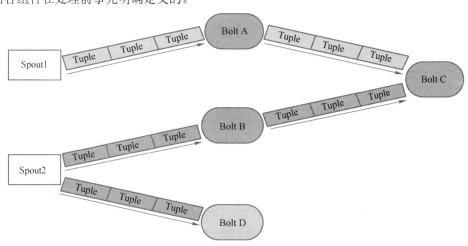

图 4-20 Storm 中数据流的传输过程

Storm 集群中每个节点每秒可以处理成百上千个 Tuple，数据流在各个组件间类似于水流一样源源不断地从前一个组件流向后一个组件，而 Tuple 类似于承载数据流的管道。

（3）Storm 的特性

Storm 作为一个开源的分布式实时计算系统，可以简单、可靠地处理大量的数据流。Storm 支持水平扩展，具有高容错性，保证每个消息都会得到处理，而且处理速度很快（在一个小集群中，每个节点每秒可以处理数以百万计的消息）。Storm 的部署和运维都很便捷，而且更为重要的是，可以使用任意编程语言来开发基于 Storm 的应用，这使得 Storm 成为当前大数据环境下非常流行的流数据实时计算系统。Storm 的特性如下。

1）完整性。Storm 采用了 Acker 机制，保证数据不丢失；同时采用事务机制，保证数据的精确性。

2）容错性。由于 Storm 的守护进程（Nimbus、Supervisor）都是无状态和快速恢复的，用户可以根据情况进行重启。当工作进程（Worker）失败或机器发生故障时，Storm 可以自动分配新的 Worker 替换原来的 Worker，而且不会产生额外的影响。

3）易用性。Storm 只需少量的安装及配置工作便可以进行部署和启动，并且进行开发时非常迅速，用户也易上手。

4）免费和开源。Storm 是开源项目，用户有权对自己的 Storm 应用开源或封闭。

5）支持多种语言。Storm 使用 Clojure 语言开发，接口基本上都由 Java 提供，但可以使用多种编程语言开发 Storm 应用，包括 Ruby、Python、PHP、Perl 等。

2．Storm 的组成结构

Storm 采用的是主/从架构模式（Master/Slave），主节点为 Nimbus，从节点为 Supervisor，其体系结构如图 4-21 所示。

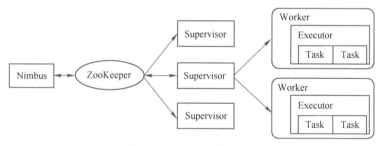

图 4-21　Storm 的体系结构

主节点 Nimbus 负责在集群中分发任务（Topology）代码及进行监控。在接收一个任务后，从节点 Supervisor 会启动一个或多个进程（称为 Worker）来处理任务。所以实际上，任务最终都是分配到了 Worker 上。

Nimbus 节点和 Supervisor 节点都能从失败中快速恢复，在其间会利用存储在 ZooKeeper 中的元数据。在每个 Supervisor 节点中，可以启动很多 Worker，在每个 Worker 中，可以启动很多 Executor（执行器），每个执行器内部又会划分出许多 Task。Task 是系统允许的最小单位。Storm 采用 ZooKeeper 来存储 Nimbus、Supervisor 及 Storm 内部的各个 Worker 之间的元数据，所以可以进行异常恢复。

可以看到，Storm 集群与 Hadoop 集群的不同之处在于，Hadoop 中运行的是 MapReduce 的作业（Job），而 Storm 中运行的是 Topology（是 Storm 对任务的抽象，是 Storm 的核心组件）。此外，Storm 与 Hadoop 的一个显著区别是，Hadoop 的 MapReduce 作业最终会结束，而 Storm 的 Topology 将一直运行。

通过与 Hadoop 的对比可以发现，Nimbus 的作用类似于 Hadoop 中的 JobTracker，Nimbus 负责在集群中分发代码，再分配工作给其他工作节点，并且会监控工作节点的状态。每个工作节点上运行一个 Supervisor 进程，Supervisor 将监听 Nimbus 分配给那些节点的工作，根据实时需要启动或关闭具体的 Worker 进程。每个 Worker 进程执行一个具体的 Topology，Worker 进程中的执行进程称为 Executor，在每个 Executor 中又可以包含一个或多个 Task。

3. Storm-YARN 概述

Storm-YARN 是基于 Storm 实现的，两者的框架结构和数据处理方式基本上一致，只是 Storm-YARN 是将 Storm 的相关组成部分与 Hadoop 的资源管理器 YARN 中各个功能部分相关联起来，为此前进行批处理的 Hadoop 应用提供了低延迟的处理能力。Storm-YARN 也被视为大规模 Web 应用与传统企业应用之间的桥梁。相比将 Storm 部署到一个独立的集群中，Storm-YARN 带来了以下好处。

1）系统具有较强的弹性。Storm 的处理负载因数据流的特征和数量往往具有差异，从而导致很难准确预测负载的具体情况，即 Storm 集群的负载具有不可控性。若将 Storm 集群部署到 Hadoop 的 YARN 框架上，则可以充分利用 Hadoop 的可扩展性进行弹性增加或释放系统资源，自动获取 Hadoop 上未使用的空闲资源，使用完成后进行释放，这便提高了整个集群资源的利用率。

2）共享底层存储。Storm 可与运行在 YARN 上的其他框架共享底层的一个 HDFS 存储系统，可避免多个集群带来的维护成本，同时避免数据跨集群复制带来的网络开销和时间延迟。

3）支持多版本。可同时将多个 Storm 版本运行在 YARN 上，避免一个版本一个集群带来的维护成本。

4.3.4 大数据挖掘与分析

大数据时代，在人们的生活和经济发展中数据的巨大增长无处不在。但这仅仅是数据的增长，并非可用知识的增加。因此，必须通过大数据分析技术挖掘出大数据的潜在价值，更好地把握事物的发展规律。企业借助大数据分析技术来分析积累的大量历史数据以不断提升企业的服务质量，开发更具市场前景的新产品。学校借助大数据分析技术来不断地提升教学质量，使得社会对学校的教学满意度提升。大数据的价值正是在大数据分析中得到体现。大数据分析是指基于大量的数据，通过特定的模型来进行分类、关联、预测、深度学习等处理，找出隐藏在大数据内部的、具有价值的规律。

大数据挖掘与分析同传统的数据挖掘与知识发现不同之处在于，大数据的数据格式具有多样性，其数据来源极其广泛，数据类型繁复多样。在这种复杂的数据环境下进行数据挖掘与分析必须对数据进行抽取和集成，并采用统一定义的结构来存储这些数据，并且在数据集成和提取时需要对数据进行清洗，保证数据质量及可信性。大数据的处理步骤可分为获取源数据、进行数据清洗、数据分析、数据解释、将数据分析与解释的结果呈现给用户。可见数据分析之前要对数据进行相应的预处理，其中，数据分析是大数据处理的关键步骤。使用大数据的最终目标是根据数据分析得到一定的结论，提供一些能够解决问题的方案。

在对大数据进行分析之前要对数据进行清洗融合。大数据清洗和融合技术旨在将各种不同形态、来源、格式、特点的数据在逻辑上或物理上有机地集中，为后续的数据处理提供支持。该部分技术主要包括数据清洗和数据融合两个部分。数据清洗是通过模式对齐和记录关联等方式对数据进行重新审查和校验的过程，目的在于删除重复信息、纠正存在的错误，并提供数据一致性，如供应商的名称、分公司的名称、客户的区域信息缺失、业务系统中主表与明细表不能匹配时，需要进行数据清洗。模式对齐是将多种数据源的不同数据模式，通过格式转换、合并、分解、泛化等手段，整合成便于处理的统一数据模式。记录关联是指将不同形式表示的数据链接在一起，形成一个完整的表示，如某品牌相机，通过数据关联方式将网页上存在的多种不同信息进行处理，形成描述该相机的完整信息表示。数据融合是通过统计、插值等方式，消除不同数据源中的不确定性。如张艺谋的生日有多个说法，真假难辨，通过统计方式，得出各种说法的置信度，为后续的挖掘应用提供支持。该环节需要将来源不同、类型不同的数据（如关系数据、平面数据文件等）抽取出来转换并集成，经关联聚合之后采用统一定义的结构来存储这些数据，这里的数据存储一般采用分布式集群或者分布式数据仓库。而对于存储的数据用户可以根据自己的需求进行分析处理，如数据挖掘、机器学习、数据统计等，数据分析的结果可以用于决策支持、商业智能、推荐系统、预测系统等。由于大数据结构复杂，更多的是非结构化的数据，因而过去那种单纯靠数据库商务智能（Business Intelligence，BI）进行分析已经不适合了，所以需要技术的创新，为此大数据分析技术应运而生。

对处理过的数据进行数据挖掘是大数据分析的重要方向，数据挖掘就是从大量的、不完全的、有噪声的、模糊的随机的数据集中，提取隐含在其中的、人们事先不知道的、但又是潜在的有用信息和知识的过程，一般通过统计、在线分析处理、情报检索、专家系统和模式识别等诸多方法来实现上述目标。数据挖掘的算法包括分类、聚类、关联规则等。

其中机器学习方法是发掘数据价值的关键方法，通过大量的数据来训练它的算法模型，然后通过模型对数据进行分析处理。传统的机器学习的问题主要包括：①学习并模拟人类的学习过程；②对不完整信息进行推理的能力；③构造可发现新事物的程序。机器学习的核心是"通过选择科学的算法解析相关数据，然后进行学习，进而对相关业务做出决策"，也就是说与其明确地编写程序完成特定任务，不如教计算机开发用于完成任务的算法。机器学习主要被分为如下几类：监督学习、无监督学习和强化学习。监督学习就是人工给定大量有标记的数据让机器分析以达到识别数据的目的，回归分析和统计分类是常见的监督学习算法。无监督学习输入的数据没有标记，样本数据的类型并不确定，通过样本的相似性对样本集进行聚类，通过数据集发现其中的规律，实现分析识别的目的。强化学习的本质是教会计算机自动进行决策，并且连续地做出决策，其理论框架是马尔可夫决策过程（Markov Decision Process，MDP）。

目前常用的大数据分析技术有 Hive 数据仓库和 Talend Open Studio 等。Hive 是 Facebook 团队开发的一个可以支持 PB 级别的可伸缩的数据仓库，它是一个建立在 Hadoop 之上的开源数据仓库解决方案。Hive 使用类 SQL（HiveQL）语言，底层经过编译转为 MapReduce 程序，在 Hadoop 上运行，最终将数据存储在 HDFS 上。用户可以使用 HiveQL 将自定义的 MapReduce 脚本插入到查询中。HiveQL 语言支持基本数据类型，Hive 降低了那些不熟悉 Hadoop MapReduce 接口的用户的学习门槛。Hive 提供的一些 HiveQL 语句不只可以进行查询操作，还可以对数据仓库中的数据进行简单的分析与计算。Hadoop 生态系统中的 Spark 可以提供比 Hive 更快的查询框架。Spark 是基于内存的数据处理框架，非常适用于迭代算法的并行处理和交互式分析，通常具有较高的数据交换速率。另一个大数据分析工具为 Talend Open Studio，它是由 Talend 开发的 ETL 工具，可执行数据仓库到数据库之间的数据同步，提供基于 Eclipse RCP 的图形操作界面。Talend 工具用于协助进行数据质量、数据集成和数据管理等方面的工作。它是一个统一的平台，通过提供一个统一的跨企业边界生命周期管理的环境，使数据管理和应用更简单、便捷。这种设计可以帮助企业构建灵活、高性能的企业架构。

4.4 数据挖掘应用实践

通过前面章节的介绍，已经理解了数据挖掘的基本原理，下面将通过具体实例，说明数据挖掘在实际生活中的具体应用。

4.4.1 学生考试成绩预测

1. 学习目标

利用数据挖掘相关算法，以学生的学习成绩数据为依托，采集学生在日常校园活动中产生的各种行为数据以及学生家庭相关信息，从而挖掘出数据中跟学习成绩相关的因素，建立相应的数学模型。同时在已有数据挖掘算法的基础上，研究算法在成绩预测上的应用方式，寻找最适配的算法和参数，让模型达到最优的状态，最终根据相关属性对成绩进行预测。

2. 案例背景

随着现代社会的进步和科学技术（尤其是信息技术）的发展，信息管理系统和数据库系统被越来越多地引入到各行各业的日常工作当中，以帮助人们更有效地处理数据和业务。在这个过程中，许多领域都积累下了海量的数据。在教育领域，自从义务教育普及以来，学生在校人数急剧增加。另一方面，由于教务信息管理系统的广泛使用，数据库中的数据量呈现出爆发式的增长，学校掌握的数据也越来越丰富。然而对这一部分数据的利用却相对来说进展不大，依然只是提供简单的查询和统计报表，对于数据中隐含的大量信息却无法获得，例如学生成绩与日常行为的关系、学生成绩和父母以及家庭的关系等。如何有效地利用这些数据，为学校和学生家长提供如何提高学生成绩的相关信息，将是学校未来将要考虑的一个重点。

3. 总体思路

本案例的算法过程说明如图 4-22 所示。获取可能与学生成绩相关的各种参数，通过相关性分析筛选出一些参数，最后基于逻辑回归模型，对模型进行训练并最终使用训练好的模型预测学生是否能通过考试。

图 4-22　算法过程说明

4. 技术实现

（1）指标筛选

本例使用的训练集大小为 395 行×31 列，进行相关性分析后，筛选出的指标如图 4-23 所示。

序号	字段	中文注释	指标类型	单位
1	school	学校	数值型	1：学校一、2：学校二
2	sex	性别	数值型	0：男，1：女
3	age	年龄	数值型	岁
4	address	住址	数值型	1：地址类型一、2：地址类型2
5	famsize	家庭人数	数值型	1：小于等于三人、2：大于三人
6	Pstatus	父母同居状态	数值型	0：同居，1：分居
7	Medu	母亲受教育程度	数值型	0：文盲，1：小学教育，2：初等教育，3：中等教育，4：高等教育
8	Fedu	父亲受教育程度	数值型	0：文盲，1：小学教育，2：初等教育，3：中等教育，4：高等教育
9	Mjob	母亲的工作	数值型	0：教师、1：医疗相关、2：民事服务、3：家庭主妇或其他
10	Fjob	父亲的工作	数值型	0：教师、1：医疗相关、2：民事服务、3：家庭妇男或其他
11	reason	选择学校的理由	数值型	1：住址原因、2：学校声誉、3：课程偏好或其他
12	guardian	监护人	数值型	0：父亲，1：母亲，2：其他
13	traveltime	到校路程耗时	数值型	1：小于15 min，2：15 to 30 min，3：30 min to 1 hour，4：1 hour以上
14	studytime	每周学习时长	数值型	1：<2 hours，2：2 to 5 hours，3：5 to 10 hours，4：10 hour以上
15	failures	不及格次数	数值型	次
16	famsup	家庭教育支持	数值型	0：没有，1：有
17	paid	是否有补习班	数值型	0：没有，1：有
18	activities	课外活动	数值型	0：没有，1：有
19	nursery	上没上过幼儿园	数值型	0：没有，1：有
20	higher	是否想接受高等教育	数值型	0：没有，1：有
21	internet	是否在家上网学习	数值型	0：没有，1：有
22	romantic	是否早恋	数值型	0：没有，2：有
23	famrel	家庭关系的质量	数值型	
24	freetime	课余时间	数值型	小时
25	goout	与朋友外出的时长	数值型	小时
26	Dalc	工作日饮酒程度	数值型	
27	Walc	周末饮酒程度	数值型	
28	health	健康程度	数值型	
29	absences	旷课次数	数值型	次
30	G3	本次考试成绩是否及格	数值型	0：没有，2：有

图 4-23　正式用于训练和测试的指标

（2）算法选择

回归模型是一种预测性的建模技术，它研究的是因变量（目标）和自变量（预测器）之间的关系，这种技术通常用于预测分析、时间序列模型以及发现变量之间的因果关系。在本例中，研究与学生相关的一些属性和学生能否通过某门考试是否存在关联，较好的研究方法就是采用回归算法。

在东方国信图灵引擎平台上具体操作的过程如下。

1）选择回归模型，如图 4-24 所示。

2）选择好算子之后，在分析流上显示的算子流程如图 4-25 所示。

3）按如图 4-26 和图 4-27 所示的参数对算子进行配置。

4）算子配置完成后，开始进行模型训练，如图 4-28 所示。

在分析流上运行对应的模型后，查看模型输出的预测结果，如图 4-29 和图 4-30 所示。

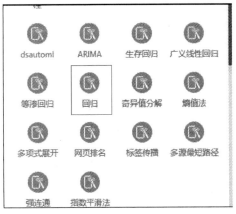

图 4-24　在图灵引擎平台选择回归模型

图 4-25　算子流程

图 4-26　配置算子参数（1）

图 4-27　配置算子参数（2）　　　　　图 4-28　运行程序开始模型训练

准确值	预测值	是否准确
1	1	y
0	0	y
0	0	y
1	1	y
1	1	y
0	1	n
0	0	y
1	0	n
0	1	n
0	0	y
1	1	y
1	0	y
0	0	y
1	1	y
0	0	y
0	0	y
1	1	y
0	0	y
1	0	n
1	1	y
0	0	y
1	1	y
1	0	n
1	0	n
0	0	y

图 4-29　模型输出的预测结果（1）

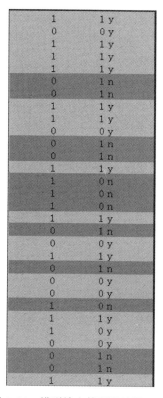

图 4-30　模型输出的预测结果（2）

模型评估结果——准确率、精确率、召回率、f1_score、roc_auc_score1 如图 4-31 所示。

accuracy	precision_score	recall_score	f1_score	roc_auc_score1
0.67721519	0.677083333	0.764705882	0.718232044	0.670024174

图 4-31　结果准确率

5．结论

根据以上结果可以得出：学生家庭、住址等社会属性确实和学生成绩有一定关系。

6．项目实操

访问东方国信图灵引擎教材专区，可获取本案例数据集进行实践学习。

4.4.2　基于用户手机使用行为进行风险识别

1．学习目标

本案例提供 45 个连续自然日期间 6999 个用户每天的通话、短信、访问网站/App 记录的脱敏数据，基于这些用户的移动网络使用行为，通过数据挖掘技术和机器学习算法，构建识别风险用户的预测模型，判别用户属于风险用户的可能性。

2．案例背景

本案例使用的数据以某运营商用户的语音通话、短信收发、网站及 App 访问记录等移动网络使用行为为基础，通过数据挖掘技术和机器学习算法，构建识别风险用户的预测模型，判别用户属于风险用户的可能性，从而为各行业提供风控保障，助力新时代大数据生态的健康有序发展。

3. 数据准备

本案例提供数据主要包含用户几个方面信息：语音通话、短信、访问网站/App 记录。用户 ID 按照 u0001～u6999 编号。其中，u0001～u4999 用户为训练集，对每个用户给出是否为风险用户的标签（0-非风险用户，1-风险用户）；u5000～u6999 用户为测试集，不带用户风险标签。具体字段信息如下。

用户风险标签（仅训练数据集提供）如图 4-32 所示。

字段	数据类型	说明
uid	字符串	如u0001，代表一个手机用户
label	数值型	用户风险标签：0-非风险用户，1-风险用户

图 4-32　用户风险标签

用户通话记录数据如图 4-33 所示。

字段	数据类型	说明
uid	字符串	如u0001，代表一个手机用户
opp_num	字符串	对端通话号码，已做加密处理
opp_head	数值型	对端号码前n位，如号码长度大于5，则去前3位，如号码长度小于等于5，则去前1位
opp_len	数值型	对端号码长度
start_time	数值型	通话发起时间，格式为DD-HH-MM-SS
end_time	数值型	通话结束时间，格式为DD-HH-MM-SS
call_type	数值型	通话类型：1-本地，2-省内长途，3-省际长途，4-港澳台长途，5-国际长途
in_out	数值型	通话的主被叫类型：0为主叫，1位被叫

图 4-33　用户通话记录数据

用户短信记录数据如图 4-34 所示。

字段	数据类型	说明
uid	字符串	如u0001，代表一个手机用户
opp_num	字符串	对端短信号码，已做加密处理
opp_head	数值型	对端号码前n位，如号码长度大于5，则去前3位，如号码长度小于等于5，则去前1位
opp_len	数值型	对端号码长度
start_time	数值型	短信发送时间，格式为DD-HH-MM-SS
in_out	数值型	短信的发送/接收类型：0为发送，1位接收

图 4-34　用户短信记录数据

用户网站/App 访问记录数据如图 4-35 所示。

字段	数据类型	说明
uid	字符串	如u0001，代表一个手机用户
wa_name	字符串	访问的网站或app名称
visit_cnt	数值型	当天访问该网站或app的次数
visit_dura	数值型	当天访问该网站或app的总时长，单位：秒
up_flow	数值型	当天访问该网站或app的总上行流量，单位：B
down_flow	数值型	当天访问该网站或app的总下行流量，单位：B
wa_type	数值型	网站或app区分：0-网站，1-app
date	数值型	日期，格式为DD

图 4-35　用户网站/App 访问记录数据

4．技术实现

（1）数据质量检查

1）数据缺失值检查。检查数据是否有缺失情况，并对缺失数据进行处理，可以提高后续建模的精度。对于缺失数据极少或极多的情况，直接删除缺失数据；对于数据缺失不多的，连续数据可以直接使用均值、中位数等填充，对于分类型变量可以使用众数填充。案例中训练数据和测试数据的网站或 App 访问数据存在缺失数据，由于缺失的数据不多，可以直接删除缺失的数据。

2）重复数据检查。重复的数据是冗余的，对于机器学习来说，重复的数据并没有意义，所以去除重复的冗余数据是必要的。本实践中，语音通话数据存在 173 条重复数据，短信数据中重复的数据比较多，总共有 119080 条，可以直接删除重复的数据。

（2）特征工程

特征处理是特征工程的核心部分，包括删除部分特征、构造新的特征、对数据进行标准化处理等。

1）用户通话记录数据表主要的特征工程如下。

● 统计与每个用户的号码通话的不同号码的数量。

● 统计用户主叫和被叫的不同号码数量。

● 统计一些特殊号码，如 opp_head 为 100 的（运营商的号码），以及 170、171 虚拟号码段。

● 统计不同 opp_head 的 unique_count。

● 统计不同 call_type 下的 opp_num。

● 统计不同 opp_len 下的 opp_num 等。

2）用户短信记录数据表的特征工程如下。

● 先统计所有 opp_num，再清洗掉 opp_head 为 000 的系统短信。

● 统计每个 opp_num 所有的与不同的号码数量。

● 统计用户接收短信的不同号码数量。

● 分组统计一些特殊号码的所有的与不同的数量以及与均值的差，如 opp_head 为 100 的，170、171 虚拟号码段，106 的通知类短信。

● 统计不同 opp_len 下的 opp_num 数量。

- 统计不同 opp_head 的数量等。

3）用户网站/App 访问记录数据表的特征工程如下。

- 统计用户访问的所有网站或 App 数量与不同网站或 App 数量。
- 统计用户访问网站或 App 的平均时长。
- 统计用户访问网站或 App 的平均次数等。

（3）建模

1）算法选择。在结构化数据挖掘分析中，机器学习常用的模型有 LightGBM、XGBoost、CatBoost 等模型，算法速度快并且能够容纳缺失值，LightGBM 是一个快速、分布式、高性能的基于决策树算法的梯度提升框架，可用于排序、分类、回归以及很多其他的机器学习任务中，所以可以采用 LightGBM 来作为训练模型。

2）交叉验证。交叉验证的基本思想是在某种意义下对原始数据（Dataset）进行分组，一部分作为训练集（Train Set），另一部分作为验证集（Validation Set or Test Set）。首先用训练集对分类器进行训练，再利用验证集来测试训练得到的模型（Model），以此来作为评价分类器的性能指标。例如本案例使用五折交叉验证，就是说将训练数据分割成 5 份，其中 4 份作为新的训练数据训练模型，1 份作为验证数据来检验训练模型的好坏。

3）模型评估。对于模型的预测结果，按如下公式计算得分：

$$Score=0.6×auc+0.4×F1$$

其中，auc 值为在测试集上根据预测结果按照标准 auc 定义计算的分值；F1 值为针对测试集中实际标签为 1（风险用户）的用户，根据预测结果，按照标准 F-measure 定义计算的分值。

5．项目实操

访问东方国信图灵引擎教材专区，可获取本案例数据集进行实践学习。

4.5　本章习题

1．简述知识发现的基本原理。
2．知识发现与数据挖掘之间有什么联系与区别？
3．列举数据挖掘算法。
4．简述 MapReduce 大数据处理框架的优缺点。
5．简述 Spark 生态系统各组件的功能。

近年来，机器学习已经成为人工智能产业最重要、最多产的分支之一，已广泛应用于工业和人们的日常生活中。作为未来能够真正意义上实现人工智能的方向之一，机器学习涵盖了大量包括概率、统计、代数、优化等在内的基础知识以及数目繁多的算法，形成了庞大的理论知识体系。开放源码和产品框架以及每个月发表的数百篇机器学习论文，使得机器学习成为 IT 历史上发展最快的研究方向之一。本章从机器学习的发展历程、基本概念、具体分类、经典算法、应用实践等方面介绍，使读者对机器学习有一定的认识和了解。

5.1 机器学习简介

从 20 世纪 50 年代提出机器学习，到今天多媒体、图形学、网络通信、软件工程乃至体系结构芯片设计都能找到机器学习技术的身影，机器学习已经成为最重要的技术进步源泉之一。为了使读者对机器学习有一个初步的了解，本节将对机器学习的发展历程和相关基础概念、范畴进行说明，使读者在本节的结束对机器学习有一个基本的认识。

5.1.1 机器学习的发展历程

机器学习是人工智能发展到一定时期的必然产物，在 20 世纪 50—70 年代初，人工智能的研究处于"推理期"，那时的人们以为只要赋予机器逻辑推理能力，机器就能具有智能。在这一阶段也诞生了很多成果，其中具有代表性的工作主要有 A. Newell 和 H. Simon 的"逻辑理论家"程序以及此后的"通用问题求解"程序等。然而随着研究的发展，人们逐渐认识到仅仅具有逻辑推理能力是无法实现人工智能的。E. A. Feigenbaum 等人认为，要使机器学习具有人工智能就必须设法使机器具有知识，在他们的倡导下从 20 世纪 70 年代中期开始，人工智能的研究进入"知识期"。在这一时期，大量专家系统问世，在很多应用领域取得了大量的成果。作为知识工程之父的 E. A. Feigenbaum 在 1994 年获得图灵奖。但人们也意识到专家系统面临"知识工程瓶颈"，也就是说人们把知识总结出来交给计算机是相当困难的。于是一些学者想到让机器自己去学习知识。事实上早在 1950 年图灵在关于图灵测试的文章中就曾提到了机器学习的可能，在 20 世纪 50 年代初已有机器学习的相关研究，如 A. Samuel 著名的跳棋程序。20 世纪 50 年代中后期，基于神经网络的"连接主义"学习开始出现，代表工作有 F. Rosenblatt 的感知机、B. Widrow 的 Adaline 等。在 20 世纪 60—70 年代基于逻辑表示的"符号学习"技术蓬勃发展，代表性的工作有 P. Winston 的结构学习系统、E. B. Hunt 等人的"概念学习系统"等。之后红极一时的统计学习理论的一些奠基性结果也是在这个时期取得的。

随着研究的不断深入，在 1980 年夏，在美国卡耐基梅隆大学举行了第一届机器学习研讨会；同年《策略分析与信息系统》连出三期机器学习专辑；然后由 Tioga 出版社出版的一篇"机器学习：一种人工智能的途径"对当时机器学习研究工作进行总结，随后第一本机器学习专业期刊《Machine Learning》创刊；1989 年人工智能领域的权威期刊《Artificial Intelligence》出版机器学习专辑，刊发了当时一些比较活跃的研究工作。总的来看，20 世纪 80 年代是机器学习成为一个独立的学科领域、各种机器学习技术百花绽放的时期。

R. S. Michalski 等人把机器学习研究细分为从样例中学习、问题求解中规划中学习、通过观察和发现学习、指令中学习等种类。其中，从样例中学习（即广义的归纳学习）是研究最多、应用最广的机器学习技术，它涵盖了监督学习和无监督学习等，本书大部分内容在此范畴。下面对其发展进行简单回顾。

在 20 世纪 80 年代，从样例中学习的一大主流是符号主义学习，其代表包括决策树和基于逻辑的学习。典型的决策树学习以信息论为基础，以信息熵的最小化为目标，直接模拟了人类对概念进行判定的树形流程。而基于逻辑的学习，其著名代表是归纳逻辑程序设计，可以看作机器学习与逻辑程序设计的交叉。而这两种方法各有特点，决策树简单易用，直至今天仍然是机器学习常用技术之一。基于逻辑的学习具有很强的知识表达能力，可以较容易地表达出复杂数据关系。随后在 20 世纪 90 年代中期之前"从样例中学习"的另一主流技术是基于神经网络的连接主义学习。连接主义学习在 20 世纪 50 年代取得了大发展，但因为早期的人工智能的研究者对符号表示特别偏爱，而且连接主义自身也遇到了很大的障碍，当时的神经网络只能处理线性问题甚至都处理不了异或这种简单问题。直到 J. J. Hopfield 利用神经网络求解"流动推销员问题"这个著名的 NP 难题取得重大进展，才使得连接主义重新受到人们的关注。1986 年，D. E. Rumelhart 等人发明了著名的 BP 算法，产生了深远的影响，使得连接主义的发展突飞猛进。而且 BP 算法一直是应用最为广泛的机器学习算法之一。

在 20 世纪 90 年代中期，"统计学习"闪亮登场并迅速占领"从样例中学习"的主流舞台，其代表性技术是支持向量机以及"核方法"。其实这方面的研究早在 20 世纪 60—70 年代就已经开始，统计学习理论在那时就已经打下了基础，但直至 20 世纪 90 年代才成为机器学习的主流技术，一方面是因为有效的支持向量机算法在 20 世纪 90 年代初才被提出，并且其优越的性能在 20 世纪 90 年代中期文本分类的应用中才得以显现。另一方面，正是在连接主义学习技术的局限性凸显之后，人们才把目光转向以统计学习理论为直接支撑的统计学习技术。在支持向量机被普遍接受后，核技巧被人们利用到机器学习的每个角落，核方法也成为机器学习的基本内容之一。

在 21 世纪初期，随着社会进入到大数据时代，数据量和计算设备的大发展使得连接主义技术焕发出新的生机，掀起了以"深度学习"为名的热潮。所谓的深度学习狭义地说就是很多层神经网络。在涉及语音、图像等复杂对象的应用中，深度学习技术取得了优越的性能。虽然深度学习模型复杂度高，参数较多，但如果下功夫"调参"，把参数调节好，其性能往往较好。因此，深度学习虽然缺乏严格的理论基础但是显著降低了机器学习应用者的门槛，为机器学习走向工程实践带来诸多便利。

5.1.2 机器学习的概念及地位

机器学习是现阶段实现人工智能应用的主要方法，在人工智能体系中处于基础与核心的地位，它被广泛地应用于计算机视觉、语音识别、自然语言处理、数据挖掘等领域。接下来通过一个简单的例子来引入机器学习的概念。

如果考虑这么一个问题：怎样用算法来判断一个水果是樱桃还是猕猴桃？在回答这个问题之前，先看人们在识别这两种水果的时候是怎么做的。人们使用了有区分度的特征：第一个特征是质量，猕猴桃比樱桃的质量要大得多。第二个典型特征就是颜色，樱桃一般是红色，猕猴桃一般是绿褐色。计算机也可以用类似的手段解决此问题。采集一些猕猴桃和樱桃，这里称它们为训练样本，测量这些样本的质量和颜色，并将这些水果画在二维平面上，得到如图 5-1 所示的图像，其中圆点表示樱桃，三角形表示猕猴桃。可以看出质量和颜色是区分这两种水果非常有用的信息，可将质量和颜色数据组合在一起形成二维的特征向量。这些特征向量对应二维空间中的点，横坐标 x 代表质量，纵坐标 y 代表颜色。每次测量一个水果就得到一个点。

将这些点描绘到二维平面上可发现：猕猴桃在第一象限的右下方，樱桃在第一象限的左上方，利用这一规律就可以在平面上找到一条直线将平面分成两部分，其中落在一部分的点判定为樱桃而落在另一部分的点判定为猕猴。其效果如图 5-2 所示。若设直线方程 $ax + by + c = 0$ 可以将猕猴桃和樱桃分开，而确定这条直线必须确定参数 a、b 和 c 的值。这里就要采集大量水果样本，测量它们的质量和颜色，形成平面上一系列的点，如果能够通过某种方法找到一条直线保证水果正确分类，那么就可以通过这条直线对水果进行判定。而通过这些样本寻找分类直线的过程就是机器学习的训练过程。由于要判断物体所属类别，所以上面的问题被称为分类问题，当然机器学习问题不仅仅只有分类问题，其还有聚类、回归等问题，将在下面的章节中详细介绍。

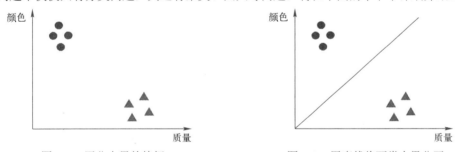

图 5-1　区分水果的特征　　　　　图 5-2　用直线将两类水果分开

本例有一个特点就是需要用样本数据进行学习得到一个函数，或者构建模型然后用这个模型对新来的样本进行预测。从中可以概括出机器学习任务的一般流程，如图 5-3 所示。

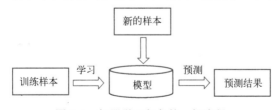

图 5-3　机器学习任务的一般流程

图 5-3 显示的是有监督学习的一般流程，还有一些机器学习算法没有这个训练过程，如聚类，将在下面章节进行介绍。机器学习算法和其他算法的一个显著区别是需要样本数据，是一种数据驱动的科学。

机器学习是人工智能的分支和一种实现方法，它根据样本数据学习模型，并利用模型对数据进行预测与决策，也称为推理。在上面的例子中预测就是对水果的类型做出判断。机器学习让计算机具有类似人的能力，像人一样能够从实例中学到经验和知识，从而具备判断和预测的能力。这里的实例可以是图像、声音，也可以是数字、文字。

机器学习的本质是模型的选择以及模型参数的确定。抽象来看，在大多数情况下机器学习算法是要确定一个映射参数 f 以及函数的参数 θ，建立如下的映射关系：$y = f(x : \theta)$，其中，x 为函数的输入值，一般是一个向量；y 为函数的输出值，是一个向量或标量。当映射函数和它的参数确定之后，给定一个输入就可以产生一个输出。映射函数的选择并没有特定的限制，上面的例子中使用了最简单的线性函数；一般来说需要根据问题和数据的特点来选择合适的函数。映射函数的输出值可以实现人们需要的推理或决策，如判断邮件是否是垃圾邮件、预测股票的价格。

5.1.3 机器学习的范畴

5.1.2 节虽然说明了机器学习是什么和其相关概念，但并没有给出机器学习的范围，本小节将从机器学习的范围对机器学习进行介绍。从范围上来说，机器学习跟模式识别、统计学习、数据挖掘是类似的。同时，机器学习与其他领域的处理技术相结合，形成了计算机视觉、语音识别、自然语言处理等交叉学科。但人们常说的机器学习应用，不仅仅局限在结构化数据，还有图像、音频等非结构化的应用。对机器学习这些相关领域的介绍有助于读者厘清机器学习的应用场景与研究范围，更好地理解后面的算法与应用层次。图 5-4 显示的是机器学习所牵扯的一些相关范围的学科与研究领域。

图 5-4　机器学习与相关学科

1）模式识别：模式识别近乎等同于机器学习。两者的主要区别在于前者是从工业界发展起来的概念，后者则主要源自计算机学科。著名的《Pattern Recognition And Machine Learning》一书中，Christopher M. Bishop 在开头说："模式识别源自工业界，而机器学习来自于计算机学科。不过，它们中的活动可以被视为同一个领域的两个方面，同时在过去的 10 年间，它们都有了长足的发展"。

2）数据挖掘：从数据分析的角度来看，绝大多数数据挖掘技术都来自机器学习领域，但数据挖掘要对算法进行改造，使得算法性能和空间占用达到实用的地步。同时，数据挖掘还有自身独特的内容，即关联分析。

通过应用机器学习算法，现有数据实际上可用于预测未知数，这正是数据挖掘与机器学习密切相关的原因。然而，机器学习算法的强度在很大程度上取决于大量数据集的供应。无论算法有多复杂，都不能从几行数据中做出灵感预测。数据技术是机器学习的前提，通过使用机器学习，人们能够从现有数据集中获得有价值的见解。

3）统计学习：统计学习是个与机器学习高度重叠的学科。因为机器学习中的大多数方法来自统计学，甚至可以认为统计学的发展促进了机器学习的繁荣昌盛，如著名的支持向量机就是源自统计学。但是在某种程度上两者是有区别的，如在统计学习中重点关注的是统计模型的发展与优化，偏向数学推导，而机器学习中更关注的是能够解决问题，注重实践，因此机器学习研究者会重点研究学习算法在计算机上执行的效率与准确性的提升。

4）计算机视觉：计算机视觉技术包含图像处理和机器学习以及深度学习技术。图像处理技术用于将图像处理为适合进入机器学习模型中的输入，机器学习则负责从图像中识别出相关的模式。计算机视觉相关的应用非常多，如百度识图、手写字符识别、车牌识别等应用。这个领域的应用非常火热，同时也是研究的热门方向。随着机器学习的新领域深度学习的发展，大大促进了计算机图像识别的效果，因此未来计算机视觉界的发展前景不可估量。

5）语音识别：语音识别包含语音处理和机器学习。语音识别就是音频处理技术与机器学习的结合。语音识别技术一般不会单独使用，一般会结合自然语言处理的相关技术。目前的相关应用有苹果的语音助手 Siri 等。

6）自然语言处理：自然语言处理技术主要用于文本处理和机器学习。自然语言处理技术是让机器理解人类语言的一门领域。在自然语言处理技术中，有大量与编译原理相关的技术，如词法分析、语法分析等，除此之外，在理解这个层面，则使用了语义理解、机器学习等技术。作为唯一由人类自身创造的符号，自然语言处理一直是机器学习界不断研究的方向。按照百度机器学习专家余凯的说法"听与看，说白了就是阿猫和阿狗都会的，而只有语言才是人类独有的"。如何利用机器学习技术进行自然语言的深度理解，一直是工业和学术界关注的焦点。

可以看出机器学习在众多领域都有外延和应用，机器学习技术的发展促进了很多智能领域的进步，改善着人们的生活。

5.2　机器学习的分类

机器学习根据训练的数据是否带有标记以及带标记数据所占比例的大小可将学习任务划分为三类：监督学习（Supervised Learning），即训练数据带有标记；无监督学习（Unsupervised Learning），即训练数据不带有标记；弱监督学习（Weakly Supervised Learning），即训练数据中带有的标记，但带有标记的数据占训练数据比例较低。

5.2.1　监督学习

监督学习是指在存在标记的样本数据中进行模型训练的过程，是机器学习中应用最为成熟的学习方法。其中数据存在标记的主要功能是提供误差的精确度量，也就是当数据输入到模型中得到模型预测值，能够与真实值进行比较得到误差的精确度量。在监督学习的过程（即建立预测模型的过程）中，可以根据误差的精确度量对预测模型进行不断调整，直到预测模型的结果达到一个预期的准确率，这样模型的准确性可以得到一定的保证。监督学习常见的应用场景有分类问题和回归问题。两者的区别主要在于对待预测的结果是否为离散值，若待预测的数据是离散的（如"好瓜""坏瓜"），此类学习任务称为分类。若待预测的数据为连续的（如西瓜的成熟度为 0.96、

0.95、0.94），则此类任务称为"回归"。在分类问题中只涉及两个类别的分类问题，人们一般称其中一个为正类（Positive Class）、一个为反类（Negative Class）。当涉及多个类别时，则称为多分类任务。常见的监督学习应用包括基于回归或分类的预测性分析、垃圾邮件检测、模式检测、自然语言处理、情感分析、自动图像分类等。

5.2.2 无监督学习

与监督学习相对应，在不存在标记的样本数据中建立机器学习模型的过程称为无监督学习。由于不存在标记数据，所以没有绝对误差的衡量。在无监督学习中得到的模型大多是为了推断一些数据的内在结构，其中应用最广、研究最多的就是"聚类"，其可以根据训练数据中数据之间的相似度，对数据进行聚类（分组）。经过聚类得到的簇也就是形成的分组可能对应一些潜在的概念划分，进而厘清数据的内在结构。如一批图形数据通过聚类算法可以将三角图形确定一个集合，圆点图形确定一个集合。经过这样的过程可以为下一步具体的数据分析建立基础，但需要注意，聚类过程仅能自动形成簇结构，但是簇对应的具体语义要使用者来进行命名和把握。其实从过程也可以看出无监督学习方法在于寻找数据集的规律性，这种规律性不一定要达到划分数据集的目的，也就是说不一定要对数据进行"分类"，而且无监督学习方法所需训练数据是不存在标记的数据集，这就使得无监督学习要比监督学习用途更广，如分析一堆数据的主分量或者分析数据集有什么特点都可以归为无监督学习。常见的无监督应用包括对象分割、相似性检测、自动标记、推荐引擎等。

5.2.3 弱监督学习

通过前面对监督学习进行的介绍，可以了解到监督学习技术和无监督学习技术，这两者已经成熟应用并且取得了巨大的成功，但为什么还要需要弱监督学习？其主要原因在于监督学习技术是通过大量有标签数据进行训练来构建模型，也就是每个训练样本都有一个标签标明其真实输出。但很多任务中的训练数据很难获得全部的真实标签信息，并且互联网数据往往大部分是无标签数据，而数据标注又具有很高的成本。但是对样本进行无监督学习又会造成标签样本的浪费，而且无监督学习过程太过于困难，这也导致了无监督学习发展缓慢，因此人们希望机器学习技术能够在弱监督状态下工作。而所谓弱监督学习是指在训练数据中只有部分数据带有标签信息，同时大量数据是没有被标注过的，如医学影像、用户标签等类似数据集。本小节将对弱监督学习中典型代表半监督学习、强化学习、迁移学习进行介绍。

1. 半监督学习

标记样本的数量占所有样本的数量比例较小，直接监督学习方法不可行，用于训练模型的数据不能代表整体分布，如果直接采用无监督学习则造成有标记数据的浪费。而半监督学习处于有监督学习和无监督学习的折中位置。

如果有训练集 $D_l = \{(x_1, y_1), (x_2, y_2), \cdots, (x_l, y_l)\}$，这 l 个样本的类别标记已知，是有标记的样本。此外还有 $D_u = \{x_{l+1}, x_{l+2}, \cdots, x_{l+u}\}$，$l \ll u$，这 u 个样本的类别标记是未知的，是未标记样本。如果使用传统的监督学习则只能利用 l 个标记样例，而数据量更大的未标记样例则造成浪费，并因为样例数据较少造成模型泛化能力较弱。若利用无监督学习则 l 个样例数据无法利用。而半监督学习技术不依赖外界交互，可以自动地利用未标记样本来提升学习性能。

在半监督学习中，尽管未标注的样本没有明确的标签信息，但是其数据分布特征与已标注样本的分布往往是相关的，这样的统计特征对于预测模型是十分有用的。半监督学习的基本思想是利用数据分布上的模型假设建立学习模型对未标签数据进行标注，也就是说半监督学习希望得到一个模型对于未标注数据进行标注，这样半监督学习就可以基于整个具有标注的样本数据进行训练，并寻找最优的学习器。由此也可以看出如何综合利用已标签数据和未标签数据是半监督学习要解决的问题。

在半监督学习中，有三个常用的基本假设来建立预测样例和学习目标之间的关系。

1）平滑假设（Smoothness Assumption）：位于稠密数据区域的两个距离很近的样例的类标签相似，也就是说，当两个样例被稠密数据区域中的边连接时，它们在很大的概率下有相同的类标签；相反，当两个样例被稀疏数据区域分开时，它们的类标签趋于不同。

2）聚类假设（Cluster Assumption）：当两个样例处于同一聚类簇时，它们在很大概率下有相同的类标签。这个假设的等价定义为低密度分离假设，即分类决策边界应该穿过稀疏数据区域，而避免将稠密数据区域的样例分到决策边界两侧。

聚类假设是指样本数据间的相互距离比较近时，则它们拥有相同的类别。根据该假设，分类边界就必须尽可能地通过数据较为稀疏的地方，以能够避免把密集的样本数据点分到分类边界的两侧。在这一假设的前提下，学习算法就可以利用大量未标记的样本数据来分析样本空间中样本数据分布情况，从而指导学习算法对分类边界进行调整，使其尽量通过样本数据布局比较稀疏的区域。

3）流形假设（Manifold Assumption）：将高维数据嵌入到低维流形中，当两个样例处于低维流形中的一个小局部邻域内时，它们具有相似的类标签。主要思想是同一个局部邻域内的样本数据具有相似的性质，因此其标记也应该相似，这一假设体现了决策函数的局部平滑性。和聚类假设主要关注整体特性不同的是，流形假设主要考虑的是模型的局部特性。在该假设下，未标记的样本数据就能够让数据空间变得更加密集，从而有利于更加标准地分析局部区域的特征，也使得决策函数能够比较完美地进行数据拟合。流形假设有时候也可以直接应用于半监督学习算法中。如利用高斯随机场和谐波函数进行半监督学习，首先利用训练样本数据建立一个图，图中每个节点代表一个样本，然后根据流形假设定义的决策函数求得最优值，获得未标记样本数据的最优标记；利用样本数据间的相似性建立图，然后让样本数据的标记信息不断通过图中边的邻近样本传播，直到图模型达到全局稳定状态为止。

2. 强化学习

强化学习又称再励学习、评价学习或者增强学习，是一类特殊的机器学习算法。强化学习是让计算机（智能体 Agent）实现从一开始完全随机的操作，通过不断尝试，从错误中学习，最后找到规律，学会达到目的的方法，即计算机在不断的尝试中更新自己的行为，从而一步一步学习如何操作得到高分。强化学习主要包含四个元素：智能体、环境状态、行动、奖励，强化学习的目标就是智能体，强化学习的训练数据不具有标签值，在进行强化学习的过程中系统只会给算法执行动作的一个评价反馈，而且反馈还具有一定的延时性，当前的动作产生的后果在未来会得到完全的体现。强化学习不同于连接主义学习中的监督学习，主要表现在强化信号上，强化学习中由环境提供的强化信号是对产生动作的好坏作一种评价（通常为标量信号），而不是告诉强化学习系统（Reinforcement Learning System，RLS）如何去产生正确的动作。由于外部环境提供的信息很少，RLS 必须靠自身的经历进行学习。通过这种方式，RLS 在行动-评价的环境中获得知识，改进行动方案以适应环境。

强化学习从动物学习、参数扰动自适应控制等理论发展而来，其基本原理是：如果 Agent 的某个行为策略导致环境正的奖赏（强化信号），那么 Agent 以后产生这个行为策略的趋势便会加强。Agent 的目标是在每个离散状态发现最优策略以使期望的奖赏和最大。强化学习把学习看作试探评价过程，Agent 选择一个动作用于环境，环境接受该动作后状态发生变化，同时产生一个强化信号（奖励或惩罚）反馈给 Agent，Agent 根据强化信号和环境当前状态再选择下一个动作，选择的原则是使受到正强化（奖励）的概率增大。选择的动作不仅影响这一时刻的强化值，而且影响环境下一时刻的状态及最终的强化值。学习过程可以描述为如图 5-5 所示的马尔可夫决策过程。

图 5-5　强化学习基本学习模型

强化学习的常见模型是标准的马尔可夫决策过程（Markov Decision Process，MDP）。按给定条件，强化学习可分为基于模式的强化学习（Model-Based RL）、无模式强化学习（Model-Free RL）、主动强化学习（Active RL）和被动强化学习（Passive RL）。强化学习的变体包括逆向强化学习、阶层强化学习和部分可观测系统的强化学习。求解强化学习问题所使用的算法可分为策略搜索算法和值函数（Value Function）算法两类。深度学习模型可以在强化学习中得到使用，形成深度强化学习。

3. 迁移学习

近年来迁移学习作为一种新的学习框架，受到越来越多的关注和研究。美国国防 DARPA 机器人大赛文档系列给出了迁移学习的基本定义：利用事先学习的知识和技能来识别新任务的学习能力。迁移学习广泛存在于人类的认知学习活动中，如一个人如果会使用 C++编程，那么他很容易就会掌握 Java 编程语言。迁移学习在现实中有着很强烈的需求，它提供了处理大数据量和少量标注数据、大数据和弱计算、普适化模型和个性化需求之间矛盾的处理方法。

迁移学习是指利用数据、任务或模型之间的相似性，将原来数据学习过的模型，应用于新数据的一种学习过程。其精确定义为：给定由特征空间 X 和边缘概率分布 $P(X)$ 组成的源域（Source Domain）S_1 和学习任务 T_1，和同样由特征空间和边缘概率分布组成的目标域（Target Domain）S_2 和学习任务 T_2，迁移学习的目的在于利用 S_1 和 T_1 中的知识来帮助学习目标域 S_2 的目标函数，注意 S_1 与 S_2 不相等、T_1 与 T_2 不相等。

由图 5-6 可以看出迁移学习和传统机器学习的区别，在传统机器学习的学习过程中，人们试图单独学习每一个学习任务，即生成多个学习系统；而在迁移学习中，人们试图将在前几个任务上学到的知识转移到目前的学习任务上，从而将其结合起来。

根据迁移学习过程中从源领域迁移到目标领域的具体内容划分，通常可以把迁移学习方法划分为四种：样本迁移法、实例迁移法、特征迁移法和参数迁移法。

1）样本迁移法（Instance-Transfer）的主要思想是根据某个相似度匹配原则从源领域数据集中挑选出和目标域数据相似度比较高的样本，并把这些样本迁移到目标域中帮助目标域模型的学习，从而解决目标域中有标签样本不足或无标签样本较多的学习问题。该迁移学习方法通过度量源领域有标签的样本和目标域样本的相似度来重新分配源领域中数据样本在目标域学习过程中的训练权重，相似度大的源领域数据样本认为和目标域数据关联性比较强且对目标域数据学习有利，从而被提高权重，否则权重被降低。

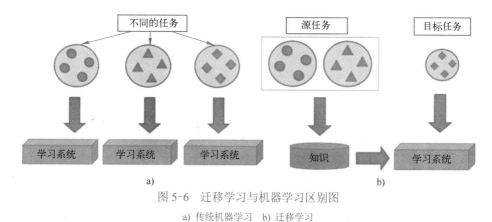

图 5-6　迁移学习与机器学习区别图

a) 传统机器学习　b) 迁移学习

2）参数迁移法（Parameter-Transfer）中，源领域数据和目标域数据可以通过某些函数表示，而这些函数之间存在某些共同的参数。参数迁移法就是寻找源领域数据和目标域数据之间可以共享的参数信息，从而可以把已获得的参数知识迁移。

3）特征迁移法（Feature-Representation-Transfer）主要是在源领域和目标域之间寻找典型特征代表来进一步弱化两个域之间的差异，从而实现知识的跨领域迁移和复用。该迁移方法根据是否在原有特征中进行选择，进一步的又可分为特征选择迁移学习方法和特征映射迁移学习方法。特征选择迁移学习方法是直接在源领域和目标域中选择共有特征，把这些特征作为两个领域之间知识迁移的桥梁。特征映射迁移学习方法不是直接在领域的原有特征空间中进行选择，而是首先通过特征映射把各个领域的数据从原始高维特征空间映射到低维特征空间，使得源领域数据与目标域数据之间的差异性在该低维空间下缩小，然后再利用在低维空间表示的有标签源领域数据训练分类器，并对目标域数据进行预测。

4）实例迁移法（Instance Transfer）是基于实例的迁移学习，研究的是如何从源领域中挑选出对目标领域的训练有用的实例，比如对源领域的有标记数据实例进行有效的权重分配，让源领域实例分布接近目标领域的实例分布，从而在目标领域中建立一个分类精度较高的、可靠的学习模型。因为迁移学习中源领域与目标领域的数据分布是不一致，所以源领域中所有有标记的数据实例不一定都对目标领域有用。戴文渊等人提出的 TrAdaBoost 算法就是典型的基于实例的迁移。

5.3　经典的机器学习算法

5.1 和 5.2 节介绍了机器学习的发展、概念和范畴，以及机器学习进一步的分类。本节将进一步介绍机器学习的经典算法，让机器学习进一步落地到应用。弱人工智能近几年取得了重大突破，悄然间，已经成为人们生活中必不可少的一部分。以智能手机为例，图 5-7 显示的是一部典型的智能手机上安装的一些常见应用程序，人工智能技术已经是手机上很多应用程序的核心驱动力。

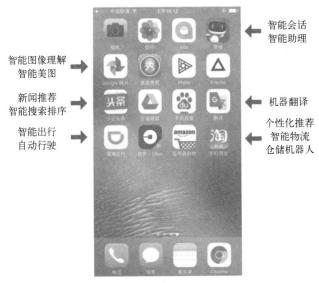

图 5-7　智能手机上的相关应用

5.3.1　分类算法

分类算法就是通过一种方式或按照某个标准将对象进行区分。分类是一个有监督的学习过程，目标数据库中有些数据的类别是已知的，分类过程需要做的就是把每一条记录归到对应的类别之中，必须事先知道各个类别的信息，并且所有待分类的数据条目都默认有对应的类别。单一的分类方法主要包括决策树、随机森林、贝叶斯、K-近邻、支持向量机等。

1. K-近邻算法

K-近邻（K-Nearest Neighbor，KNN）算法的核心思想是未标记样本的类别，由距离其最近的 k 个邻居投票来决定。具体来说，假设有一个已标记好的数据集，此时有一个未标记的数据样本，任务是预测出这个数据样本所属的类别。此时需要计算待标记样本和数据集中每个样本的距离，取距离最近的 k 个样本。待标记的样本所属类别就由这 k 个距离最近的样本投票产生。

K-近邻算法是一种常用的监督学习方法并且理论上比较成熟，也是最简单的机器学习算法之一。该方法的思路是：在特征空间中，如果一个样本附近的 k 个最近（即特征空间中最邻近）样本的大多数属于某一个类别，则该样本也属于这个类别。下面通过近邻算法一个简单的例子帮助理解其原理。

如电影可以按照题材进行分类，但是每个电影又是如何分类的？假如有两种类型的电影：动作片和爱情片。动作片有哪些公共的特征？爱情片又存在哪些明显的差别？

可以发现动作片中打斗镜头较多，而爱情片中接吻镜头相对更多。当然动作片中也有一些接吻镜头，爱情片中也会有一些打斗镜头。所以不能单纯通过是否存在打斗镜头或者接吻镜头来判断影片的类别。现在有 6 部影片已经明确了类别，其中有打斗镜头和接吻镜头的次数，还有一部电影类型未知电影数据，见表 5-1。

表 5-1　电影数据数据类型

电影名称	打斗镜头	接吻镜头	电影类型
罗马假日	1	158	爱情片
泰坦尼克号	12	132	爱情片
爱乐之城	2	81	爱情片
海王	156	18	动作片
蜘蛛侠	99	3	动作片
毒液	107	2	动作片
沙丘	4	88	未知

通过正常的思维可以判断接吻镜头多的话，这部电影是爱情片；打斗镜头多的话，这部电影是动作片；依此可以推断《沙丘》这部电影有很大的概率是爱情片。通过 K-近邻算法怎么计算这部电影的类型？只需要计算欧氏距离（是一个通常采用的距离定义，它是在 m 维空间中两个点之间的真实距离）即可，计算公式如下，计算结果如图 5-8 所示。

$$\sqrt{(x_1-x_2)^2+(y_1-y_2)^2}$$

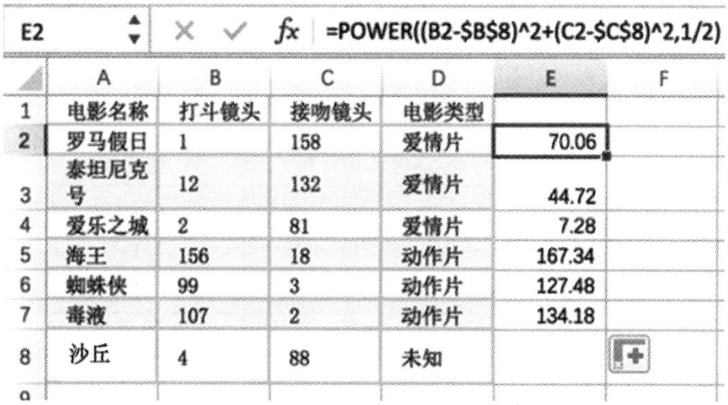

E2　=POWER((B2-B8)^2+(C2-C8)^2,1/2)

	A	B	C	D	E	F
1	电影名称	打斗镜头	接吻镜头	电影类型		
2	罗马假日	1	158	爱情片	70.06	
3	泰坦尼克号	12	132	爱情片	44.72	
4	爱乐之城	2	81	爱情片	7.28	
5	海王	156	18	动作片	167.34	
6	蜘蛛侠	99	3	动作片	127.48	
7	毒液	107	2	动作片	134.18	
8	沙丘	4	88	未知		

图 5-8　欧式距离计算结果

由此可以算出，《爱乐之城》和《沙丘》之间的欧式距离最近，根据近邻思想，可以推断出《沙丘》也是爱情片。

通过以上实例可以看出 K-近邻算法的三要素有：k 值选择、距离度量、分类策略规则。K-近邻算法采用测量不同特征值之间的距离来进行分类。其优点有精度高、对异常值不敏感、无数据输入假定。其缺点有计算复杂度高、空间复杂度高等。其适用的数据范围有数值型和标称型。

2. 决策树算法

决策树（Decision Tree）是在已知各种情况发生概率的基础上，通过构成图谱来求期望值大于或等于零的概率，用于评价项目风险，判断其可行性的决策分析方法，是直观运用概率分析的一种图解法。由于将这种决策分支画成图形很像一棵树的枝干，故称决策树。在机器学习中，决策树是一个预测模型，它代表的是对象属性与对象值之间的一种映射关系。决策树由下面几种元素构成：根节点，包含样本的全集；内部节点，对应特征属性测试；叶节点，代表决策的结果。决策树预测时，在树的内部节点处用某一属性值进行判断，根据判断结果决定进入哪个分支节点，直到到达叶节点处，得到分类结果。

决策树思想的来源非常朴素，程序设计中的条件分支结构（if-else）结构，最早的决策树就是利用这类结构分割数据的一种分类学习方法。决策树是一种树形结构，其实每个内部节点表示一个属性上的判断，每个分支代表一个判断结果的输出，最后每个叶节点代表一种分类结果，本质是一棵由多个判断节点组成的树。

决策树是一种简单但是广泛使用的分类器，通过训练数据构建决策树，可以高效地对未知的数据进行分类。通常决策树学习包括三个步骤：特征选择、决策树的生成和决策树的修剪。特征选择在于选取对训练数据具有分类能力的特征，这样可以提高决策树学习的效率，如果利用一个特征进行分类的结果与随机分类的结果没有很大差别，则称这个特征是没有分类能力的。经验上扔掉这样的特征对决策树学习的影响不大。通常特征选择的准则是信息增益，这是一个数学概念。下面介绍一个简单案例来加深读者对决策树的理解。

假如周末想去看一部爱情片，电影的票价不能超过 100 元，并且评分比较高，那么会在下述的电影中选择哪一部电影？电影数据见表 5-2，特征选择的过程如下：先对电影类型进行选择（爱情片和动作片），选择爱情片，经过这次分类电影剩下《罗马假日》《泰坦尼克号》《爱乐之城》。下一个特征选择为是否周末上映，选择周末上映，经过这次选择预选电影有《泰坦尼克号》和《爱乐之城》。下一个特征选择为选择价格小于或等于 100 元，则得出电影是《泰坦尼克号》和《爱乐之城》。最后一次的特征选择为评分较高的电影，最后确定《泰坦尼克号》。

表 5-2　电影数据表

电影名称	电影类型	电影放映日期	电影价格	电影评分
罗马假日	爱情片	周一	99	99
泰坦尼克号	爱情片	周日	198	98
爱乐之城	爱情片	周六	89	78
海王	动作片	周六	88	78
蜘蛛侠	动作片	周四	98	88
毒液	动作片	周日	89	89
沙丘	未知	周六	19	100

通过决策树算法，最终得到的结果是《泰坦尼克号》这部电影，而且觉得最终生成的这部电影是想看的，那么这个判定流程就是对的，也就是说这个决策树的生成正确。假如觉得电影价格不用作为特征，则可以把电影价格这个特征去除，这就决策树的剪枝，经过决策树的剪枝使得整个树的高度变短。

可以看出决策树的优点有易于理解和解释、需要很少的数据准备。其他技术通常需要数据归一化，需要创建虚拟变量，并删除空值。使用树的成本（预测数据）在用于训练树的数据点的数量上是对数级的。但其缺点有决策树学习者可以创建不能很好地推广数据的过于复杂的树。这被称为过拟合。设置修剪的机制，即设置叶节点所需的最小采样数或设置树的最大深度是避免此问题的必要条件。决策树可能不稳定，因为数据微小的变化都可能会导致完全不同的树被生成。

3. 随机森林

随机森林是一种重要的基于 Bagging 的集成学习方法，可以用来做分类、回归等问题。针对单一分类器大多只适合于某种特定类型的数据，很难保证分类性能始终最优，而提出采用投票方法从这些分类器的结果中选择最优结果模型的 Bagging 集成方法，该方法可以提高单个模型的泛化能力和鲁棒性。而随机森林正是包含多个决策树的分类器，并且其输出的类别由个别树输出类别的众数而定。随机森林利用相同的训练数据搭建多个独立的决策树分类模型，然后通过投票的方式，以少数服从多数的原则做出最终的分类决策。

例如，如果训练了 5 个决策树，其中有 4 个决策树的结果是 True，1 个决策树的结果是 False，那么最终结果会是 True。在构造随机森林模型的流程中，每一个节点都随机选择特征作为节点分裂特征。由于随机森林在进行节点分裂时不是所有的属性都参与属性指标的计算，而是随机地选择某几个属性参与比较，就使得每棵决策树之间的相关性降低，同时提升每棵决策树的分类精度。随机森林模型训练步骤如图 5-9 所示。

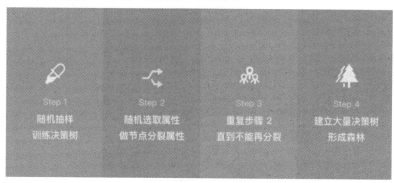

图 5-9　随机森林模型训练步骤

1）假如有 N 个样本，则有返回地随机选择 N 个样本（每次随机选择一个样本，然后返回继续选择）。这选择好了的 N 个样本用来训练一个决策树，作为决策树根节点处的样本。

2）当每个样本有 M 个属性时，在决策树的每个节点需要分裂时，随机从这 M 个属性中选取出 m 个属性，满足条件 $m \ll M$。然后从这 m 个属性中采用某种策略（比如说信息增益）来选择 1 个属性作为该节点的分裂属性。

3）决策树形成过程中每个节点都要按照步骤 2）来分裂（如果下一次该节点选出来的那一个属性是刚刚其父节点分裂时用过的属性，则该节点已经达到了叶子节点，无须继续分裂了），一直到不能够再分裂为止。注意整个决策树形成过程中没有进行剪枝。

4）按照步骤 1）~3）建立大量的决策树，这样就构成了随机森林。

在随机森林模型中可能得到多个决策树的结果，可能得到 8 个结果中的 6 个结果是《沙丘》，两个是《爱乐之城》，这样便取决策多的一项，得到的算法结果是《沙丘》。

一个标准的决策树会根据每维特征对预测结果的影响程度进行排序，进而决定不同的特征从上至下构建分裂节点的顺序，所有在随机森林中的决策树都会受这一策略影响而构建得完全一致，从而丧失多样性。所以在随机森林分类器的构建过程中，每一棵决策树都会放弃这一固定的排序算法，转而随机选取特征。本身随机森林具有很高的精确度并且训练速度快，因为随机性的引入，使得随机森林不容易过拟合且具有很好的抗噪能力。随机森林能够处理高纬度的数据，所以不用做特征选择，其既能处理离散型数据也能够处理连续型数据，数据集无须规范化。但是随机森林模型有很多不好解释的地方，有点像黑盒模型。

4．支持向量机

支持向量机（Support Vector Machines，SVM）是一种二分类模型，二分类模型是将实例的特征向量（以二维为例）映射为空间中的一些实心点和空心点，它们属于两类。SVM 的目的就是画出一条线，以"最好地"区分这两类点，如果以后有了新的点，这条线也能做出很好的分类。它的基本模型是定义在特征空间上间隔最大的线性分类器，SVM 学习的基本思想是求解能够正确划分训练数据集并且几何间隔最大的分离超平面。SVM 的学习策略就是间隔最大化，可形式化为一个求解凸二次规划的问题，也等价于正则化合页损失函数的最小化问题。也就是说，SVM 的学习算法就是求解凸二次规划的最优化算法。

支持向量机算法比较不容易理解，需要复杂的数学推导并需要一定的数学功底。理解 SVM 需要先弄清楚一个概念：线性分类。现在有一个二维平面，平面上有两种不同的数据，分别用黑点和灰点表示，如图 5-10 所示。由于这些数据是线性可分的，所以可以用一条直线将这两类数据分开，这条直线就相当于一个超平面（超平面是多维空间的线性数据全集），超平面可形式化表示为 $WX+b=0$。对于线性可分的数据集来说，这样的超平面有无穷多个（即感知机），但是几何间隔最大的分离超平面却是唯一的。

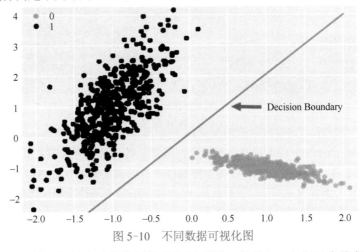

图 5-10　不同数据可视化图

那么如何找到这样一条最合适的分割线或者超平面？直观上，人们认为线条或者超平面距离数据点越远越安全，那么判定"最合适"的标准就是这条直线离直线两边数据的间隔最大。如图 5-11 中显示的黑线、粗线和灰线都可以把数据点分离开，直观上粗线是最合适的，因为粗线到两边的距离是最大的，所以 SVM 也称为最大间隔分类器。

问题的关键在于寻找有着最大间隔的超平面，这里不列公式，如何从概念上寻找这样的超平面如图 5-12 所示，首先得确定两边数据集的边际线（图中的两条虚线），而位于两条虚线中间且和两边虚线间隔相等的这条线就是要找的超平面，而落在两条虚线上的×和〇数据点就是所谓的支持向量，相应的分析模型就是支持向量机。

5．朴素贝叶斯分类算法

贝叶斯分类是一类分类算法的总称，这类算法均以贝叶斯定理为基础，故统称为贝叶斯分类。其主要思想是：如果样本的特征向量服从某种概率分布，则可以利用特征向量计算属于每一类的概率，条件概率最大的类为分类结果。如果假设特征向量每个分量之间相互独立，则为朴素贝叶斯分类器，如果特征向量服从正态分布则为正态贝叶斯分类器。其中，朴素贝叶斯分类是最常见的一种分类方法。下面重点介绍朴素贝叶斯分类算法。

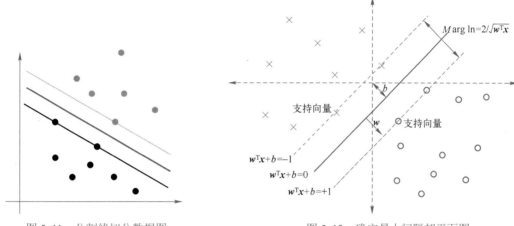

图 5-11　分割线切分数据图　　　　　　图 5-12　确定最大间隔超平面图

贝叶斯分类算法的核心就是贝叶斯定理，使用贝叶斯公式计算样本属于某一类的条件概率值，并将样例判定为概率值最大的那个类。其中条件概率描述的是两个具有因果关系的随机事件的概率关系。例如，$P(b|a)$ 为定义在事件 a 发生的前提下，事件 b 发生的概率，则贝叶斯公式为

$$P(b|a) = \frac{P(a|b)P(b)}{P(a)}$$

如果将上述公式换一种表达方式，则有

$$(类别|特征) = \frac{P(特征|类别)P(类别)}{P(特征)}$$

最终只需要求 P（类别|特征）即可完成分类任务。这里的类别就是分类任务中存在的类，特征是待分类的样例。为了方便理解朴素贝叶斯，给出下面例子，给出的数据见表 5-3。

表 5-3　朴素贝叶斯例子数据表

是否帅	性格是否好	身高	是否上进	嫁与否
帅	不好	不高	不上进	否
不帅	好	不高	上进	否
帅	好	不高	上进	嫁
不帅	好	高	上进	嫁
帅	不好	不高	上进	否
帅	不好	不高	上进	否
帅	好	高	不上进	嫁

现在给出问题：如果一对情侣，男生想向女生求婚，男生的四个特点分别是不帅、性格不好、身高不高、不上进，请判断女生是嫁还是不嫁？这是一个典型的分类问题，转为数学问题就是比较 P(嫁|(不帅、性格不好、身高不高、不上进))与 P(不嫁|(不帅、性格不好、身高不高、不上进))的概率，谁的概率大，就能给出嫁或者不嫁的答案，这里联系到朴素贝叶斯公式：

$$P(嫁 \mid 不帅、性格不好、身高不高、不上进)$$

$$= \frac{P(不帅、性格不好、身高不高、不上进 \mid 嫁)P(嫁)}{P(不帅、性格不好、身高不高、不上进)}$$

需要求 P(嫁|不帅、性格不好、身高不高、不上进)，这是还不知道的，但是通过朴素贝叶斯公式可以转化为容易求解的三个量，P(不帅、性格不好、身高不高、不上进|嫁)、P(不帅、性格不好、身高不高、不上进)、P(嫁)。将待求的量转化为其他可求的值，这就相当于解决了这个问题。所以问题转化为求得 P(不帅、性格不好、身高不高、不上进|嫁)、P(不帅、性格不好、身高不高、不上进)、P(嫁)即可，最后代入公式，就得到最终结果。

其中，P(不帅、性格不好、身高不高、不上进|嫁) = P(不帅|嫁)P(性格不好|嫁)P(身高不高|嫁)P(不上进|嫁)，那么只需要在训练数据中统计后面几个的概率即可得到左边的概率。上述等式成立条件为特征之间相互独立，这也是朴素贝叶斯分类名称的来源，朴素贝叶斯就是假设各个特征之间相互独立。

但是为什么需要假设特征之间相互独立？其原因可以概括为在实际的生活中往往具有非常多的特征，每一个特征的取值也非常多，通过统计来估计后面概率的值变得几乎不可能。如果不假设特征独立，由于数据的稀疏性，往往很容易统计得到概率为 0 的情况，这是不合适的。根据上面两个原因，朴素贝叶斯法对条件概率分布做了条件独立性的假设，这一假设使得朴素贝叶斯方法计算变得简单，但有时会牺牲一定的分类准确率。上例的计算如下。

统计样本数 P(嫁) = 6/12(总样本数) = 1/2，

P(不帅|嫁) = 3/6 = 1/2，P(性格不好|嫁)= 1/6，

P(不高|嫁) = 1/6，P(不上进|嫁) = 1/6，

P(不帅) = 4/12 = 1/3，

P(性格不好)= 4/12 = 1/3，

P(身高不高)= 7/12，

P(不上进)= 4/12 = 1/3。

代入贝叶斯公式得到：

P(嫁|(不帅、性格不好、身高不高、不上进))= (1/2×1/6×1/6×1/6×1/2)/(1/3×1/3×7/12×1/3)=3/56。

同理可以求出 P(否|(不帅、性格不好、身高不高、不上进))= 53/56。显然分类的结果是不嫁。

可以看出朴素贝叶斯具有算法逻辑简单、易于实现、分类过程中时空开销较小等优点。但理论上虽然朴素贝叶斯模型与其他分类方法相比具有最小的误差率，但是实际上并非总是如此，这是因为朴素贝叶斯模型假设属性之间相互独立，这个假设在实际应用中往往是不成立的，在属性个数比较多或者属性之间相关性较大时，分类效果不好；而在属性相关性较小时，朴素贝叶斯性能最为良好。对于这一点，有半朴素贝叶斯之类的算法通过考虑部分关联性适度改进。

5.3.2 k 均值聚类算法

聚类是一个将集中在某些方面相似的数据成员进行分类组织的过程，聚类就是一种发现这种内在结构的技术，聚类技术经常被称为无监督学习。k 均值聚类算法（k-means）是聚类算法中的一种基本划分方法。在 1967 年由麦克奎恩（MacQueen）首次提出。由于其算法简便易懂，且在计算速度上具有无可比拟的优势通常被作为大样本聚类分析的首选方案，因此成为最大众化的聚类方法之一而被广泛应用。它将样本划分成 k 个集合，参数 k 由人工设定，算法将每个样本划分

到离它最近的那个类的中心所代表的类，而类中心的确定又依赖于样本的划分方案。

先随机选取 k 个对象作为初始的聚类中心。然后计算每个对象与各个聚类中心之间的距离，把每个对象分配给距离它最近的聚类中心。聚类中心以及分配给它们的对象就代表一个聚类。一旦全部对象被分配了，每个聚类的聚类中心会根据聚类中现有的对象重新计算聚类中心。这个过程将不断重复直到满足某个终止条件。终止条件可以是以下任何一个：没有（或最小数目）对象被重新分配给不同的聚类、没有（或最小数目）聚类中心再发生变化、误差平方和局部最小。

k 均值聚类算法是一个反复迭代的过程，算法分为以下四个步骤。

1）选取数据空间中的 k 个对象作为初始中心，每个对象代表一个聚类中心。

2）对于样本中的数据对象，根据它们与这些聚类中心的欧氏距离，按距离最近的准则将它们分到距离它们最近的聚类中心（最相似）所对应的类。

3）更新聚类中心：将每个类别中所有对象对应的均值作为该类别的聚类中心，计算目标函数的值。

4）判断聚类中心和目标函数的值是否发生改变，若不变，则输出结果；若改变，则返回2）。

具体示例如图 5-13 所示。

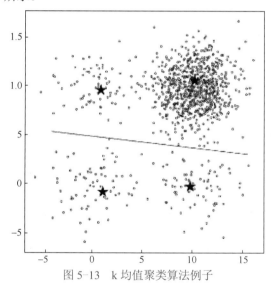

图 5-13　k 均值聚类算法例子

图 5-13 是给定一个数据集，根据 $k = 4$ 初始化聚类中心，保证聚类中心处于数据空间内；然后根据计算簇内对象和聚类中心之间的相似度指标对数据进行划分，将簇内数据之间的均值作为聚类中心，更新聚类中心。最后判断算法结束与否，其目的是保证算法的收敛。整个过程思路清晰简单，易于实现。

这里需要补充的是，在算法的开始要进行聚类中心选择一般有两种情况：一种是在所有样本点中随机选择 k 个点作为初始聚类中心，就是本书所选用的方法；另一种是在所有样本点属性的最小值与最大值之间随机取值，这样初始聚类中心的范围仍然在整个数据集的边界之内。虽然 k 均值聚类算法比较经典常用，但是传统的 k 均值聚类算法也具有相当多的局限性。

k 均值算法局限性：k 均值聚类算法中的 k 值（待聚类簇的个数）必须由用户输入，而且 k 值必须是一个用户最先确定的参数。但是在一些实际问题的求解过程中，自然簇的个数 k 是没有事先给出的，在这种情况下，人们就需要运用其他办法来获得到聚类的数目。k 个聚类中心的选择是随机的，经典的 k 均值算法需要随机选择初始中心，然后进行聚类和迭代，并最终收敛达到局部最优结果。因此聚类结果对于初始中心有着严重的依赖，随机选择初始中心会造成聚类结果有很大的随机性。k 均值聚类算法对于噪声和离群点数据非常敏感，该算法中，簇的中心求解过程是通过对每个簇求得均值得到的，当数据集中含有噪声和离群点数据时，计算质心将导致聚类中心偏离数据真正密集的区域。因此，k 均值聚类算法对噪声点和离群点都非常敏感。

5.3.3 Apriori 关联规则算法

关联规则挖掘也称为关联分析，是数据挖掘中最活跃的研究方法之一。最早是 Agrawal 等人在 1993 年针对购物篮分析问题提出的，其目的是发现交易数据中不同商品之间的联系规则。这些规则刻画了顾客购买行为模式，可以用来指导商家科学地安排进货、库存以及货架设计等。而关联挖掘算法中最早出现的就是将要介绍的 Apriori 关联规则算法。

关联分析是一种在大规模数据集中寻找相互关系的任务。这些关系可以有两种形式：频繁项集（Frequent Item Sets），经常出现在一起的物品集合；关联规则（Associational Rules），暗示两种物品之间可能存在很强的关系。下面用一个简单的交易清单例子来说明关联分析中的重点概念，数据见表 5-4。

表 5-4 Apriori 算法交易清单数据

交易号码	商品
0	豆奶、莴苣
1	莴苣、尿布、葡萄酒、甜菜
2	豆奶、尿布、葡萄酒、橙汁
3	莴苣、豆奶、尿布、葡萄酒
4	莴苣、豆奶、尿布、橙汁

频繁项集是指经常一起出现的物品，如{葡萄酒，尿布，豆奶}。关联规则暗示两个物品之间存在很强的关系。关联规则可表示为形如 $A \rightarrow B$ 的表达式，如尿布→葡萄酒就是一个关联规则。这意味着如果顾客买了尿布，那么他很可能会买葡萄酒，规则的度量包含可信度和支持度。支持度是指数据集中包含该项集的记录所占的比例，是针对项集来说的。如表 5-4 中{豆奶，尿布}的支持度为 3/4。支持度的公式可表示为

$$P(A \cap B) = \frac{AB同时出现的次数}{A出现的次数}$$

其中，A、B 代表项集就如同例子中的豆奶和尿布。支持度揭示了 A 与 B 同时出现的概率。如果 A 与 B 同时出现的概率小，说明 A 与 B 的关系不大；如果 A 与 B 同时出现得非常频繁，则说明 A 与 B 总是相关的。关联规则的支持度等于频繁项集的支持度。

可信度是指出现某些物品时，另外一些物品必定出现的概率，针对规则而言。如规则{尿布}→{葡萄酒}，该规则的可信度被定义为支持度({尿布，葡萄酒})/支持度({尿布})，其中支持度({尿布，葡萄酒}) = 3/5，支持度({尿布}) = 4/5，所以{尿布}→{葡萄酒}的可信度 = 3/5 / 4/5 = 3/4 = 0.75。可信度的公式可表示为

$$P(B|A) = \frac{P(A \cap B)}{P(A)} = \frac{Support(AB)}{Support(A)}$$

其中，A、B 代表项集，如例子中的尿布和葡萄酒。可信度反映了如果交易中包含 A 则交易包含 B 的概率，也可以称为在 A 发生的条件下 B 发生的概率。如果可信度为 100%，则 A 和 B 可以捆绑销售。如果可信度太低，则说明 A 的出现与 B 是否出现关系不大。

支持度和可信度是用来量化关联分析是否成功的一个方法，只有支持度和可信度较高的规则才是用户感兴趣的规则。但在关联规则挖掘中应该合理设置支持度和可信度的阈值，如果支持度和可信度阈值设置得过高，虽然可以减少挖掘时间，但是容易造成一些隐含在数据中的非频繁特征项被忽略掉，难以发现足够有用的规则；如果支持度和置信度阈值设置得过低，又有可能产生过多的规则，甚至产生大量冗余和无效的规则，同时由于算法存在的固有问题，会导致高负荷的计算量，大大增加挖掘时间。假设想找到支持度大于 0.8 的所有项集，应该如何做？一个办法是生成一个物品所有可能组合的清单，然后统计每一种组合出现的频繁程度，但是当物品有成千上万个时，上述做法就非常非常慢了。而 Apriori 关联规则算法可以大大减少关联规则学习时所需的计算量。

Apriori 关联规则算法是众多关联算法中的经典算法，该算法利用逐层搜索的迭代方法找出数据库中项集的关系，以形成规则，其过程由连接（类矩阵运算）与剪枝（去掉那些没必要的中间结果）组成。该算法中项集的概念即为项的集合，包含 k 个项的集合为 k 项集。项集出现的频率是包含项集的事务数，称为项集的频率。如果某项集满足最小支持度也就是关联规则挖掘中的阈值，则称它为频繁项集，简称频集。

Apriori 关联规则算法的原理是如果某个项集是频繁的，那么它的所有子集也是频繁的。这样看好像没什么用处，但其逆反定理就是如果某一个项集是非频繁的，那么它的所有超集也是非频繁的。例如，如图 5-14 所示，已知阴影项集{2，3}是非频繁的。利用这个知识，就知道项集{0，2，3}、{1，2，3}以及{0，1，2，3}也是非频繁的。也就是说，一旦计算出了{2，3}的支持度，知道它是非频繁的后，就可以紧接着排除{0，2，3}、{1，2，3}和{0，1，2，3}。Apriori 关联规则算法的出现，使得人们可以在得知某些项集是非频繁的之后，不需要计算该集合的超集，有效地避免了项集数目的指数增长，从而在合理时间内计算出频繁项集。

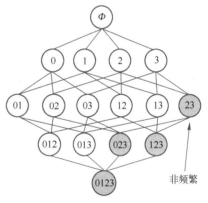

图 5-14　Apriori 关联规则算法例子图示

Apriori 关联规则算法的思想可概括为四个步骤，第一步：找出所有的频集，这些项集出现的频繁性至少和预定义的最小支持度一样。第二步：由频集产生强关联规则，这些规则必须满足最小支持度和最小可信度。第三步：使用第一步找到的频集产生期望的规则，产生只包含集合的项的所有规则，其中每一条规则的右部只有一项，这里采用的是中规则的定义。第四步：一旦这些规则被生成，那么只有那些大于用户给定最小可信度的规则才被留下来。为了生成所有频集，使用了递推的方法。Apriori 关联规则算法过程为通过迭代，检索出事务数据库中的所有频繁项集，即支持度不低于用户设定阈值的项集；然后利用频繁项集构造出满足用户最小信任度的规则。

  Apriori 关联规则算法也存在着不足之处，如每一步产生候选项目集时，循环产生组合过多，没有排除不应该排除的元素，以及在每一次计算项目集的支持度时都对数据进行扫描比较，会大量增加计算机系统的 I/O 开销。针对这些问题有许多不错的改进算法。Apriori 关联规则算法通过优化频繁集的计算过程来提高算法的运行时间效率。矩阵剪枝分区查找算法是针对上述问题的另一种解决方法，其主要是基于矩阵进行查找，能够有效减少查找次数。

  Apriori 关联规则算法广泛应用于各种领域，通过对数据的关联性进行了分析和挖掘，挖掘出的这些信息在决策制定过程中具有重要的参考价值。例如，Apriori 关联规则算法可以应用于消费市场价格分析中，它能够很快地求出各种产品之间的价格关系和它们之间的影响；Apriori 关联规则算法可以应用于网络安全领域，比如网络入侵检测技术中；Apriori 关联规则算法可以应用于高校管理中，随着高校贫困生人数的不断增加，学校管理部门资助工作难度也随之增大，针对这一现象，提出一种基于数据挖掘算法的解决方法，将关联规则的 Apriori 关联规则算法应用到贫困助学体系中；Apriori 关联规则算法被广泛应用于移动通信领域，移动增值业务逐渐成为移动通信市场上最有活力、最具潜力、最受瞩目的业务之一。

5.3.4 迁移学习

  迁移学习又称为归纳迁移、领域适配，是机器学习中的一个重要研究课题，目标是将某个领域或任务中学习到的知识或模型应用到不同或者相关的领域和问题中。具体是指利用数据、任务或模型之间的相似性，将在旧领域学习过的模型，应用于新领域的一种学习过程。迁移学习试图实现人通过类比学习的能力。迁移学习的总体思路可以概括为学习算法最大限度地利用有标注领域的知识，来辅助目标领域的知识获取，迁移学习的核心是找到源领域和目标领域的相似性，并加以合理利用。这种相似性非常普遍，比如人的身体构造是相似的；人骑自行车和骑摩托车的方式是相似的。找到这种相似性是迁移学习的核心问题。找到这种相似性之后，下一步的工作就是"如何度量和利用这种相似性"，度量工作的目标有两点：一是很好地度量两个领域的相似性，不仅定性地告诉人们它们是否相似，更定量地给出相似程度；二是以度量为准则，通过所要采用的学习手段，增大两个领域之间的相似性，从而完成迁移学习。另一点需要说明的是与半监督学习和主动学习等标注性学习不同，迁移学习放宽了训练数据和测试数据服从独立同分布这一假设，使得参与学习的领域或任务可以服从不同的边缘概率分布或条件概率分布。其工作原理如图 5-15 所示。

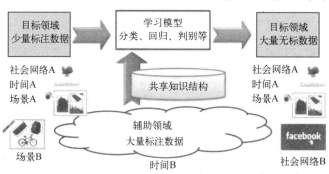

图 5-15 迁移学习原理图

  迁移学习是源领域和目标领域之间的知识迁移，在进行迁移学习前要考虑什么情况下适合进行迁移、用什么去迁移、如何进行迁移。解决了这三个问题，迁移学习就有了大致的思路。首先什么情况下适合进行迁移？其答案就是两个领域间有公有的知识结构。然后用什么去迁移？这个问题是迁移学习问题的关键，利用两个领域间的相似性进行知识迁移，这个相似性可能是两个领域的样本具有相似性，也可能是源领域的模型和目标领域的模型参数相似，还可能是两个领域的特征具有相似性。根据相似性的不同也就回答了如何进行迁移的问题，两个领域间的相似性不同，所以用的技术方法也就不同，根据特征相似采用特征迁移法，根据参数相似采用参数迁移法，根据样本相似采用样本迁移法，下面将重点介绍这三种迁移方法。

（1）样本迁移法

基于样本的迁移学习方法（Instance-based Transfer Learning）是根据一定的权重生成规则对数据样本进行重用，来进行迁移学习。图 5-16 形象地表示了基于样本迁移方法的思想。源领域中存在不同种类的动物，如狗、鸟、猫等，但目标领域只有狗这一种类别。在迁移时，为了最大限度地和目标领域相似，可以人为地提高源领域中属于狗这个类别的样本权重。

源领域(图像)　　　　　　　目标领域(图像)

图 5-16　样本迁移法思想图

传统的机器学习模型都是建立在训练数据和测试数据服从相同的数据分布的基础上。典型的比如有监督学习，可以在训练数据上面训练得到一个分类器，用于测试数据。但是在许多情况下，这种同分布的假设并不满足，有时候训练数据会过期，而重新去标注数据又是十分昂贵的。这个时候如果丢弃训练数据又是十分可惜的，所以利用这些不同分布的训练数据训练出一个分类器，在测试数据上可以取得不错的分类效果。其核心思想就是对源领域样本的权重学习，使其接近目标领域的分布。对于源领域 D_s 和目标领域 D_t，通常假定产生它们的概率分布是相同的，即 $P(X_s) = P(X_t)$。通俗解释就是从源领域中找出那些长得最像目标领域的样本，让它们带着高权重加入目标领域的数据学习。对于源领域和目标领域的两个分布数据，对源领域的数据加入权重的概念。也就是说，对于一个样本，它在源领域的分布权重系数为 a，在目标领域的分布权重系数为 b，使用模型的预测概率作为源领域样本的权重。如果源领域样本的预测概率为 1，即其和目标领域的分布非常接近，那么其权重为 1，如果基本不相同，其预测概率明显会比较低，此时权重也低，根据样本权重参数进行样本迁移。具体做法如下。

1）定义源领域、目标领域，源领域的数据标签为 0，目标领域的数据标签为 1。

2）对模型进行交叉验证建模，看模型对于目标领域和源领域的区分度。

3）如果区分度较高，且方差偏差可以接受，将预测结果归一化，带入模型的 sample_weights 参数进行训练。

第 2）步等于对样本属于目标领域和源领域这个问题建立了一个模型，预测的概率值可以表示为 $P(T|X)$ 和 $P(S|T)$，二分类的权重相加为 1，所以权重就可以泛化为

$$\beta_i = \frac{1}{P(S|X)} - 1$$

可以将这个权重带入源领域的数据中作为权重（目标领域的数据权重为1），带入模型来进行训练完成样本迁移。

（2）特征迁移法

基于特征的迁移方法（Feature based Transfer Learning）是指通过特征变换的方式互相迁移来减少源领域和目标领域之间的差距；或者将源领域和目标领域的数据特征变换到统一的特征空间中，然后利用传统的机器学习方法进行分类识别。根据特征的同构和异构性，又可以分为同构和异构迁移学习。图5-17很形象地表示了两种基于特征的迁移学习方法。

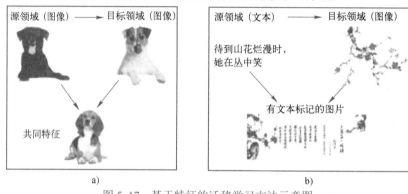

图 5-17　基于特征的迁移学习方法示意图

a) 源领域和目标领域特征空间一致　b) 源领域和目标领域特征空间不一致

基于特征选择的迁移学习方法是识别出源领域与目标领域中含义相同或非常相近的特征或表征，然后利用这些特征进行知识迁移。通过基于领域知识和业务逻辑进行特征选择或特征生成。其优点是能提取出强特征，解释性比较强，不需要太多数据；不足之处在于人工成本高，模型和数据不适用于其他地方。根据特征空间是否相同，分为同构迁移学习和异构迁移学习。所谓同构迁移学习是指源领域和目标领域的特征空间相同，主要通过降低源领域和目标领域之间样本的分布来进行迁移学习。其主要通过 MMD（Maximum Mean Discrepancy）来近似地拉近特征分布的距离，并使用领域对抗学习（Domain Adversarial Training）训练特征提取器使其能够提取领域不变特征（Domain-Invariant Features），同时提取的特征（Discriminative Features）又具有较好的分类能力。而在异构迁移学习中源领域和目标领域的特征空间不同，主要通过对源领域和目标领域的特征进行转换来降低特征的差异并减小源领域和目标领域之间样本的分布来进行迁移学习。由于源领域和目标领域的特征空间不同而使用基于特征映射（或转换）的迁移学习方法把各个领域不同特征空间的数据映射到相同的特征空间，在该特征空间下，拉近源领域数据与目标领域数据之间的分布。这样就可以利用在同一空间中的有标签源领域样本数据训练分类器，对目标测试数据进行预测，从而完成异构特征的迁移学习。

（3）参数迁移法

基于参数的迁移方法（Parameter/Model based Transfer Learning）是指从源领域和目标领域中找到它们之间共享的参数信息以实现迁移的方法。这种迁移方式要求的假设条件是：源领域中的数据与目标领域中的数据可以共享一些模型的参数，图5-18形象地表示了基于模型的迁移学习方法的基本思想。

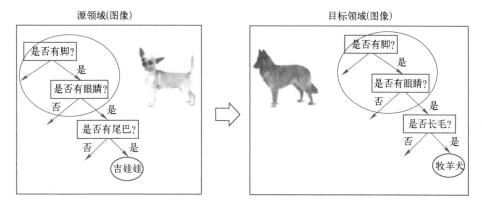

图 5-18　基于参数的迁移学习方法示意图

基于参数的迁移学习是通过在不同领域间共享参数，来实现迁移学习的效果，代表性方法为多任务学习（Multi-Task Learning）。所谓的多任务学习，即同时学习多个任务，使得不同的学习任务能相互促进。因为多任务学习一般是通过共享特征来实现共享参数的功能，所以在实际应用中，需着重考虑两步，第一步是确定共享特征，以确定共享模型对应哪些参数；第二步是实现如何共享参数，即选用何种模型共享参数。对于第一步，需要具体业务具体分析。在确定共同特征后，需要先将不同领域样本对应的特征空间重新编码，以便将所有问题映射到同一特征空间中。具体来说，可将源领域 D_s 和目标领域 D_t 对应的特征分为三部分：F_c、F_s 和 F_t，其中 F_c 表示 D_s 和 D_t 对应的共同特征集，F_s 和 F_t 分别表示仅在 D_s 和 D_t 中出现的特征。然后将 D_s 和 D_t 对应的样本统一编码到 F_c、F_s 和 F_t 三者并集对应的特征空间中去。对于第二步，实现了三种不同的模型，分别是神经网络（NN）、线性分形分类器（LFC）和梯度提升机（GBM）。下面以 NN 和 LFC 为例来说明多任务学习是如何"一心二用"的。

通过 NN 实现多任务学习的思路比较直观，如图 5-19 所示。图 5-19 上方是使用 NN 做单任

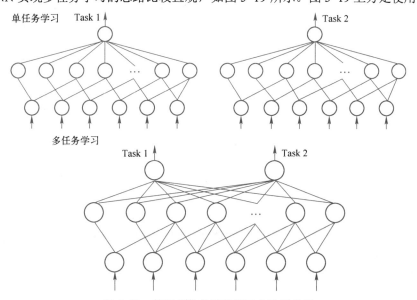

图 5-19　基于参数的迁移学习方法示意图

务学习的示意图，不同任务间并无任何关联，即"一心一意"。图 5-19 下方是使用 NN 进行多任务学习的模型示意图，可以看到两个任务共享一些神经网络层及其相关联的模型参数，但输出层对应两个不同的任务，以此来实现多任务学习。

LFC 是基于 GDBT 开发的增强版 LR 算法，它能根据数据自动生成不同层次的特征，保证在细粒度特征无法命中的时候，层次化的上位更粗粒度特征可以生效。在多个实际业务中的应用结果表明，LFC 的预测效果和计算稳定性均显著优于 LR。LFC 在进行多任务学习时可看作是将模型参数 w 根据特征拆成三部分，即（wc，ws，wt），其中，wc、ws 和 wt 分别对应特征 F_c、F_s 和 F_t 的权重。模型训练阶段，在 D_s 对应的样本中，wt 对应的特征取值均为 0；在 D_t 对应的样本中，ws 对应的特征取值均为 0。两个领域通过共享 wc 来实现相互学习。在实际应用多任务学习实现迁移学习效果时，D_s 和 D_t 对应的数据量可能差别很大，在模型迭代训练时，可以调整不同领域对应的迭代轮数，或对数据进行采样，或通过定义代价敏感的损失函数（Cost-Sensitive loss Function）来调节。另外，多任务学习的目的是提升各个学习任务的效果，但迁移学习仅关注目标领域 D_t 的学习效果，可通过修改多任务学习的损失函数（如给予 D_t 更高的权重）来重点学习 D_t 对应的学习任务。

5.4 机器学习应用实践

本节主要介绍机器学习技术应用于现实生活中的具体实例。

5.4.1 使用决策树模型进行列车空调故障预测

1. 学习目标

本案例将利用决策树算法进行工业行业中列车空调故障的预测。通过本次学习，读者可以学习到机器学习算法落地的通用流程，感受到机器学习算法解决实际问题的魅力。本案例在东方国信图灵引擎平台上通过可视化探索的方式加以实现。

2. 案例背景

空调系统是列车的一个重要组成部分，用以满足旅客在旅行活动中舒适性的要求。空调运行过程中如果发生制冷剂不足、压缩机故障或者滤网脏堵等故障，会使得客室内温度异常，影响旅客舒适度。对于列车空调系统，需要对故障进行实时监测或者空调故障预判，及时检查并排除故障，以保证旅客乘车舒适度和满意度，通过对目标温度值（空调设定温度）、温度检测值（客室温度）、空调运行模式、空调运转模式、制冷系统 1 高压压力值、制冷系统 2 高压压力值、制冷系统 1 低压压力值、制冷系统 2 低压压力值等空调相关数据进行综合分析，分析空调运转与哪些参数密切相关，找到空调故障时变化最明显的参数，根据参数变化建立空调故障预判模型，进行空调故障预判。

3. 总体思路

目前列车空调系统没有真实空调故障样本数据，只能采用无监督学习算法对数据进行分析。在工业上，通常将聚类算法用于离群点检测，以发现工业控制系统中的异常数据，极大地提高了工业控制系统的安全防护能力。

首先进行数据检查和探索性分析，本案例的数据探索主要做了以下几点。

可以通过聚类发现空调数据内在的模式或者空调故障类的特点，首先对空调数据进行聚类，分析各类的聚类中心并找出异常类别，与业务部门确认该类是否真正异常。如果该类确实异常，则将故障类进行标记，然后用分类算法进行分类，建立空调故障模型。

4．数据准备

列车空调故障数据现有指标如图 5-20 所示，通过分析空调故障时主要核心指标的变化情况，建立空调故障预测模型。

字段名称	字段说明	类型	备注
coach_id	车号	int	原始指标
speed	列车速度	float	原始指标
air_tartemp	目标温度	int	原始指标
air_dettemp	检测温度	int	原始指标
air_3_col	制冷系统1高压压力值	int	原始指标
air_4_col	制冷系统2高压压力值	int	原始指标
air_5_col	制冷系统1低压压力值	int	原始指标
air_6_col	制冷系统2低压压力值	int	原始指标
air_37_col	充电机1中间电压	int	原始指标
air_38_col	充电机2中间电压	int	原始指标
air_39_col	充电机1输出电压	int	原始指标
air_40_col	充电机2输出电压	int	原始指标
air_41_col	充电机1输出电流	int	原始指标
air_42_col	充电机2输出电流	int	原始指标
air_43_col	充电机1充电电流	int	原始指标
air_44_col	充电机2充电电流	int	原始指标

图 5-20　列车空调故障数据指标

5．技术实现

（1）数据质量检查

数据质量检查主要进行数据缺失值的检查，检查数据是否有缺失情况，并对缺失数据进行处理，可以提高后续建模的精度。对于缺失数据极少或极多的情况，可以直接删除，对于数据缺失不多的情况，连续数据可以直接使用均值、中位数等填充，对于分类型变量可以使用众数填充。

经过数据检查，可以发现数据中没有缺失数据，但是有部分列数据只有一个取值，需要删除所有列中只有一个取值的数据。

（2）数据探索

数据探索并不需要应用过多的模型算法，相反，它更偏重于定义数据的本质、描述数据的形态特征并解释数据的相关性。通过数据探索的结果，能够更好地开展后续的数据挖掘与数据建模工作。

本案例的数据探索主要包含以下几点。

1）探索主要变量的折线图，包括制冷系统 1 高压压力值、制冷系统 1 低压压力值、制冷系统 2 高压压力值、制冷系统 2 低压压力值等。

2）探索空调的不同运转模式，分析不同运转模式下各主要变量的均值情况。

（3）特征选择

好的特征选择能够提升模型的性能，更能帮助用户理解数据的特点、底层结构，这对进一步改善模型、算法都有着重要作用。

特征选择主要有以下两个功能。

● 减少特征数量、降维，使模型泛化能力更强，减少过拟合。

● 增强对特征和特征值之间的理解。

皮尔森相关系数是一种最简单的、能帮助人们理解特征和响应变量之间关系的方法，该方法衡量的是变量之间的线性相关性，结果的取值区间为[-1, 1]，-1 表示完全的负相关（这个变量下降，那个就会上升），+1 表示完全的正相关，0 表示没有线性相关。

本案例根据皮尔森相关系数对入模变量进行筛选，对于变量之间相关性强的（相关系数的绝对值大于 0.8）或保留其中一个变量，或构造新的衍生变量来替换原始变量，本案例中保留目标温度、检测温度、制冷系统 1 高压压力值、制冷系统 1 低压压力值、制冷系统 2 高压压力值、制冷系统 2 低压压力值、充电机 1 输出电压和充电机 1 输出电流这几个变量。

（4）建模

1）k-means 聚类。k-means 算法的基本思想是初始随机给定 k 个簇中心，按照最邻近原则把待分类样本点分到各个簇。然后按平均法重新计算各个簇的质心，从而确定新的簇心。一直迭代，直到簇心的移动距离小于某个给定的值。本案例通过对空调数据进行聚类，分析各类的聚类中心找出异常类别，与业务部门确认该类是否是真正异常。如果该类确实异常，则将故障类进行标记。

2）k-means 聚类结果评估，具体如下。

轮廓系数（Silhouette_Score）：是聚类是否合理、有效的度量。聚类结果轮廓系数的取值在[-1, 1]，值越大，说明同类样本相距越近，则聚类效果越好，轮廓系数的取值越接近-1，说明聚类效果越差。

CH 分数（Calinski_Harabaz_Score）：也称之为 Calinski-Harabaz Index，在真实的分群 label 不知道的情况下，可以作为评估模型的一个指标。计算简单直接，Calinski_Harabaz_Score 越大，说明聚类效果越好。

3）决策树。分类决策树模型是一种描述对实例进行分类的树形结构。用决策树分类，从根节点的开始对实例的某一特征进行测试，根据测试结果，将实例分配到其子节点；这时，每一个子节点对应着该特征的一个取值，如此递归地对实例进行测试并分配，直至达到叶节点，最后将实例分配到叶节点的类中。

4）模型评估。

混淆矩阵：混淆矩阵的每一列代表预测类别，每一列的总数表示预测为该类别数据的数目；每一行代表数据的真实归属类别，每一行的数据总数表示该类别的数据实例的数目。每一列中的数值表示真实数据被预测为该类的数目。以二分类为例，如图 5-21 所示。

	预测为0	预测为1
真实为0	True Negative	False Positive
真实为1	False Negative	True Positive

图 5-21　混淆矩阵

- 真阳性（True Positive，TP）：样本的真实类别是正例，并且模型预测的结果也是正例。
- 真阴性（True Negative，TN）：样本的真实类别是负例，并且模型将其预测成为负例。
- 假阳性（False Positive，FP）：样本的真实类别是负例，但是模型将其预测成为正例。
- 假阴性（False Negative，FN）：样本的真实类别是正例，但是模型将其预测成为负例。

此时，准确率=(TN+TP)/(TP+TN+FP+FN)，召回率=TP/(TP+FN)，精确率=TP/(TP+FP)。

6．结论

最后根据准确率、召回率和精确率以及 ROC 曲线下的面积来评估决策树分类模型的好坏，本案例训练的决策树分类模型准确率高达 99.7%，召回率为 93%，ROC 曲线下的面积达到了 0.98，模型质量度较好。

7．项目实践

访问东方国信图灵引擎教材专区，进入本项目页面，可获取本案例数据集进行实践学习。图 5-22 为本案例的项目页面。

图 5-22　列车空调故障预测案例项目页面

5.4.2　采用多种算法实现校园用户识别

1．学习目标

本案例在东方国信图灵引擎平台上，采用决策树、逻辑回归、梯度提升树模型对校园用户进行识别分析，对比不同模型效果，从而使读者对使用机器学习解决具体问题形成一个良好的感知。

2．案例背景

各通信运营商为保持良好的盈利能力，提出了针对细分客户市场的营销思维，开展差异化营销服务，抢占关键客户市场。其中校园客户以其高增长、高黏度的特点，成为通信行业最重要的战略市场之一。同时，由于校园用户的空间和业务具有离散性，没有准确的校园用户标识，对营销策略的制定造成了一定困难。

本案例通过机器学习算法对数据进行深入挖掘分析，构建分类模型，准确识别校园用户，以便有针对性地制定营销方案、促进校园市场的发展。

3. 总体思路

本项目依托校园用户和非校园用户的基本信息以及使用行为，构建数据分析模型，用于精准识别校园用户。校园用户与非校园用户识别是一个二分类问题，项目中通过选择构建决策树、逻辑回归、梯度提升树模型，对比不同模型效果，选取最优模型。

构建校园用户识别模型的步骤为数据准备、数据探索及预处理、特征选取、模型构建、模型评估、模型对比，如图 5-23 所示。

图 5-23　校园用户识别模型构建步骤

4. 数据准备

本项目是通过已知校园用户的使用行为建立校园用户模型，用于识别未知用户群中的校园用户群。

建模使用数据集说明如下。

1）数据周期：近一个月用户数据。

2）样本数量：共 46511 个样本数据，其中正样本 7043 个（校园用户），负样本 39468 个（非校园用户）。

3）数据指标：34 个指标列+目标列。目标列表示是否校园网用户，指标列如下。

- 用户基础信息（6 个）：账期、地市代码、用户编码、用户号码、年龄、在网时长。
- 用户套餐信息（5 个）：套餐品牌、套餐费用、是否校园 V 网、是否校园套餐、是否订购校园 WiFi。
- 使用信息（23 个）：出账 ARPU、校园基站夜间驻留天数、校园基站白天驻留天数、通话时长、校园内通话时长、校园内通话时长占比、通话次数、校园内通话次数、校园内通话次数占比、上网流量、校园内使用流量、校园内使用流量占比、交往圈人数、交往圈中月夜间常驻地为校园基站人数、是否参加过校园营销活动（近一年）、寒假省间漫游天数（2 月）、暑假省间漫游天数（7/8 月）、寒假校园基站夜间驻留天数、寒假校园基站白天驻留天数、暑假校园基站夜间驻留天数、暑假校园基站白天驻留天数、是否使用英语类 App、是否使用课程表类 App。

5. 技术实现

（1）数据探索及预处理

在实际项目中，在获取数据后，数据通常会存在空值与重复值，而这些空值与重复值的存在会影响数据挖掘模型的效果，因此在使用前需要对数据进行预处理。数据预处理的流程并非一成不变的，可根据实际任务选择调整处理方法。

数据预处理通常包括数据清理、数据集成、数据变换与数据规约等方法。

1）数据清理：主要是对数据内存在的异常情况进行处理，包括重复值、缺失值以及噪声数据的处理。

2）数据集成：将多个数据集合为一个数据集。

3）数据变换：数据规范化，可以用来把数据压缩到较小的区间，达到适用于数据挖掘的目的。

4）数据规约：减少数据量，降低数据维度，如聚类、删除冗余特征等。

本项目采用数据探索分析数据的分布规律与数据异常情况，对数据进行空值处理、数据去重、数据类型转换，保证数据完整性与类型一致性，可有效提高数据建模的精度。数据预处理前和预处理后的情况如图 5-24 和图 5-25 所示。

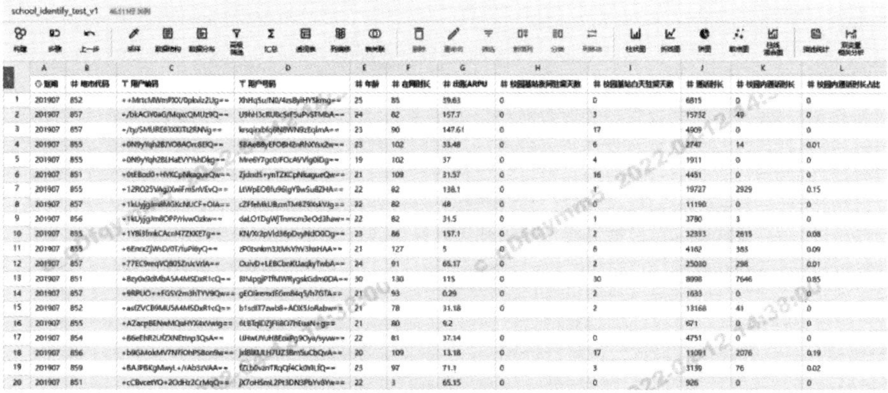

school_identify_test_v1　46511行 30列

	账期	地市代码	用户编码	用户号码	年龄	在网时长	出账ARPU	校园基站夜间驻留天数	校园基站白天驻留天数	通话时长	校园内通话时长	校园内通话时长占比
1	201907	852	++MrtcMWmPXX/0pkvlz2Ug==	XhHq5u/N0/4zsByIHYSkmg==	25	85	59.63	0	0	6815	0	0
2	201907	857	+/bkACiY0aG/MqxcQMUz9Q==	U9hI13cKUBc5rf5uPvSTMbA==	24	82	157.7	0	3	15732	49	0
3	201907	857	+/ty/SMURE63XXITt2RNVg==	knsqixbfq8N8WN9zEqlmA==	23	90	147.61	0	17	4909	0	0
4	201907	855	+0N9yYqh2BJVO8AOrc8EIQ==	SBAe8ByEFOBH2nRhXYsx2w==	23	102	33.48	0	6	2747	14	0.01
5	201907	855	+0N0yYqh2BLHaEVYYshDkg==	Mre6Y7gc0/FOcAVVlg0iDg==	19	102	37	0	4	1911	0	0
6	201907	851	+0tEBod0+HVKCpNkagueQw==	Zjdnd5+ynTZKCpNkagueQw==	21	109	31.57	0	16	4451	0	0
7	201907	855	+12RO25VAgjXwiFm5rVEvQ==	LtWpEOBfu96lgYBw5uBZHA==	22	82	138.1	0	1	19727	2929	0.15
8	201907	857	+1kUyjgJm8MGKcNUCF+OiA==	cZFfeMkUBcmTM8Z9XskVig==	22	82	48	0	0	11190	0	0
9	201907	856	+1kUyjgJm8OPP/rivwOzkw==	daLO1DgWjTnmcm3eOd3haw==	22	82	31.5	0	1	3780	3	0
10	201907	855	+1YBi3fmkCAcnI47ZXKE7g==	KN/Xi2pVId36pDvyNdO0Og==	23	86	157.1	0	2	32333	2615	0.08
11	201907	855	+6EmxZjWhD/0T/luPWyQ==	zP0tsnkm3J0MsVhV3hkHAA==	21	127	5	0	6	4162	383	0.09
12	201907	857	+77EC9eqVQB0SZnJcVdA==	OuivD+LEBCbnKUadkyTwbA==	24	91	65.17	0	2	25030	298	0.01
13	201907	851	+8zy0x9dMbA5A4MSDxR1cQ==	BNpgjPTfMWRygskGdm0DA==	30	130	115	0	30	8998	7646	0.85
14	201907	857	+9RPUO++FGSY2m3hTYV9Qw==	gEOIiemdF6m84q5/h7GTA==	21	93	0.29	0	2	1633	0	0
15	201907	852	+asfZVCB9MU5A4MSDxR1cQ==	b1sdIT7zwb8+AOX5JoRabw==	21	78	31.18	0	2	13168	43	0
16	201907	855	+AZacpBENwMQaHYX4xVwig==	6LBTqlDZjFI8O7hEuaN+g==	21	80	9.2			671	0	0
17	201907	854	+B6eEhR2UfZXNEtmp3QsA==	UHwUN/uH8EoiPg9Oya/syvw==	22	81	37.14	0	0	4751	0	0
18	201907	856	+bWGMokMV7NTiOhPS8onfw==	jxBBKULH7UZ3BmSuCbQrA==	20	109	13.18	0	17	11091	2076	0.19
19	201907	859	+BAJPBKgMwyL+/rAb5zVAA==	fZLb0vanTRqQf4Ck0WLfQ==	23	97	71.1	0	3	3139	76	0.02
20	201907	851	+cCBvcetYO+2OdHz2CrMqQ==	jX7oHSmL2Pt3DN3PbYv8Yw==	22	3	65.15	0	0	926	0	0

图 5-24　数据预处理前（部分）

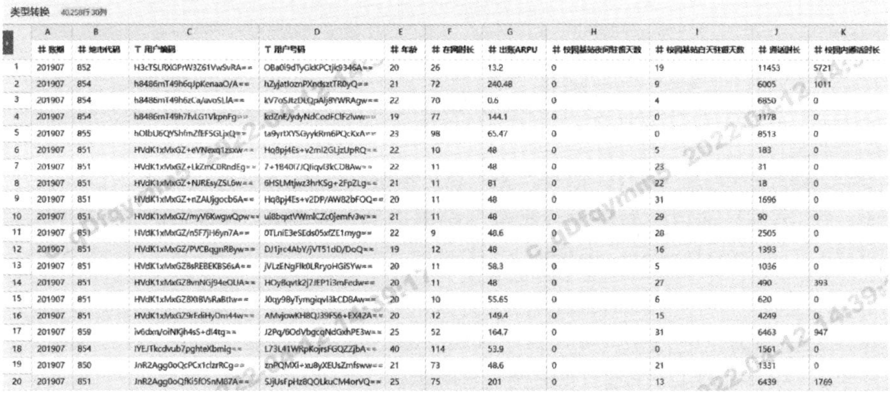

类型转换　40,258行 30列

	账期	地市代码	用户编码	用户号码	年龄	在网时长	出账ARPU	校园基站夜间驻留天数	校园基站白天驻留天数	通话时长	校园内通话时长
1	201907	852	H3cTSLRXGPrW3Z61VwSvRA==	OBa0i9dTyGkKPCtjk9346A==	20	26	13.2	0	19	11453	5721
2	201907	854	h8486mT49h6qJpKenaaO/A==	hZyjatIoznPXndsztTR0yQ==	21	72	240.48	0	9	6005	1011
3	201907	854	h8486mT49h6zCa/avoSLlA==	kV7oSJtzDLQpAIj8YWRAgw==	22	70	0.6	0	4	6850	0
4	201907	854	h8486mT49h7fvLG1VkpnFg==	kdZnE/ydyNdCodFCIF2Iww==	19	77	144.1	0	0	1178	0
5	201907	855	hOlbU6QYShfmZfEFSGLjxQ==	ta9yrtXYSGyykRm6PQcKxA==	23	98	65.47	0	0	8513	0
6	201907	851	HVdK1xMxGZ+eVNexq1zsxw==	Hq8pj4Es+v2mI2GLjzUpRQ==	22	10	48	0	5	183	0
7	201907	851	HVdK1xMxGZ+LkZmC0RndEg==	7+1840I7JQIiqvl3kCDBAw==	22	11	48	0	23	31	0
8	201907	851	HVdK1xMxGZ+NJREsyZSL6w==	6HSLMtjwz3hrKSg+2FpZLg==	21	11	81	0	22	18	0
9	201907	851	HVdK1xMxGZ+nZAUjgocb6A==	Hq8pj4Es+v2DP/AW82bFOQ==	20	11	48	0	31	1696	0
10	201907	851	HVdK1xMxGZ/myV6KwgwQpw==	ui8bqxtVWmICZc0jemfv3w==	21	11	48	0	29	90	0
11	201907	851	HVdK1xMxGZ/n5F7jH6yn7A==	0TLniE3eSEds05xfZE1myg==	22	9	48.6	0	28	2505	0
12	201907	851	HVdK1xMxGZ/PVCBqgnRByw==	DJ1jrc4AbY/jVT51dD/DoQ==	19	12	48	0	16	1393	0
13	201907	851	HVdK1xMxGZ8sREBEKBS6sA==	jVLzENgFlk0LRryoHGiSYw==	20	11	58.3	0	5	1036	0
14	201907	851	HVdK1xMxGZ8vnNGj94eOUA==	HOyBqvtk2j7JEP1i3mFedw==	20	11	48	0	27	490	393
15	201907	851	HVdK1xMxGZ8XtBVsRaBtIw==	J0qy9ByTymgiqvl3kCDBAw==	20	10	55.65	0	6	620	0
16	201907	851	HVdK1xMxGZ9rEdiHyDm44w==	AMvjowKH8QJ39FS6+EX42A==	20	12	149.4	0	15	4249	0
17	201907	859	iv6dxn/oiNKjh4sS+dI4tg==	J2Pq/6OdVbgcqNdGxhPE3w==	25	52	164.7	0	31	6463	947
18	201907	854	IYEJTkcdvub7pghteXbmIg==	L73L41WRpKojrsFGQZZjbA==	40	114	53.9	0	0	1561	0
19	201907	850	JnR2Agg0oQcPCx1clzrRCg==	znPQMXI+xu8yXEUsZmfsww==	21	73	48.6	0	21	1331	0
20	201907	851	JnR2Agg0oQfKi5fOSnMB7A==	SJjUsFpHz8QOLkuCM4orVQ==	25	75	201	0	13	6439	1769

图 5-25　数据预处理后（部分）

（2）特征选取

在实际建模过程中，数据维度过高会增大模型计算的复杂性，并且不同的指标对模型预测结果的影响程度不同，因此在建模前需要进行特征选取，剔除噪声指标，筛选显著特征，降低维度以减少计算量。

通过指标间相关性分析，剔除存在共线性的指标，选取独立的指标作为特征指标，可有效减少指标间的冗余。

对于离散型变量，可使用卡方检验来判断指标与变量之间的关联性，卡方值越大，P 值越小，相关的可能性越大。

对于连续性变量，可使用相关性分析建立指标与目标之间的相关系数矩阵，取值为-1～1。正数表示正相关，负数表示负相关。数据越趋近于 0，表示相关性越弱。

选取与目标变量相关性较高的指标作为入模指标，可以提高建模的准确性和效率。

（3）模型构建

本次建模的目的是根据不同用户行为数据区分校园用户与非校园用户，需要建立二分类模型。

在样本数据中包含"是否校园用户"的标签，则可以基于监督学习的方法进行模型构建。结合数据科学云平台集成的算子，可选取逻辑回归、决策树和梯度提升树算法进行建模，如图 5-26 所示。

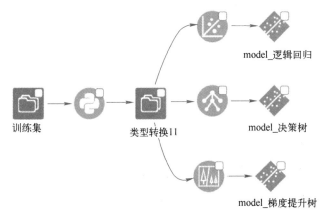

图 5-26　模型构建

（4）模型评估

通过已经训练好的模型对一组带有标签的数据进行预测，并使用一系列的模型评估指标对预测结果进行评估。

模型评估指标包括准确率、f1 得分、roc_auc 得分等。准确率可以预测正确的结果占总样本数的百分比。f1 得分是常用来衡量二分类模型精确度的一种指标。roc_auc 可以用来判断模型的优劣，数值越大，模型效果越好，如图 5-27 所示。

（5）模型对比

对比模型评估后的指标结果，可在三个模型中综合选取相对稳定的模型作为最终模型，用于后续新用户数据中的校园用户识别，如图 5-28 所示。

6. 结论

本项目基于数据科学云平台集成的各类算子，通过对数据进行探索分析、数据去重去空等预处理，筛选显著特征，构建逻辑回归、决策树和梯度提升树分类模型，使用准确率、f1 得分与roc_auc 得分对模型进行评估，可以看出三类模型中梯度提升树模型得分最高，效果最好，可用于后续用户数据内的校园用户识别，从而针对该部分用户群，制定精准营销策略，提升营销效果。

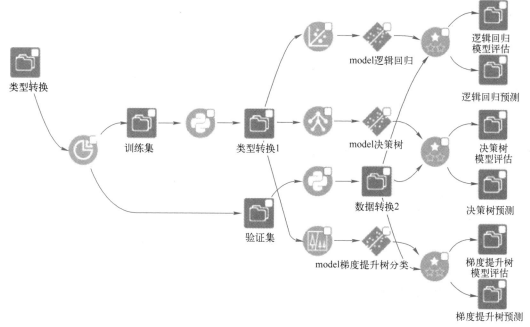

图 5-27　模型评估

model_name	accuracy_score	f1_score	roc_auc_score
String	BigDecimal	BigDecimal	BigDecimal
model_决策树	0.9952904238618524	0.9952922846332299	0.9901650427074521
model_逻辑回归	0.9851276543005867	0.9851627131179322	0.9700664342098098
model_梯度提升树分类	0.9954556721474015	0.995455072752664	0.9899966081751875

图 5-28　模型对比

7．项目实践

访问东方国信图灵引擎教材专区，进入本项目页面，可获取本案例数据集进行实践学习。图 5-29 为本案例的项目页面。

图 5-29　校园用户识别案例项目页面

5.5 本章习题

1. 选择题（单选或多选）

（1）为了降低数据划分给模型带来的影响，在实际应用中，通常采用的评估方法有（　　）。

　　　　A. s 交叉验证法　　　　B. 留出法　　　　　　C. 分类法　　　　　D. 排除法

（2）监督学习分为（　　）。

　　　　A. 分类　　　　　　　B. 回归　　　　　　　C. 聚类　　　　　D. 迁移学习

（3）监督学习和无监督学习的区别在于（　　）。

　　　　A. 数据　　　　　　　B. 算法　　　　　　　C. 模型　　　　　D. 测试数据

2. 简述 K-邻近值算法。

3. 简述贝叶斯分类算法思想。

4. 简述机器学习分类标准。

5. 简述半监督学习和迁移学习的联系与区别。

6. 监督学习中划分分类任务和回归任务的依据是什么？

第6章
深度学习

近几年，得益于云计算与大数据的发展、计算机计算能力的增强、各种机器学习算法的成熟，以及应用场景的丰富，越来越多的研究者开始关注深度学习。深度学习以神经网络为主要模型，一开始用来解决机器学习中表示学习的问题，但由于其强大的数据处理能力，深度学习越来越多地用来解决一些通用的 AI 问题，如推理、决策、推荐等。目前，深度学习技术在学术界和工业界取得了广泛的成功，受到高度重视。

本章主要介绍深度学习的相关内容。首先，介绍深度学习的相关概念、深度学习的前世今生，以及关于深度学习的相关开发框架；接下来，介绍深度学习最有代表性的算法，包括卷积神经网络（Convolutional Neural Network，CNN）、循环神经网络（Recurrent Neural Network，RNN）。最后，通过一些深度学习的实践案例，使得读者在学习过程中可以将理论和实践密切结合，加深对知识点的理解，并具备分析问题和解决问题的能力。

6.1　深度学习简介

深度学习是机器学习研究中的一个新领域，其目的是建立、模拟人脑进行分析学习的神经网络，模仿人脑的机制来解释数据，如图像、声音和文本。它有着机器学习所没有的优点，同时也存在着自己的短板。本节主要介绍深度学习的基本概念和发展过程，以及目前主流的深度学习开发框架。

6.1.1　什么是深度学习

深度学习（Deep Learning，DL）是机器学习的一个分支，是一种以人工神经网络为架构，对数据进行表征学习的算法。

DL 是一种无监督学习，它的概念源于人工神经网络的研究，含有多个隐藏层的多层感知器就是一种深度学习结构。至今已有数种深度学习框架，如深度神经网络、卷积神经网络、深度置信网络和循环神经网络，它们已被应用在计算机视觉、语音识别、自然语言处理、音频识别与生物信息学等领域并获取了极好的效果。深度学习使机器模仿视听和思考等人类的活动，解决了很多复杂的模式识别难题，使得人工智能相关技术取得了很大的进步。

深度学习在语音识别和图像识别上有很好的表现，引领了第三次人工智能的浪潮。目前大部分表现优异的应用都用到了深度学习，例如 AlphaGo 就使用到了深度学习。那么，深度学习、人工智能与机器学习有什么区别？它们之间可以看成是一种包含关系，如图 6-1 所示。简单来说，机器学习是人工智能的一个实现途径，而深度学习是机器学习的一个方法，图中的时间轴也对应着它们的发展时期。

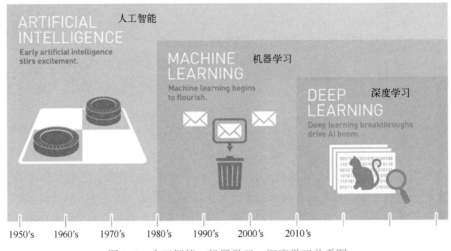

图 6-1　人工智能、机器学习、深度学习关系图

DL 之所以被人们广泛讨论，主要因为 DL 具有以下优点。

1）学习能力强。从结果来看，深度学习的表现非常好，它的学习能力非常强。

2）适应性好。深度学习的神经网络层数很多，宽度很广，理论上可以映射到任意函数，因此能解决很复杂的问题。

3）上限高。深度学习高度依赖数据，数据量越大，它的表现就越好。在图像识别、面部识别、自然语言处理等部分任务甚至已经超过了人类的表现。

4）可移植性好。由于深度学习的优异表现，有很多框架可以使用，例如TensorFlow、PyTorch等，这些框架可以兼容很多平台。

深度学习作为目前最热的机器学习方法，并不意味着其是机器学习的终点，DL 目前存在以下问题。

1）数据量大。深度学习模型需要大量的训练数据才能展现出神奇的效果。但现实生活中往往会遇到小样本问题，此时深度学习方法无法很好地进行模拟训练。

2）计算量大。深度学习需要大量的算力，导致成本很高，并且现在很多深度学习的应用还不适合在移动设备上使用。

3）硬件需求高。深度学习对算力要求很高，普通的 CPU 已经无法满足深度学习的要求。主流的算力都是使用GPU，所以对于硬件的要求很高，成本也很高。

4）模型设计复杂。深度学习的模型设计非常复杂，需要投入大量的人力、物力和时间开发新的算法和模型，所以大部分人只能使用现成的模型。

深度学习的思想来源于人脑的启发，但绝不是人脑的模拟。例如，给一个三四岁的小孩看一辆自行车之后，再见到哪怕外观完全不同的自行车，小孩也能做出那是一辆自行车的判断。也就是说，人类的学习过程往往不需要大规模的训练数据，而深度学习更像是将一个个数学公式组合成神经网络，通过概率的大小最终来判断结果的正确与否。由于深度学习依赖数据，并且可解释性不高，所以深度学习虽然能像大脑一样去判断图像、识别声音，但它也并不能做到像人脑一样有意识地判断。

6.1.2　深度学习的前世今生

尽管深度学习似乎是一个新兴的名词，但是它所基于的神经网络模型和数据编程的核心思想人们已经研究了几百年。从古至今，人们一直渴望能够通过数据来预测和分析未来。事实上，数据分析就是大多数自然科学的本质，人类通过发现自然事物中的变化规律，寻找它们的不确定因素，最终推测出与事实相近的结果。其实人们每天观看的天气预报就是通过观测大气的流动，从而计算出未来的天气状况。如何让人类预测的结果更加准确，这就需要观测到的数据以及数据模型更加精准。同样的道理，如果想让机器识别图片更加精准，就需要对模型（也就是神经网络）进行不断优化，使得这个模型能够将误差降到最小。

说到深度学习，就不得不了解一下神经网络，简单来说，神经网络就是模仿人体神经网络创建的一种网络架构。人类的大脑内部有很多神经，人们对这个世界的认知就是依靠神经元的相互作用，人们看到一张照片能分辨出照片中的物体是狗还是猫，看到一段文字能理解文字表达的意思，这都是大脑的神经元在发生作用，大脑神经元如图 6-2 所示。历史上，科学家一直希望模拟人的大脑，造出可以思考的机器。人为什么能够思考？科学家发现，原因在于人体的神经网络。

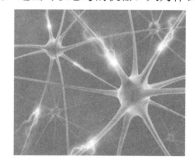
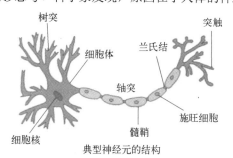

图 6-2　大脑神经元图

根据生物学的相关研究成果，可以知道构成大脑神经元的知识。

1）外部刺激通过神经末梢，转化为电信号，传导到神经细胞（又叫神经元）。

2）无数神经元构成神经中枢。

3）神经中枢综合各种信号，做出判断。

4）人体根据神经中枢的指令，对外部刺激做出反应。

既然思考的基础是神经元，大脑又是由神经元构成的网络，如果人们能够模仿大脑的神经元来创建"人造神经元"，是不是就可以组成人工神经网络，模拟大脑的思考，从而产生某种"智能"？早在 20 世纪 60 年代，人们就提出了最早的"人造神经元"模型，叫作感知器（Perceptron），如图 6-3 所示，直到今天，它仍然是构成神经网络的基础。

图 6-3 中的圆圈代表一个感知器，它接受多个输入（x_1，x_2，…，x_n），产生一个输出（output），就如同神经末梢感受各种外部环境的变化，最后产生电信号。

当然，人体的每个神经元的刺激程度是不一样的，有的神经元可能对某些信号表现得很兴奋，而有的神经元可能对某些信号就表现得抑郁。在宏观层面上，可以通过这些神经元的反应来看出一个人的情绪状况。在感知器中，通常会引入权重（Wight）来代表每个感知器对信号兴奋程度的大小。在现实中，各种因素很少具有同等重要性：某些因素是决定性因素，另一些因素是次要因素。因此，可以给这些因素指定权重，代表它们不同的重要性。

除了神经元的兴奋度之外，每个神经元都有其固定的阈值（Threshold），假设一个神经元从其他多个神经元接收了输入信号，如果所接收的信号之和比较小，没有达到这个神经元固有的阈值，那么这个神经元的细胞体就会忽略这个信号，不做任何反应。对于生命体来说，有了阈值的存在，神经元就会忽略微小的信号，这是十分重要的。如果神经元对于任何信号都表现得非常兴奋，这就会使整个神经系统变得激动，反映到个体上就会使人情绪不稳定，让人异常敏感。

研究者同样将人体神经元的这种性质引入到"人工神经元中"，就得到了新的感知器模型图，如图 6-4 所示。

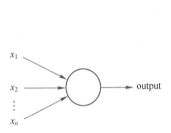

图 6-3　初级感知器模型图

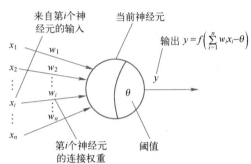

图 6-4　新感知器模型图

图 6-4 中的感知器有 n 个输入 x，通常可以有更多或更少的输入。引入权重 w 表示相应输入 x 对于输出 y 的重要性。神经元的输出 y 由分配权重后的总和小于或者大于阈值决定。和权重一样，阈值是一个实数，是一个神经元的参数。用更精确的代数形式可以表示成如图 6-5 所示的格式。

以上介绍了人体神经元以及人造的感知器。既然大脑是由神经元所构成的网络，那么由一个个感知器所组成的网络，就被称为神经网络。图 6-6 是深度学习的一个计算模型（典型的神经网络），可以明显看出其最大的特点就是模仿人类大脑处理信息的方式。该模型具备以下两大特征。

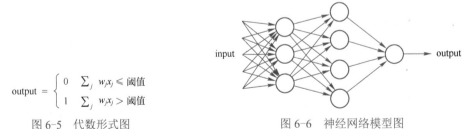

$$output = \begin{cases} 0 & \sum_j w_j x_j \leqslant 阈值 \\ 1 & \sum_j w_j x_j > 阈值 \end{cases}$$

图 6-5　代数形式图

图 6-6　神经网络模型图

1）每个神经元（彼此连接的节点）都通过某种特定的输入函数（即激励函数（Activation Function））计算处理来自其他相邻神经元的加权输入值。

2）神经元之间信息传递的强度用加权值来定义，算法会不断地自我学习并且更新这个加权值。

虽然说神经网络希望无限逼近人脑处理数据的方法，但随着研究的不断变迁，其计算特点与传统生物神经元之间的连接模型日趋渐远，但仍旧保留着最基本的共性：非线性、分布式、并行计算、自适应、自组织。

深度学习的发展不是一蹴而就的，早在 1969 年，Minsky 教授（人工智能研究的先驱者）就一直不太看好神经网络技术（即深度学习的前世），并指出了神经网络技术的局限性，这在某种程度上导致了神经网络的研究进入将近二十年的低潮。

1986 年，Hinton 在自然杂志上发表文章，第一次简洁地阐述了反向传播算法在神经网络模型上的应用。反向传播算法通过在神经网络里增加了一个隐藏层（Hidden Layer），同时解决了感知器无法解决异或门的难题。使用反向传播算法的神经网络在做诸如形状识别之类的简单工作时，效率比感知器大大提高了，此时神经网络的研究开始慢慢复苏。

1989 年，Yann LeCun 发表了"反向传播算法在手写邮政编码上的应用"的论文，他用美国邮政系统提供的近万个手写数字样本来培训神经网络系统，培训好的系统在独立的测试样本中，错误率只有 5%。随后，进一步运用"卷积神经网络"技术，开发商业软件用于读取银行支票上的手写数字，这个支票识别系统在 20 世纪 90 年代末占据了美国近 20%的市场。

早在 1963 年，Vapnik 就提出了支持向量机（Support Vector Machine，SVM）的算法。支持向量机是一种精巧的分类算法。除了基本的线性分类外，在数据样本线性不可分的时候，SVM 使用"核机制（Kernel Trick）"的非线性映射算法，将线性不可分的样本转化到高维特征空间（High-Dimensional Feature Space），使其线性可分。SVM 作为一种分类算法，从 20 世纪 90 年代初开始，在图像和语音识别上有广泛的用途。在贝尔实验室的走廊上，Yann Lecun 和 Vapnik 常常就（深度）神经网络和 SVM 两种技术的优缺点展开热烈的讨论。Vapnik 的观点是：SVM 非常精巧地在"容量调节（Capacity Control）"上选择一个合适的平衡点，而这是神经网络不擅长的。Yann Lecun 的观点是：用有限的计算能力，解决高度复杂的问题，比"容量调节"更重要。支持向量机虽然算法精巧，但其本质就是一个双层神经网络系统。它的最大的局限性在于其"核机制"的选择。当图像识别技术需要忽略一些噪声信号时，卷积神经网络的计算效率要比 SVM 高得多。

与此同时，神经网络的计算在实践中还有另外两个主要问题：算法经常停止于局部最优解，而不是全局最优解，类似于"只见树木，不见森林"；算法的训练时间过长时，会出现过度拟合（Overfit），把噪声当作有效信号。

不管如何，时至今日，深度学习无疑已经成为最热门的 AI 技术之一，也在众多实际应用中大显身手，是每一个 AI 领域的学者都必须掌握的基本技能。

6.1.3　深度学习开发框架

为了实现更为复杂的神经网络模型，如 CNN 或 RNN，深度学习开发框架应运而生。深度学习框架的出现降低了入门深度学习开发的门槛，用户不需要编写复杂的神经网络代码，就可以训练出一套自己的神经网络。做一个简单的比喻，一套深度学习框架就是一个品牌的一套积木，各个组件就是某个模型或算法的一部分，用户可以自己设计方案，然后使用积木去堆砌自己想要的物体。

常见的深度学习框架有谷歌的 TensorFlow、Facebook 的 Caffe 和 PyTorch、亚马逊的 MXNet 以及百度的 PaddlePaddle 等，如图 6-7 所示。这些深度学习框架已被广泛应用于计算机视觉、语音识别、自然语言处理与生物信息学等领域，并获得了极好的效果。每一类框架都以不同的方式进行构建，具有不同的特点。下面具体介绍这些框架和其优缺点。

1．TensorFlow

TensorFlow 是 2015 年 11 月 Google 推出的开源框架，基于 Python 和 C++编写，随着 1.0 版本的公布，Java、Go、R 语言和 Haskell API 的 Alpha 版本也被支持。TensorFlow 最初由 Google 机器智能研究部门的 Google Brain 团队开发，是基于深度学习基础架构 DistBelief 构建

起来的，主要用于机器学习和深度神经网络的研究。由于 Google 在深度学习领域的巨大影响力和强大的推广能力，TensorFlow 一经推出就获得了极大的关注，并迅速成为当今用户最多的深度学习框架。

TensorFlow 由 Tensor 和 Flow 组合而成。Tensor 的本意是张量，张量通常表示多维矩阵。在深度学习项目中，数据大多高于二维，所以利用深度学习处理数据的核心特征来命名，是有意义的。Flow 的本意是流动，它意味着基于数据流图的计算。合在一起，TensorFlow 的意思就是张量从数据流图的一端流动到另一端的计算过程。它生动形象地描述了复杂数据结构在人工神经网络中的流动、传输、分析和处理模式。

TensorFlow 的 logo 也体现了 Tensor 和 Flow 的特点，如图 6-8 所示。图标从右向左看是一个大写的字母 T，对应着 Tensor 的首字母，从左向右看是一个大写的字母 F，对应着 Flow 的首字母。

图 6-7　常见的深度学习框架图　　　　　　　　　图 6-8　TensorFlow 的 logo

目前，TensorFlow 获得了极大的成功，具体优点如下。①TensorFlow 自带 Tensorboard 可视化工具，能够让用户实时监控观察训练过程；②拥有大量的开发者，有详细的说明文档、可查询资料多；③支持多 GPU、分布式训练，跨平台运行能力强；④具备不局限于深度学习的多种用途，还有支持强化学习和其他算法的工具。

当然对 TensorFlow 的批评也不绝于耳，总结起来主要有以下四点。

1）过于复杂的系统设计。TensorFlow 在 GitHub 的总代码量超过 100 万行。这么大的代码仓库，对于项目维护者来说，维护成为一个非常复杂的任务，而对读者来说，学习 TensorFlow 底层运行机制更是一个极其痛苦的过程。

2）频繁变动的接口。TensorFlow 的接口一直处于快速迭代之中，并且没有很好地考虑向后兼容性，这导致现在许多开源代码已经无法在新版的 TensorFlow 上运行，同时也间接导致了许多基于 TensorFlow 的第三方框架出现漏洞。

3）接口设计过于晦涩难懂。在设计 TensorFlow 时，创造了图、会话、命名空间、PlaceHolder 等诸多抽象概念，对普通用户来说难以理解。同一个功能，TensorFlow 提供了多种实现，这些实现良莠不齐，使用中还有细微的区别，很容易使用户分辨不清。

4）文档混乱脱节。TensorFlow 作为一个复杂的系统，文档和教程众多，但缺乏明显的条理和层次，虽然查找很方便，但用户却很难找到一个真正循序渐进的入门教程。由于直接使用 TensorFlow 的生产效率过于低下，包括 Google 官方等众多开发者尝试基于 TensorFlow 构建一个更易用的接口，包括 Keras、Sonnet、TFLearn、TensorLayer、Slim、Fold、PrettyLayer 等数不胜数的第三方框架每隔几个月就会在新闻中出现一次，但又大多归于沉寂，至今 TensorFlow 仍没有一个统一易用的接口。

　　凭借 Google 强大的推广能力，TensorFlow 已经成为当今最炙手可热的深度学习框架，但是由于自身的缺陷，TensorFlow 离最初的设计目标还很遥远。另外，由于 Google 对 TensorFlow 略显严格的把控，目前各大公司都在开发自己的深度学习框架。

2. Caffe

　　Caffe（Convolutional Architecture for Fast Feature Embedding）是一个清晰、高效的深度学习框架，最初由贾扬清在加州大学伯克利分校攻读博士期间创建该项目，核心开发语言是 C++。它支持命令行、Python 和 MATLAB 接口。Caffe 的一个重要特色是可以在不编写代码的情况下训练和部署模型，凭借其易用性、简洁明了的源码、出众的性能和快速的原型设计获取了众多用户。Caffe 的 logo 如图 6-9 所示。

　　贾扬清从加州大学伯克利分校毕业后加入了 Google，参与过 TensorFlow 的开发，后来离开 Google 加入了 Facebook，担任工程主管，并与他的团队开发了 Caffe2。Caffe2 是一个兼具表现力、速度和模块性的开源深度学习框架，它沿袭了大量的 Caffe 设计，可解决多年来在 Caffe 的使用和部署中发现的瓶颈问题，Caffe2 的 logo 如图 6-10 所示。Caffe2 的设计追求轻量级，在保有扩展性和高性能的同时，Caffe2 也强调了便携性。Caffe2 从一开始就以性能、扩展、移动端部署作为主要的设计目标。

　　Caffe2 继承了 Caffe 的优点，在速度上令人印象深刻。Facebook 人工智能实验室与应用机器学习团队合作，利用 Caffe2 大幅加速机器视觉任务的模型训练过程，仅需 1h 就训练完 ImageNet 这样超大规模的数据集。然而尽管如此，Caffe2 仍然是一个不太成熟的框架，官网至今没提供完整的文档，安装也比较麻烦，编译过程时常出现异常，在 GitHub 上也很少找到相应的代码。

　　尽管在极盛的时候，Caffe 占据了计算机视觉研究领域的半壁江山。但是在深度学习新时代到来之时，Caffe 已经表现出明显的力不从心，诸多问题逐渐显现，包括灵活性缺失、扩展难、依赖众多、环境难以配置、应用受局限等。虽然如今 Caffe 已经很少用于学术界，但是仍有不少计算机视觉相关的论文使用 Caffe。由于其稳定、出众的性能，不少公司还在使用 Caffe 部署模型。Caffe2 尽管做了许多改进，但还远没有达到替代 Caffe 的地步。

3. PyTorch

　　PyTorch 是一个基于 Torch 开发，从并不常用的 Lua 语言转为 Python 语言开发的深度学习框架，它由 Facebook 的人工智能研究小组在 2016 年 10 月发布，是一款专注于直接处理数组表达式的低级 API。PyTorch 支持动态计算图，为更具数学倾向的用户提供了更低层次的方法和更多的灵活性。目前，许多新发表的论文都采用 PyTorch 作为论文的实现工具，成为学术研究的首选解决方案。PyTorch 的 logo 如图 6-11 所示。

Caffe　　　　　　**Caffe**2　　　　　　ⓤ **PyTorch**

图 6-9　Caffe 的 logo　　　　图 6-10　Caffe2 的 logo　　　　图 6-11　PyTorch 的 logo

下面是许多研究人员选择 PyTorch 的原因。

1）简洁易用。更少的抽象，更直观的设计，建模过程简单透明，所思即所得，PyTorch 的源码甚至比许多框架的文档更容易理解。

2）速度快。PyTorch 的灵活性不以速度为代价，在许多评测中，PyTorch 的速度表现胜过 TensorFlow 等框架。框架的运行速度和程序员的编码水平有极大关系，但同样的算法，使用 PyTorch 实现更有可能快过用其他框架实现的。

3）活跃的社区。PyTorch 提供了完整的文档、循序渐进的指南。Facebook 人工智能研究院（FAIR）对 PyTorch 提供了强力支持，作为当今排名前三的深度学习研究机构，FAIR 的支持足以确保 PyTorch 获得持续的开发更新，不至于像许多由个人开发的框架那样昙花一现。

当然 PyTorch 也存在不足：①无可视化接口和工具；②导出模型不可移植，工业部署不成熟；③代码冗余量较大。

4．MXNet

MXNet 是一个深度学习库，支持 C++、Python、R、Scala、Julia、MATLAB 及 JavaScript 等语言，支持命令和符号编程，可以运行在 CPU、GPU、集群、服务器、台式机或者移动设备上。MXNet 是 CXXNet 的下一代，CXXNet 借鉴了 Caffe 的思想，但是在实现上更干净。在 2014 年的 NIPS 上，同为上海交大校友的陈天奇与李沐碰头，讨论到各自在做深度学习 Toolkits 的项目组，发现大家普遍在做很多重复性的工作，如文件 loading 等。于是他们决定组建 DMLC（Distributied（Deep）Machine Learning Community），号召大家一起合作开发 MXNet，发挥各自的特长，避免重复造轮子。图 6-12 显示的是 MXNet 的 logo。

MXNet 以其超强的分布式支持、对内存和显存出色的优化为人所称道。同样的模型，MXNet 往往占用更小的内存和显存，并且在分布式环境下，MXNet 展现出了明显优于其他框架的扩展性能。由于 MXNet 最初由一群学生开发，缺乏商业应用，极大地限制了 MXNet 的使用。2016 年 11 月，MXNet 被 AWS 正式选择为其云计算的官方深度学习平台。2017 年 1 月，MXNet 项目进入 Apache 基金会，成为 Apache 的孵化器项目。

尽管 MXNet 拥有众多的接口，也获得了不少人的支持，但其始终处于一种不温不火的状态。这在很大程度上归结于其推广程度不够以及接口文档不够完善。MXNet 长期处于快速迭代的过程，其文档却长时间未更新，导致新手难以掌握 MXNet，老用户常常需要查阅源码才能真正理解 MXNet 接口的用法。

为了完善 MXNet 的生态圈，推广 MXNet，MXNet 先后推出了包括 MinPy、Keras 和 Gluon 等诸多接口，但前两个接口目前基本停止了开发，Gluon 模仿 PyTorch 的接口设计，MXNet 的作者李沐更是亲自上阵，在线讲授如何从零开始使用 Gluon 学习深度学习，诚意满满，吸引了许多新用户。

5．PaddlePaddle

PaddlePaddle 是由百度自主研发的开源深度学习平台，是主流深度学习框架中唯一一款完全国产化的产品，与 Google 的 TensorFlow、Facebook 的 PyTorch 齐名。它的中文名字为飞桨。正如它的 logo 一样，看似像是很多人在划桨，如图 6-13 所示。2016 年飞桨正式开源，是全面开源开放、技术领先、功能完备的产业级深度学习平台。

图 6-12　MXNet 的 logo　　　　　图 6-13　PaddlePaddle 的 logo

飞桨在刚发布的时候并不被人们看好，但是近年来在关于语义识别的项目中，其他框架支持中文的模型实在是少得可怜，而飞桨基于 BERT 的 ERNIE 模型取得了较好的效果，部署也比较方便，从此也让人们对其刮目相看。

在功能上，飞桨同时支持动态图和静态图，能方便地调试模型，方便地部署，非常适合业务应用的落地实现。飞桨也已经支持数百个节点的高效并行训练。可以说在过去两年的时间里，深度学习领域在大规模地落地应用，各家框架也都在快速发展，百度的飞桨也是这个阶段发展较快的框架，甚至是发展更快的 AI 开发生态。

飞桨简单易用，即可以通过简单的数十行配置搭建经典的神经网络模型；飞桨也是高效强大的，即它可以支撑复杂集群环境下超大模型的训练，令用户受益于深度学习的前沿成果。在百度内部，已经有大量产品线使用了基于飞桨的深度学习技术。当然相对于国外比较成熟的深度学习来说，飞桨也有自己的不足，单从社区活跃量而言，相对于谷歌的 TensorFlow 还是有较大的差距。各个深度学习框架发展时间轴如图 6-14 所示。

图 6-14　深度学习框架发展时间轴

得益于深度学习框架发展初期各家为更好地推动技术发展而造就的开源生态模式，如今，深度学习框架百花齐放，百家争鸣，快速推动了深度学习技术在工业界的落地应用。深度学习框架众多，但并无最好与最坏之分。最重要的还是要深刻理解神经网络的基本概念，根据自己想要实现网络的类型，基于自己擅长的编程语言，考虑项目本身的特点和目标，选择最适合自己的框架。

6.2　卷积神经网络

卷积神经网络（Convolutional Neural Networks，CNN）是一类包含卷积计算且具有深度结构的前馈神经网络（Feedforward Neural Networks），是深度学习的代表算法之一。卷积神经网络具有表征学习（Representation Learning）能力，能够按其阶层结构对输入信息进行平移不变分类（Shift-Invariant Classification），因此也被称为平移不变人工神经网络（Shift-Invariant Artificial Neural Networks，SIANN）。

本节主要介绍 CNN 的来龙去脉，从 CNN 的提出，到 CNN 的结构层级，再到经典卷积模型的具体应用，从而使读者认识 CNN 的核心思想。

6.2.1　卷积神经网络的提出

1962 年，Hubel 和 Wiesel 通过对猫脑视觉皮层的研究，首次提出了一种新的概念"感受野

（Receptive Field）"，这对后来人工神经网络的发展有重要的启示作用。感受野是卷积神经网络每一层输出特征图（Feature Map）上的像素点在输入图片上映射的区域大小。再通俗点的解释是，特征图上的一个点对应输入图上的区域。1980 年，Fukushima 基于生物神经学的感受野理论提出了神经认知机和权重共享的卷积神经层，这被视为卷积神经网络的雏形。1989 年，Yann LeCun 结合反向传播算法与权值共享的卷积神经层发明了卷积神经网络，并首次将卷积神经网络成功应用到美国邮局的手写数字识别系统中。1998 年，Yann LeCun 提出了卷积神经网络的经典网络模型 LeNet-5，并再次提高手写数字识别的正确率。

对卷积神经网络的研究始于 20 世纪 80—90 年代，时间延迟网络和 LeNet-5 是最早出现的卷积神经网络。在 21 世纪后，随着深度学习理论的提出和数值计算设备的改进，卷积神经网络得到了快速发展，并被应用于计算机视觉、自然语言处理等领域。

6.2.2　卷积神经网络结构

与传统的全连接神经网络相比，CNN 的层级结构具有层内的卷积核参数共享和层间连接的稀疏性两个特点，使得其能够以较小的计算量达到稳定的学习效果且对数据没有额外的特征工程要求，这样大大减少了需要训练参数的数量。

卷积神经网络的结构主要包含五层：①输入层（Input Layer），用于数据的输入；②卷积层（Convolution Layer），使用卷积核进行特征提取和特征映射；③激励层（ReLU Layer），由于卷积也是一种线性运算，因此需要增加非线性映射；④池化层（Pooling Layer），进行下采样，对特征图稀疏处理以减少运算量；⑤全连接层（Fully Connected Layer），通常在 CNN 的尾部进行重新拟合，减少特征信息的损失。

（1）输入层

卷积神经网络的输入层可以处理多维数据，常见的一维卷积神经网络的输入层接收一维或二维数组，其中一维数组通常为时间或频谱采样，二维数组可能包含多个通道；二维卷积神经网络的输入层接收二维或三维数组；三维卷积神经网络的输入层接收四维数组。

与其他神经网络算法类似，由于使用梯度下降算法进行学习，卷积神经网络的输入特征需要进行标准化处理。在将学习数据输入卷积神经网络前，需在通道或时间/频率维对输入数据进行归一化，若输入数据为像素，也可将分布于图像上的原始像素值归一化至区间。输入特征的标准化有利于提升卷积神经网络的学习效率和表现。

（2）卷积层

卷积层是 CNN 的核心，其主要过程是滑动窗口扫描图像，也就是图像像素与卷积核进行加权求和，这个过程与滤波器滤波时的操作相似。卷积的目的是提取图像特征，利用若干卷积核通过局部连接和权值共享训练提取图像特征。在具体应用中，往往有多个卷积核，可以认为，每个卷积核代表一种图像模式，如果某个图像块比此卷积核卷积出的值大，则认为此图像块十分接近于此卷积核。如果设计了 6 个卷积核，可以理解为这个图像上有 6 种底层纹理模式，也就是用 6 种基础模式就能描绘出一副图像。

卷积过程如图 6-15 所示，输入一张 5×5 大小的灰度图像，卷积核的尺寸为 3×3，步长为 2，卷积核在灰度图像矩阵上做滑动和计算，将卷积核中每个参数和图像矩阵中每个像素点的像素值相乘然后加上偏置参数，最后取和得到右边的结果。

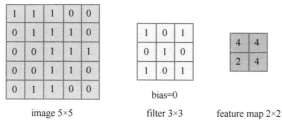

图 6-15　卷积过程

（3）激励层

激励层负责把卷积层输出结果做非线性映射，CNN 采用的激励函数一般为修正线性单元（The Rectified Linear Unit，ReLU）函数，即 $f(x)=\max(x,0)$。它的特点是收敛快，求梯度简单。

（4）池化层

池化层是 CNN 中很重要的一层，通常与卷积层成对出现，其目的和作用是对卷积层输出的特征图进行深度不变的降维。之所以这么做，是因为即使做完了卷积，图像仍然很大（因为卷积核比较小），所以为了降低数据维度，就进行下采样。池化层在提取了主要特征的同时对数据量进行了缩减，降低卷积神经网络计算的复杂度，公式为

$$a_n^l = f\left(r_n^l \times \frac{1}{s^2} \sum_{s \times s} a_n^{l-1} + b_n^l \right)$$

式中，s 代表所选池化模板；r_n^l 是模板的权值。按照 r_n^l 的不同运算方式，可以把池化分成平均池化、最大池化与随机池化等。本文采用的是最大池化。

如图 6-16 所示，选用 2×2 尺寸的池化滤波器模板，通过区域不重复的最大池化操作，也就是将模板内的图像特征矩阵中的像素值按照大小进行排序，选择数值最大的像素值作为最后的结果，最终把一张尺寸为 4×4 的特征图矩阵转化为尺寸为 2×2 的矩阵，像素点个数由 16 个减少为 4 个，池化后的维数得到了降低，且出现过拟合的可能性大大降低，有利于减少计算量和增强 CNN 的鲁棒性。

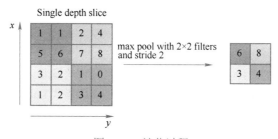

图 6-16　池化过程

（5）全连接层

全连接层是指该层的每个节点都和上一层的节点进行了连接，把上一层输出的特征全部进行综合，因此该层的权值参数最多。全连接层也是卷积神经网络的最后一层，经过卷积层和池化层处理过的数据输入到全连接层，得到最终想要的结果。由卷积层和池化层降维过的数据，全连接层才能进行处理，否则会因为数据量太大，导致计算成本高，效率低下。全连接层将每个节点相互连接起来做内积运算，一般分为两层。第一层全连接层链接前一层的输出，接着与第二层全连

接层进行逻辑处理，最后将输出值送出给分类器进行分类。

图 6-17 中连线最密集的两个地方就是全连接层，很明显可以看出全连接层的参数很多。其具体原理是将每个节点和上一层的特征做线性加权求和，上一层输出的每个节点与权重系数相乘，再加上偏置值。在图 6-17 中，全连接第一层的输入为 60×2×2 个神经元，输出为 1000 个节点，那么共需 600×2×2×1000=2400000 个权值参数和 1000 个偏置。

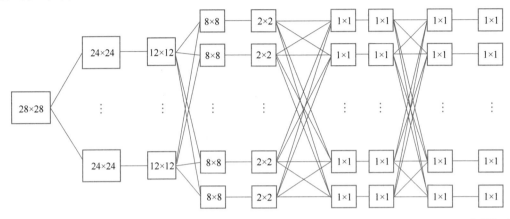

图 6-17　全连接过程

6.2.3　经典卷积模型

随着 DL 的发展，CNN 发展的过程中经历了很多革命性的创新，研究人员提出了很多模型，出现了很多优秀的网络结构。其中一些设计方式取得了很好的效果，也为其他科研工作者提供了很好的思路。CNN 的经典模型始于 1998 年的 LeNet-5，成于 2012 年历史性的 AlexNet，从此广泛用于图像相关领域。经典卷积模型主要包括 LeNet-5、AlexNet、ZF-Net、GoogLeNet、VGGNet、Deep Residual Learning、ResNet。经过科研工作者的反复验证及广泛使用，这些模型逐渐成为经典，这里主要对常用模型进行介绍。

1．LeNet-5

LeNet-5 是最早提出的一种 CNN，推动了深度学习领域的发展。LeNet-5 是 Yann LeCun 等人在多次研究后提出的最终卷积神经网络结构，一般 LeNet 即指代 LeNet-5。

1989 年，Yann LeCun 等人在贝尔实验室的研究首次对反向传播算法进行了实际应用，并且认为学习网络泛化的能力可以通过提供来自任务域的约束来大大增强。他们将使用反向传播算法训练的卷积神经网络结合到读取手写数字上，并成功应用于识别美国邮政服务提供的手写邮政编码数字，这即是后来被称为 LeNet 的卷积神经网络的雏形。

1990 年他们发表的论文再次描述了反向传播网络在手写数字识别中的应用，他们仅对数据进行了最小限度的预处理，而模型则是针对这项任务精心设计的，并且对其进行了高度约束。输入数据由图像组成，每张图像上包含一个数字，在美国邮政服务提供的邮政编码数字数据上的测试结果显示该模型的错误率仅有 1%，拒绝率约为 9%。

其后 8 年他们的研究一直在继续，直到 1998 年，Yann LeCun、Leon Bottou 等在发表的论文中回顾了应用于手写字符识别的各种方法，并用标准手写数字识别基准任务对这些模型进行了比较，结果显示卷积神经网络的表现超过了其他所有模型。他们同时还提供了许多神经网络实际应用的例子，如两种用于在线识别手写字符的系统和能每天读取数百万张支票的模型。他们的研究取得了巨大的成功，并且激起了大量学者对神经网络研究的兴趣。回首过去，目前性能最好的神经网络架构已与 LeNet 不尽相同，但这个网络是大量神经网络架构的起点，并且也给这个领域带来了许多灵感。

LeNet-5 是用来处理手写字符的识别问题的，总共有 7 层（不包括输入），每一层都包含可训练参数（权重）。首先由两组卷积和平均池化层组成，然后是平坦的卷积层，接着是两个完全连接的层，最后是 SoftMax 分类器，如图 6-18 所示。下面将逐层介绍 LeNet-5 的结构，卷积层用 Cx 表示，子采样层被标记为 Sx，完全连接层被标记为 Fx，其中 x 是层索引。

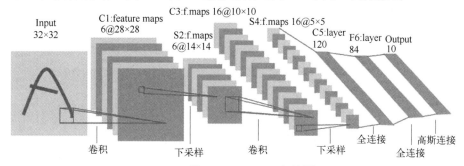

图 6-18　LeNet-5 架构图

（1）C1 层-卷积层

LeNet-5 的输入是一个 32×32 灰度图像，该图像通过的第一卷积层（也称之为 C1 层），具有 6 个特征图或过滤器，尺寸为 5×5，跨度为 1。图像尺寸从 32×32×1 更改为 28×28×6。如图 6-19 所示。

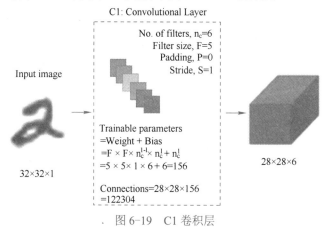

图 6-19　C1 卷积层

（2）S2 层-池化层

S2 层是输出 6 个大小为 14×14 的特征图的子采样层（Subsampling/Pooling）。每个特征图中的每个单元连接到 C1 层中的对应特征图中的 2×2 个邻域。S2 层中单位的四个输入相加，然后乘以可训练系数（权重），再加可训练偏差（Bias），最后结果通过 S 型函数传递。由于 2×2 个感受域不重叠，因此 S2 中的特征图只有 C1 中的特征图的一半行数和列数。S2 层有 12 个可训练参数和 5880 个连接，如图 6-20 所示。

（3）C3 层–卷积层

C3 层是具有 16 个 5×5 卷积核的卷积层。前六个 C3 特征图的输入是 S2 中的三个特征图的每个连续子集，其后的六个特征图的输入则来自四个连续子集的输入，接下来的三个特征图的输入来自不连续的四个子集，最后一个特征图的输入来自 S2 所有特征图。C3 层有 1516 个可训练参数和 1516000 个连接，如图 6-21 所示。

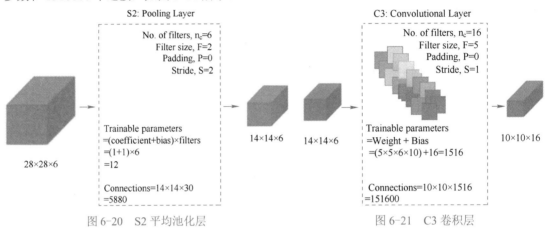

图 6-20 S2 平均池化层   图 6-21 C3 卷积层

（4）S4 层–池化层

S4 层同样是池化层，连接的方式与 S2 层类似，大小为 2×2，输出为 16 个 5×5 的特征图。S4 层有 32 个可训练参数和 2000 个连接，如图 6-22 所示。

（5）C5 层–卷积层

C5 层是具有 120 个大小为 5×5 的卷积核的卷积层。每个单元连接到 S4 的所有 16 个特征图上的 5×5 邻域。这里，因为 S4 的特征图大小也是 5×5，所以 C5 的输出大小是 1×1。因此，S4 和 C5 之间是完全连接的。C5 被标记为卷积层，而不是完全连接层，是因为如果 LeNet-5 输入变得更大而其结构保持不变，则其输出大小会大于 1×1，即不是完全连接的层。C5 层有 48120 个可训练连接，如图 6-23 所示。

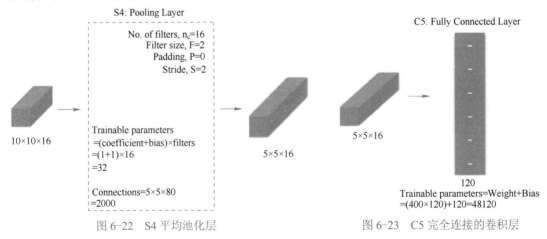

图 6-22 S4 平均池化层   图 6-23 C5 完全连接的卷积层

（6）F6 层-全连接层

F6 层是全连接层，它完全连接到 C5 层，输出 84 张特征图。它有 10164 个可训练参数。这里 84 与输出层的设计有关，如图 6-24 所示。

（7）Output 层-全连接层

最后一层为 Output 层，Output 层也是全连接层，共有 10 个节点，分别代表数字 0～9，采用的是径向基函数（RBF）的网络连接方式，如图 6-25 所示。

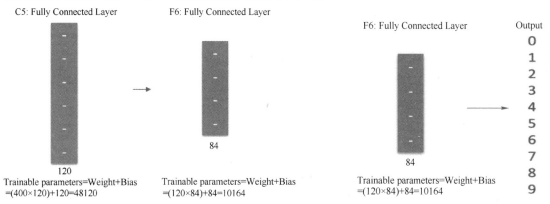

图 6-24　F6 完全连接的层　　　　　　　　　　　　图 6-25　完全连接的输出层

尽管 LeNet 是大量神经网络架构的起点，但是它的设计较为简单，因此其处理复杂数据的能力有限。此外，在近年来的研究中许多学者已经发现全连接层的计算代价过大，而使用全部由卷积层组成的神经网络。

2. AlexNet

第一个典型的 CNN 是 LeNet-5 网络结构，但是第一个引起大家注意的网络结构却是 AlexNet，AlexNet 在 2012 年的 ImageNet 竞赛中取得冠军，它的作者是多伦多大学的 Alex Krizhevsky 等人，由于这个结构是 Alex 首先提出，因此该网络结构被称为 AlexNet。AlexNet 网络结构在整体上类似于 LeNet，都是先卷积然后再全连接，但在细节上有很大不同，AlexNet 更为复杂。AlexNet 有 6000 万个参数和 65000 个神经元，五层卷积，三层全连接网络，最终的输出层是 1000 通道的 SoftMax，AlexNet 的网络结构如图 6-26 所示。由于篇幅有限，就不再一一介绍每一层的含义。AlexNet 利用两块 GPU 进行计算，大大提高了运算效率，并且在 ILSVRC-2012 竞赛中，Top5 预测的错误率为 15.3%，远超第二名的 26.2%。

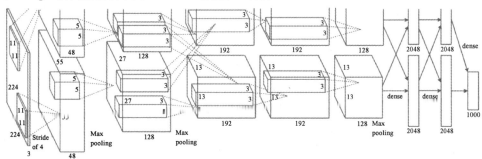

图 6-26　AlexNet 的网络结构

3．GoogLeNet

GoogLeNet 是谷歌团队为了参加 ILSVRC-2014 比赛而精心准备的网络结构，为了达到最佳性能，除了使用上述的网络结构外，还做了大量的辅助工作，包括训练多个 Model 求平均、裁剪不同尺度的图像做多次验证等。GoogLeNet 是一个 22 层的深度网络结构，在 2014 年 ILSVRC 竞赛中，将 Top5 的错误率降低到 6.67%，成为当年挑战赛的冠军。其起名为"GoogLeNet"而非"GoogleNet"，是为了向早期的 LeNet 致敬。GoogLeNet 的整体结构如图 6-27 所示，从这个结构图中可以发现几个特点。

1）GoogLeNet 采用了模块化的结构，方便增添和修改。

2）网络最后采用了 Average Pooling 来代替全连接层，事实证明可以将 Top1 准确率提高 0.6%。但是，实际在最后还是加了一个全连接层，主要是为了方便以后的数据微调。

3）虽然移除了全连接，但是网络中依然使用了 Dropout。

4）为了避免梯度消失，网络额外增加了两个辅助的 SoftMax 用于向前传导梯度。这两个辅助分类器的 loss 应该加一个衰减系数，但看 Caffe 中的 Model 也没有加任何衰减。此外，实际测试的时候，这两个额外的 SoftMax 会被去掉。

4．VGGNet

VGGNet 是牛津大学计算机视觉组（Visual Geometry Group）和 Google DeepMind 公司的研究员一起研发的深度卷积神经网络。在 ILSVRC-2014 的比赛中取得了分类项目的第 2 名和定位项目的第 1 名。VGGNet 探索了卷积神经网络的深度与其性能之间的关系，通过反复堆叠 3×3 的小型卷积核和 2×2 的最大池化层，VGGNet 成功地构筑了 16～19 层深的卷积神经网络，如图 6-28 所示。同时 VGGNet 的拓展性很强，迁移到其他图片数据上的泛化性非常好。VGGNet 的结构非常简洁，整个网络都使用了同样大小的卷积核尺寸（3×3）和最大池化尺寸（2×2）。到目前为止，VGGNet 依然经常被用来提取图像特征。VGGNet 训练后的模型参数在其官方网站上开源了，可用来在特定的图像分类任务上进行再训练（相当于提供了非常好的初始化权重），因此被用在了很多地方。

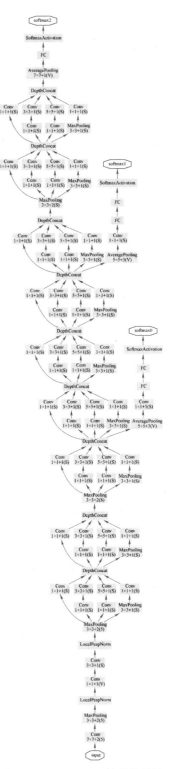

图 6-27　GoogLeNet 的整体结构

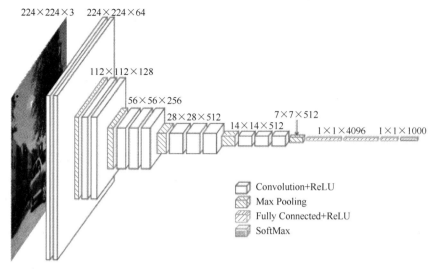

图 6-28 VGGNet 的结构图

5．ResNet

深度残差网络（Deep Residual Networks，ResNet）是为了解决深度神经网络（DNN）隐藏层过多时的网络退化问题而提出的。退化（Degradation）问题是指当网络隐藏层变多时，网络的准确度达到饱和然后急剧退化，而且这个退化不是由于过拟合引起的。由于 Kaiming He 等人凭借 ResNet 夺得 CV 多个比赛项目的冠军，ResNet 获得广泛关注，人们用这个结构解决了训练极深网络时的退化问题。之后还提出了一系列改进的方法，如宽残差网络等，并且对其可视化也做了相关研究。深度残差网络在计算机视觉方面非常流行，目前在机器翻译、语音合成、语音识别、阿尔法狗和视频理解等任务中也有应用。

6.3　循环神经网络

循环神经网络（Recurrent Neural Network，RNN）是一类用于处理序列数据的神经网络，RNN 背后的思想就是利用顺序信息，它是根据"人的认知是基于过往的经验和记忆"这一观点而提出的。卷积神经网络（CNN）的前一个输入和后一个输入是没有关系的，但是当人们处理序列信息的时候，某些前面的输入和后面的输入是有关系的。例如，当理解一句话的意思时，孤立地理解这句话的每个词是不够的，需要处理这些词连接起来的整个序列，这个时候就需要使用 RNN 来完成。

本节将详细讲解深度学习的另一个重要的神经网络 RNN，RNN 的基本原理及其独特的价值，RNN 的基本结构，RNN 的高级形式，RNN 的训练模式。

6.3.1　RNN 基本原理

在传统的神经网络中，假设所有输入（和输出）彼此独立，但是对于许多任务来说，这并不能满足其需求。如果想预测句子中的下一个单词，最好知道哪个单词在它之前出现。RNN 之所以被称为循环神经网路，是因为它对序列的每个元素执行相同的任务，并且输出取决于先前的计算。

CNN和普通的神经网络算法大部分的输入和输出是一一对应的，也就是一个输入得到一个输出，不同的输入之间是没有联系的。但是在某些场景中，一个输入就不够了，很多元素都是相互连接的，例如股票随时间的变化；再如一个人说："我喜欢旅游，最喜欢的地方是成都，以后有机会一定要去____"。这里是填空，很容易得出这里填"成都"。因为这是根据上下文的内容推断出来的，但机器要做到这一步就相当困难了。因此，就有了循环神经网络（RNN），RNN 的本质是让机器像人一样拥有记忆的能力，它的输出依赖当前的输入和记忆。

RNN 具有"内存"，可以捕获当前已计算出的内容信息。与 CNN 不同的是，RNN 不仅考虑前一时刻的输入，而且赋予了网络对前面内容的一种"记忆"功能。具体的表现形式为网络会对前面的信息进行记忆并应用于当前输出的计算中，即隐藏层之间的节点不再无连接而是有连接的，并且隐藏层的输入不仅包括输入层的输出还包括上一时刻隐藏层的输出，这就是 RNN 的基本原理。

6.3.2　RNN 的基本结构

从基础的神经网络中知道，神经网络包含输入层、隐藏层、输出层，通过激活函数控制输出，层与层之间通过权值连接。激活函数是事先确定好的，那么神经网络模型通过训练学到的东西就蕴含在"权值"中。传统神经网络的结构比较简单，一般为输入层→隐藏层→输出层。如图 6-29 所示。

基础的神经网络只在层与层之间建立了权值连接，RNN 与传统神经网络最大的区别在于每次都会将前一次的输出结果带到下一次的隐藏层中一起训练，如图 6-30 所示。

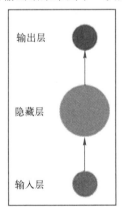

图 6-29　传统神经网络的结构图　　　　　图 6-30　RNN 的基本结构

在 RNN 的基本网络结构图中，x 是输入层的值，s 表示隐藏层的值，U 是输入层到隐藏层的权重矩阵，O 是输出层的值，V 是隐藏层到输出层的权重矩阵。循环神经网络隐藏层的值 s 不仅取决于当前这次的输入 x，还取决于上一次隐藏层的值 s。权重矩阵 W 就是隐藏层上一次的值作为这一次输入的权重。这些循环使 RNN 看似有些神秘，但是，它们与一般的神经网络也有相似之处。RNN 可以被认为是同一个网络的多个副本，每个网络都传递一个消息给后继者，如果展开循环就会发现，这种链状的特性揭示了 RNN 与序列和列表密切相关，如图 6-31 所示。其中每个圆圈可以看作是一个单元，而且每个单元做的事情也是一样的，因此可以折叠成左半图的样子。用一句话解释 RNN，就是一个单元结构重复使用。

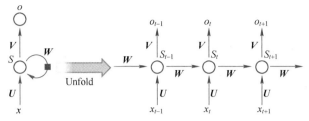

图 6-31　RNN 层级展开图

在 RNN 的层级展开图中，$t-1$、t、$t+1$ 表示时间序列，X_t 表示 t 时刻输入的样本，S_t 表示样本在时间 t 处的记忆，这就是网络的"内存"，它是根据先前的隐藏状态和当前步骤的输入来计算的，计算公式为

$$S_t = f(U_{x_t} + W_{S_t} - 1)$$

公式中的函数 f 通常是诸如 tanh 或 ReLU 之类的非线性函数。W 表示输入的权重，U 表示此刻输入样本的权重。例如，如果要预测句子中的下一个单词，那么它将是整个词汇表中概率的向量。如果对这个图还是不太清楚，那么就用考试来加深理解。

1）可以把 S_t 当作隐藏状态，捕捉了之前时间点上的信息。就像考试一样，考试之前记住所能记住的考试知识点。

2）o_t 是由当前时间以及之前所有的记忆得到的。就像考试时做的卷子，所写的答案是根据考前的记忆得到的。

3）很可惜的是，S_t 并不能捕捉之前所有时间点的信息。就像考试时并不能记住所有的知识点一样。

4）和卷积神经网络（CNN）类似，这里的网络中每个神经元都共享了一组参数（U，V，W），这样就能极大地降低计算量。就像数学考试中，可以使用同一个数学公式进行计算。

5）o_t 在很多情况下都是不存在的，因为很多任务（如文本情感分析）都是只关注最后的结果。就像高考之后选择学校，学校只会关注最后所考的分数，而不会考虑中间的过程。

通过这样的对比和分析，相信读者对 RNN 的结构有了基本的了解，接下来继续介绍 RNN 的高级形式。

6.3.3　RNN 的高级形式

RNN 的优点之一就是 RNN 会像人一样对先前发生的事件产生记忆，利用 RNN 内部的记忆来处理任意时序的输入序列，这让 RNN 可以更容易地处理文本摘要、语音识别、机器翻译、阅读理解等应用场景。但是，一般形式的 RNN 有时候会比较"健忘"。在某些情况下，人们需要更多的上下文信息。想象现在有这样一个 RNN，想要预测下面这个句子的最后一个单词："I grew up in China … I speak fluent ＿＿＿＿"。根据前面的信息"I speak fluent"可以知道下一个单词应该是一种语言，要确定是哪种语言就必须从更前面的语句"I grew up in China"中得到更多的信息。但是很有可能发生的情况是，相关信息与需要信息之间的距离非常大，当距离不断增加时，RNN 就会变得无法识别相关信息，从而导致预测的结果出现错误。

通过 RNN 的学习过程，来分析一下为什么会出现这种情况。假设上面给的例子是一段话，所填单词和相关单词之间有很多无关的句子，RNN 在学习上面那段话时，"China"这个相关信息的记忆要经过长途跋涉才能抵达最后一个时间点，然后会得到一个误差结果，而且在反向传递得到误差的时候，每一步都会乘以一个神经元的权值 **W**。如果这个 **W** 是一个小于 1 的数，当误差传到初始时间点时，结果将会是一个接近于零的值，所以对于初始时刻，这个误差相当于就消失了，人们把这个问题叫作梯度消失或者梯度弥散（Gradient Vanishing）。反之，如果 **W** 是一个大于 1 的数，经过不断的累乘，最终误差的结果也会变成一个无穷大的值，这种情况称为梯度爆炸（Gradient Exploding）。这是普通 RNN 没有办法回忆起久远记忆的原因。为了解决这个问题，长短期记忆网络（Long Short Term Memory Networks，LSTM）和门控循环神经网络（Gated Recurrent Unit，GRU）就此诞生，它们具有闸门，可以通过学习的门来调节信息的流动，从而更好地捕捉时间序列中相关信息距离较大的问题。

1. 长短期记忆网络（LSTM）

长短期记忆网络是 RNN 的一种特殊形式，它的特点就是能够学习长距离依赖关系。LSTM 由 Hochreiter 和 Schmidhuber 于 1997 年首先提出，之后被很多学者改善和推广。它在很多问题上都得到很好的表现，现在被广泛使用。LSTM 的结构图如图 6-32 所示。

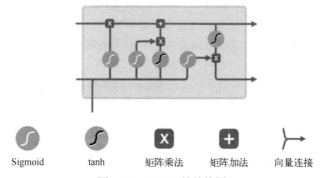

Sigmoid　　　tanh　　　矩阵乘法　　　矩阵加法　　　向量连接

图 6-32　LSTM 的结构图

LSTM 具有与 RNN 类似的控制流，它们的区别在于 LSTM 引入了三个"控制器"门，即遗忘门（Forget Gate）、输入门（Input Gate）和输出门（Output Gate）。门是一种让信息选择式通过的方法，它们包含一个 Sigmoid 神经网络层和一个按位乘法操作。门的结构如图 6-33 所示，这些门可以使 LSTM 有针对性地保留相关信息或者遗忘不相关的数据。

相比 RNN 来说，LSTM 多了一个控制全局的记忆。为了方便理解，可以把 LSTM 想象成电影当中的主线剧情，而原本的 RNN 就是分线剧情，三个控制门都是在原始的 RNN 体系之上。先看输入方面，如果此时的分线剧情对于剧终结果十分重要，那么输入门就会将这个分线剧情按重要程度写入主线剧情进行分析。再看遗忘方面，如果此时的分线剧情更改了之前剧情的想法，

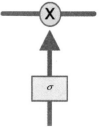

图 6-33　门的结构图

那么遗忘门就会将之前的某些主线剧情忘记，然后按比例替换成现在的新剧情，所以主线剧情的更新就取决于输入门和遗忘门。最后的输出方面，输出门会基于目前的主线剧情和分线剧情判断要输出的到底是什么。下面就具体介绍各个门的作用。

（1）遗忘门

遗忘门决定了单元结构中应丢弃或保留哪些信息，通过将记忆单元的值乘以 0～1 的某个数值来实现此目的。确切值则由当前输入和前一时间步的 LSTM 单元输出确定，然后通过 Sigmoid

函数进行传递，经过 Sigmoid 函数计算后的值始终在 0~1。输出的值接近 0 则忘记，接近 1 则表示保留。

（2）输入门

要更新单元状态，就需要输入门。首先，将先前的隐藏状态和当前输入传递到 Sigmoid 函数中，将会得到 0~1 的数值，其中 0 表示不重要，而 1 表示重要，这就决定了什么值将要更新。还可以将隐藏状态和当前输入传递到 tanh 激活函数中，用来压缩介于-1~1 的值，以帮助调节网络。然后将 tanh 函数的输出与 Sigmoid 函数的输出相乘，从而得到了新的状态值。

（3）输出门

输出门决定下一个隐藏状态应该是什么，隐藏状态包含先前输入的信息，通常用于预测。首先，将先前的隐藏状态和当前输入传递到 Sigmoid 函数中。然后，将新修改的单元状态传递给 tanh 函数，再将 tanh 输出与 Sigmoid 输出相乘，以确定隐藏状态应携带哪些信息。最后，将新的单元状态和新的隐藏状态转移到下一个时间步骤。

以上就是 LSTM 的内部结构，用一句话概括就是："遗忘门"决定与先前步骤无关的内容；"输入门"决定从当前步骤开始要添加哪些信息；"输出门"确定下一个隐藏状态应该是什么。通过门控状态来控制传输状态，记住需要长时间记忆的，忘记不重要的信息，而不像普通的 RNN 那样仅有一种记忆叠加方式。

LSTM 对很多需要"长期记忆"的任务来说训练效果非常好。但也因为引入了很多内容，导致训练的参数变多，也使得训练难度加大了很多。因此很多时候往往会使用效果和 LSTM 相当但参数更少的 GRU 来构建大训练量的模型。

2．门控循环神经网络（GRU）

门控循环神经网络（Gate Recurrent Unit，GRU）是新一代的循环神经网络，由 Cho 等在 2014 年提出，与 LSTM 非常相似，也是为了解决长期记忆和反向传播中的梯度等问题而提出来的。与 LSTM 相比，使用 GRU 能够达到和 LSTM 一样的效果，并且更容易进行训练，能够很大程度上提高训练效率，因此很多时候人们会更倾向于使用 GRU。GRU 的结构如图 6-34 所示。

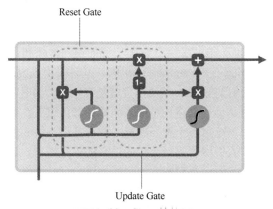

图 6-34 GRU 结构图

GRU 摆脱了单元状态，并使用隐藏状态传输信息。它只有两个门，一个重置门（Reset Gate）和一个更新门（Update Gate）。从直观上来说，重置门决定如何将新的输入信息与前面的记忆相结合，更新门则定义前面记忆保存到当前时间步的量。如果将重置门设置为 1，更新门设置为 0，那么将再次获得标准 RNN 模型。基本上，这两个门控向量决定了哪些信息最终能作为门控循环单元的输出。其特殊之处在于，它们能够保存长期序列中的信息，且不会随时间而清除或因为与预测不相关而移除。下面将具体介绍这两个门控单元。

（1）更新门

更新门的作用类似 LSTM 的遗忘门和输入门，它决定丢弃哪些信息以及添加哪些新信息。更新门的计算公式如下，其值在 0~1 之间。其中，$h(t-1)$ 为上一个隐藏状态，x_t 为当前的输入，然后通过一个 Sigmoid 函数得到 0~1 的结果，这个结果就决定了上一个隐藏状态有多少信息被保留下来，且新的内容有多少需要被添加进 memory 里被记忆。

$$z_t=\sigma(Wz \cdot [h(t-1),\ x_t])$$

（2）重置门

重置门的主要作用是确定要忘记多少过去的信息，其表达式如下。其实它和更新门的计算公式是一样的，只不过是参数不同，更新门和重置门有各自的参数，这个参数都是训练过程中学习得到的。同样，通过一个 Sigmoid 函数后，其值也在 0~1 之间。

$$r_t=\sigma(Wr \cdot [h(t-1),\ x_t])$$

了解了更新门和重置门，就要开始进行下一步计算。首先是计算候选隐藏层（Candidate Hidden Layer）h'_t，它可以看成是当前时刻的新信息，其计算公式如下。其中 r_t 就是重置门，用来控制需要保留多少之前的记忆。

$$h'_t=\tanh(W \cdot [r_t h(t-1),\ x_t])$$

最后一步，网络需要计算 h_t，该向量将保留当前单元的信息并传递到下一个单元中。在这个过程中需要使用更新门，它决定了当前记忆内容 h'_t 和前一时间步 $h(t-1)$ 中需要收集的信息是什么，从而得到最后输出的隐藏层信息，其公式为

$$h_t=(1-z_t)h(t-1)+z_t h'_t$$

以上就是 GRU 的结构和计算方式，门控循环单元不会随时间而清除以前的信息，它会保留相关的信息并传递到下一个单元，因此它利用全部信息而避免了梯度消失问题。

6.3.4 RNN 的训练

在 1986 年，Hinton 发明了 BP 算法，它由信号的正向传播和误差的反向传播两个过程组成，应用于多层感知器（Multilayer Perceptron，MLP），并且采用 Sigmoid 进行非线性映射，解决了之前非线性分类学习问题。所谓的 BP 算法，也就是在正向传播时将输入样本输入网络，经过隐藏层传递到输出层，输出值与目标值将通过损失函数计算出误差，经过反向传播，再按原通路通过隐藏层传至输入层，将误差分摊各个神经单元，获得各层神经元的误差信号响应，修正各个神经单元的权重占比。最终，人们将得到一个较为适合的权重模型，其实际输出与期望输出的误差达到最低限度，可以被用于实际任务当中。

BPTT（Back-Propagation Through Time）算法是常用的训练 RNN 的方法，其实本质还是 BP 算法，只不过需要 RNN 处理时间序列数据，所以要基于时间反向传播，故称为随时间反向传播。BPTT 的中心思想和 BP 算法相同，沿着需要优化参数的负梯度方向不断寻找更优的点直至收敛。综上所述，BPTT 算法的本质还是 BP 算法，BP 算法的本质还是梯度下降法，求各个参数的梯度是此算法的核心。BPTT 算法模型如图 6-35 所示。在 BPTT 结构图中，左侧的网络结构表

示的是反向传播的过程。其中粗线表示的是时间上的反向传播的过程，灰线表示的是同一个时刻空间上传播的过程。右侧的公式表示反向传播的计算，n 个输入误差平方和关于每个神经元的偏导，这个过程使用的是链式求导法则。

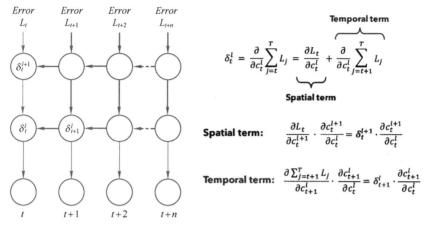

图 6-35　BPTT 结构图

RNN 中反向传播的目标是计算误差关于参数 U、V 和 W 的梯度，然后使用梯度下降法得出好的参数。与 BP 算法不同的是，W 和 U 两个参数的寻优过程需要追溯之前的历史数据。为了计算这些梯度，就需要使用微分的链式法则。下面就通过步骤来介绍 RNN 是如何进行反向传播训练的。

（1）第一步

为了计算代价，需要先定义损失函数。一般根据具体任务来选择该损失函数。在这个例子里，对于多分类输出问题，采用交叉熵损失函数 $L^{(t)}$。其计算公式为

$$L^{(t)} = -\sum_i^C y_i^{(t)} \log(\hat{y}_i^{(t)})$$

（2）第二步

开始往后计算损失函数 $L^{(t)}$ 对预测输出值的激活值 $\hat{y}(t)$ 的偏导数值。因为在前向传播过程中 SoftMax 函数以多分类的输出值作为输入，因此下面的偏导数值分成 i 类和 k 类。公式为

$$\frac{\partial L^{(t)}}{\partial \hat{y}_i^{(t)}} = -\frac{y_i^{(t)}}{\hat{y}_i^{(t)}}$$

（3）第三步

利用分类 i 时和分类 k 时的偏导数值可以计算出损失函数 $L^{(t)}$ 对预测输出值 $o^{(t)}$ 的偏导数值。$o^{(t)}$ 的偏导数值计算公式为

$$\frac{\partial L^{(t)}}{\partial o_i^{(t)}} = \hat{y}_i^{(t)} - y_i^{(t)}$$

（4）第四步

利用偏导数值及链式法则，计算出损失函数 $L(t)$ 对输出过程中的偏置向量 **b_o** 的偏导数值以

及损失函数 $L(t)$ 对隐藏层至输出层中的权值矩阵 $\boldsymbol{W}\_ao$ 的偏导数值。$\boldsymbol{b}\_o$ 偏导数值计算公式为

$$\frac{\partial L^{(t)}}{\partial \boldsymbol{b}_o} = \frac{\partial L^{(t)}}{\partial o^{(t)}}$$

（5）第五步

利用偏导数值及链式法则，计算出损失函数 $L(t)$ 对隐藏状态的激活值 $a(t)$、$h(t)$ 和偏执向量 b_h 的偏导数值。公式为

$$\frac{\partial L^{(t)}}{\partial a^{(t)}} = \left[\frac{\partial L^{(t)}}{\partial o^{(t)}} \times \boldsymbol{W}_{ao}^T \right] + \left[\frac{\partial L^{(t)}}{\partial h^{(t+1)}} \times \boldsymbol{W}_{ah}^T \right]$$

（6）第六步

利用偏导数值及链式法则，计算出损失函数 $L(t)$ 对隐藏层中的偏置矩阵 $\boldsymbol{W}\_xh$ 和偏置矩阵 $\boldsymbol{W}\_ah$ 的偏导数值。公式为

$$\frac{\partial L^{(t)}}{\partial \boldsymbol{W}_{xh}} = \frac{\partial L^{(t)}}{\partial h^{(t)}} \times \boldsymbol{x}^{(t)^T}$$

（7）第七步

最后，将 $h(t)$ 与隐藏状态求出的偏导数值传递给先前的 RNN 单元，进行循环训练。通过不断地训练，最终得到 RNN 循环神经网络。

6.4　深度学习应用实践

从计算机视觉到自然语言处理，在过去的几年里，DL 技术被应用到了数以百计的实际问题中。诸多案例也已经证明，它能让工作比之前做得更好。DL 是 AI 的一个子集，它使用多层人工神经网络来执行一系列任务，与传统机器学习系统的不同之处在于，它能够在分析大型数据集时进行自我学习和改进，因此能应用在许多不同的领域。下面就来介绍几种 DL 的应用案例。

6.4.1　用 GoogLeNet 训练识别花卉

1. 学习目标

本案例主要介绍图像分类的深度学习模型，使用 CNN 的典型网络 GoogLeNet 训练识别花卉的模型。使用深度学习方式进行自动特征提取、种类识别，在 17 类花卉数据集上进行模型训练，并在测试集上验证花卉识别的精度，以达到自动识别花卉种类的要求，验证深度学习图像分类在较复杂场景下的准确度。本案例旨在验证图像分类技术帮助人们更全面、准确、迅速地了解关于花卉知识的可行性。

2. 案例背景

图像分类是根据图像的语义信息将不同类别图像区分开来，是计算机视觉中重要的基本问题，也是图像检测、图像分割、物体跟踪、行为分析等其他高层视觉任务的基础。图像分类在很多领域有广泛应用，包括安防领域的人脸识别和智能视频分析等、交通领域的交通场景识别、互联网领域基于内容的图像检索和相册自动归类、医学领域的图像识别等。

一般来说，图像分类通过手工提取特征或特征学习方法对整个图像进行全部描述，然后使用分类器判别物体类别，因此如何提取图像的特征至关重要。在深度学习算法之前使用较多的是基

于词袋（Bag of Words）模型的物体分类方法。词袋方法从自然语言处理中引入，即一句话可以用一个装了词的袋子表示其特征，袋子中的词为句子中的单词、短语或字。对于图像而言，词袋方法需要构建字典。最简单的词袋模型框架可以设计为底层特征抽取、特征编码、分类器设计三个过程。

基于深度学习的图像分类方法，可以通过有监督或无监督的方式学习层次化的特征描述，取代手工设计或选择图像特征的工作。深度学习模型中的卷积神经网络（CNN）近年来在图像领域取得了惊人的成绩，CNN 直接利用图像像素信息作为输入，最大程度上保留了输入图像的所有信息，通过卷积操作进行特征的提取和高层抽象，模型输出为图像识别的结果。这种基于"输入-输出"直接端到端的学习方法取得了非常好的效果，得到了广泛的应用。

3. 数据准备

数据集来源于互联网，其包括 17 种类别的花卉，分别为喇叭水仙花、夏雪片莲、铃兰、蓝铃花、藏红花、美人蕉、山丹花、黄花小百合、平贝母、向日葵、滨菊、东北蒲公英、金丝黄菊、报春花、匍枝毛茛、银莲花、角堇。训练集中每种花卉有 60 张图片，共 1020 张。测试集是 20 张图片，共 340 张。

4. 技术实现

使用 GoogLeNet 训练识别花卉模型的实现流程如图 6-36 所示。

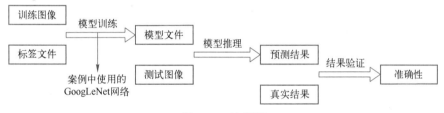

图 6-36　流程图

具体实现步骤如下。

1）上传图片。将本地数据集上传到图灵引擎平台上，并拉取到分析流，注意图片上传的时候必须为压缩包，且不能是目录压缩，必须直接压缩图片。上传的图片集文件如图 6-37 所示。其中，data_17_train 为训练数据集图片文件；data_17_train_csv 为训练数据集标注文件；data_17_test 为测试数据集图片文件；data_17_test_csv 为测试数据集标注文件。

图 6-37　上传图片数据集

2）进行模型、数据集和标注文件的选择。这里选择的是 GoogLeNet 网络，然后选择对应的训练数据集图片文件和标注文件，如图 6-38 所示。

图 6-38　选择模型、数据集合标注文件

3）进行参数配置，将迭代次数改大，若时间充足，可以调到更大，因为考虑到时间和硬件性能，这里设置为 100，不追求模型准确度，仅仅是验证。参数配置情况如图 6-39 所示。

图 6-39　参数配置

4）开始模型训练，单击运行，会在任务列表中产生一个任务，任务完成后会产生可用的模型。生成的模型如图 6-40 所示。

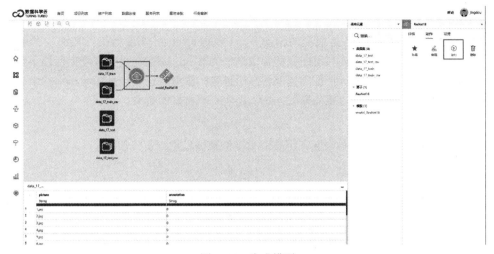

图 6-40 生成模型

5）单击图 6-41 左侧方框中的模型，然后单击"模型推理"，获取预测数据结果，如图 6-41 所示。

图 6-41 模型推理图

6）预测结果预览如图 6-42 所示。

	image_name	out_result
	String	BigInteger
1	1.jpg	11
2	10.jpg	11
3	100.jpg	11
4	101.jpg	11
5	102.jpg	11
6	103.jpg	11
7	104.jpg	11
8	105.jpg	11
9	106.jpg	11
10	107.jpg	11
11	108.jpg	11
12	109.jpg	11
13	11.jpg	11
14	110.jpg	11

图 6-42 预测结果

5. 结论

综上所述，在训练次数不是很高的情况下，GoogLeNet 可以预测花卉类别，准确度达到 50%。本案例验证了 CNN 直接利用图像像素信息作为输入，确实在最大程度上保留了输入图像的所有信息，通过卷积操作进行特征的提取和高层抽象，模型输出直接是图像识别的结果。这种处理方式相比于传统的机器学习特征提取方式，确实有非常好的效果。

6. 项目实操

访问东方国信图灵引擎教材专区，可获取本案例数据集进行实践学习。

6.4.2　图像着色

近年来，彩色修复资料影片已经很常见，不少都是通过人工修复。人们手动为黑白图像及视频着色，耗时耗力，一段影片往往需要几十甚至几百人同时奋战几十天才能完成。如今，这一工作可以完全由深度学习模型自动完成。

网上有一段"用 AI 修复了 100 年前北京的影像"的视频很火，原视频是由加拿大摄影师在 1920—1929 年拍摄的北京街景，视频中原本色彩单调、轮廓模糊的人影，经过修复后，变得面目清晰、动作流畅。这段视频正是由网友"大谷"通过深度学习算法完成的，经过 AI 修复过的视频从黑白变成了彩色，并且帧数的提升使得画面看起来更加流畅，让这个 100 年前拍摄的视频变得更加有生气。视频中一段截图如图 6-43 所示。

图 6-43　图像着色

6.4.3　风格迁移

风格迁移是一个很有趣的案例，通过风格迁移可以使一张图片保持本身内容大致不变的情况下呈现出另外一张图片的风格。也可以将它理解为图片的"融合"，如图 6-44 所示。

图 6-44　风格迁移

6.4.4　图片识别

小时候经常会和小伙伴玩"你画我猜"的游戏，大致内容就是第二个小朋友在规定的时间内画出第一个小朋友所写物体的图片，然后由第三个小朋友画出第二个小朋友所画出物体的图片，依此类推，由最后一个小朋友猜出物体的名称。如今，通过深度学习，机器也学会了这个小游戏，在画板中画出各种抽象的图片，机器也可以像人一样猜出所画出的物品，如图 6-45 所示。

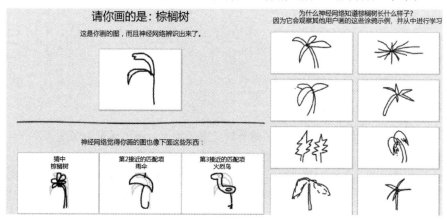

图 6-45　图片识别

6.5　本章习题

1. 简述什么是深度学习。
2. 深度学习与人工智能和机器学习有什么区别？
3. 神经网络是如何进行计算的？
4. 深度学习有哪些常用的框架？
5. 简述什么是卷积神经网络。卷积神经网络的结构是怎样的？
6. 有哪些经典的卷积模型？
7. 简述什么是循环神经网络。概括循环神经网络的结构。
8. 循环神经网络（RNN）与卷积神经网络有什么区别？
9. LSTM 和 GRU 是用来解决什么问题的？它们有什么区别？
10. BPTT 和 BP 有什么区别？

第 7 章
强化学习

　　近年来，强化学习的研究和应用越来越受到大家的关注，强化学习和深度学习一样，都是机器学习研究的重要分支。对认知科学来说，一个最基本的问题是"如何学习新知识？"回答这样一个问题的答案通常是：人通过学习获得某种知识或者拥有某一种技能。而对于机器而言，可以通过学习、训练去完成更多只有人能完成的任务，实现真正的人工智能。在忽略技能的前提下，可以通过与环境的交互进行学习，这是强化学习相对于其他机器学习非常显著的特点之一。纵观强化学习的发展，它有着自己的一套理论和方法，尤其将深度学习和强化学习结合之后，其内容则被更加丰富了。目前强化学习已经逐渐应用于人工智能、任务调度以及工业控制等领域，并展现出了其潜在的巨大应用价值。

　　本章首先简要介绍强化学习的基础知识，让读者了解到强化学习的基本概念和思想；然后介绍一些基础的强化学习算法，帮助读者快速入门；接着介绍强化学习的算法模型，通过 DQN 算法的模型来帮助读者加深对强化学习算法的理解，并通过介绍强化学习的一些前沿研究，让读者站在巨人的肩膀上去看强化学习的前沿发展情况；最后，结合实践案例来介绍强化学习，使读者更直观地认识到强化学习对人们生活的影响。

7.1　强化学习简介

　　在维基百科中是这样介绍强化学习的：强化学习（Reinforcement Learning，RL）作为机器学习的一个子领域，其灵感来源于心理学中的行为主义理论，即智能体如何在环境给予的奖励或惩罚的刺激下（即与环境的交互中），逐步形成对刺激的预期，产生能获得最大利益的习惯性行为。它强调如何基于环境而行动，以取得最大化的预期利益。由于强化学习具有普适性而在很多领域得到应用，如自动驾驶、博弈论、控制论、运筹学、信息论、仿真优化、多主体系统学习、群体智能、统计学以及遗传算法。

7.1.1　什么是强化学习

　　可以通过一个故事来更好地理解强化学习的概念：有五只猴子被同时关在同一个笼子里，笼子中有个梯子，梯子上有串香蕉。每当猴子尝试去拿香蕉的时候，就会触发一个机关，向所有的猴子泼冷水。一开始有只猴子想去拿香蕉，水柱立即就喷了出来，每只猴子都淋得一身湿，所有的猴子都尝试过了，结果都是这样。于是，猴子们再也没有去拿香蕉的企图，因为害怕水柱会喷出来。这时用一只新猴换出笼内的一只旧猴，新猴刚准备拿香蕉，就被另外四只猴打。于是，新猴就不敢再去拿香蕉，因为害怕被其他猴子打。如此重复用新猴置换出经过水淋的猴，最后把五只老猴全部替换后，虽然五只新猴都没有被淋过水，但是它们都不敢去碰那串香蕉。因为它们知道，碰香蕉会被别的猴子打。但至于为什么会被打，它们谁也不知道。

其实，强化学习就是通过不断与环境交互，利用环境给出的奖惩来不断地改进策略（即在什么状态下采取什么动作），以求获得最大的累积奖惩。学习者不会被告知应该采取什么动作，而是必须自己通过尝试去发现哪些动作会产生最丰厚的收益。在上述故事中，奖就是不被泼水或者不被打，惩就是被泼水或者被打，一只新猴进笼子后，它有可能去拿香蕉也有可能不去拿，但根据奖惩规律，只要猴子去拿香蕉就会被泼水或者被其他猴子殴打，所以最后没有一只猴子再去拿香蕉了。

有一个经典的心理学实验叫作巴甫洛夫的狗，在这个经典的实验中，每次实验者都对着狗摇铃铛，并给狗一点食物。久而久之，铃铛和食物的组合影响了狗的行为，此后每次对着狗摇铃铛，狗就会不由自主地流口水，并期待食物的到来，这样实验者就让狗"学会"了铃铛和食物的关系，这也可以算作强化学习的一个简单的例子。在这个"巴甫洛夫的狗"的实验中，可以发现几个要素：狗（实验的主角）、实验者（负责操控和运转实验）、铃铛（给狗的一个刺激环境）、口水（狗对刺激的动作）、食物（给狗的奖励）。根据这些要素，就可以来类比强化学习中的几个重要的基础概念了。

（1）智能体

智能体（Agent）是强化学习中的主要研究对象，人们希望智能体能够通过环境的检验来实现系统的目标。

（2）环境

环境（Environment）会接收智能体执行的一系列动作，对这一系列动作进行评价并转换为一种可量化的信号反馈给智能体。

（3）状态

状态（State）指智能体当前所处的环境情况、自身历史状态情况以及目标完成情况。这里目标是指系统在开始构建之初，为智能体所定义的目标。

（4）动作

动作（Action）指智能体和环境产生交互的所有行为的集合。

（5）奖励

奖励（Reward）是获得环境正反馈后，智能体获得的回报，另外，还有一种奖励就是对环境本身的适应和开发。

在经典的强化学习中，智能体要和环境完成一系列的交互。在每一个时刻，环境都将处于一种特定状态，智能体将设法得到环境当前状态的观测值。根据观测值，结合自己历史的行为准则（一般称为策略（Policy））做出行动。这个行动会影响环境的状态，使环境发生一定的改变。智能体将从改变后的环境中得到两部分信息：新的环境观测值和行为给出的回报。这个回报可以是正向的，也可以是负向的，这样智能体就可以根据新的观测值做出新的行动。强化学习的训练过程如图 7-1 所示。可以想象，在实验的早期，当实验者对着狗摇铃铛时，狗并不会将进食和铃铛联系在一起；随着实验的进行，铃铛和食物这两个观测内容不断地刺激狗，使狗最终将进食和铃铛联系在一起。

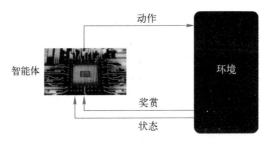

图 7-1　强化学习的典型框架

强化学习通常采用马尔可夫决策过程（Markov Decision Process，MDP）作为数学模型，对于处于环境 E 当中状态为 s_1 的感知单元 M，它采取某种动作 a，使其从状态 s_1 达到另一状态 s_2，得到的奖励为 r。一个 MDP 通常可形式化为一个四元组（S，A，P，R），其中 S 表示的是状态（State）的集合，A 表示的是动作（Action）集合，P 表示是在当前状态下执行某动作转移到另一个状态的概率（Probability），R 则表示对应的奖励（Reward）。通常用 π 来表示策略（Policy），根据这个策略，在状态 s 下就可以知道执行动作 a 时的概率。其策略表示方法为

$$\pi(s,a):S \times A \rightarrow [0,1]$$

其中，$\pi(s, a)$ 为状态 s 下选择动作 a 的概率，[0, 1]则表示概率的范围。强化学习的目标就是去找到一个策略能使得累积奖励最大。

强化学习与机器学习领域中的有监督学习（Supervised Learning）和无监督学习（Unsupervised Learning）不同，有监督学习是利用外部监督者提供的带标注（Label）训练集进行学习（任务驱动型），即学习之前就已经告知了模型在什么样的状态（State）下采用什么样的行为（Action）是正确的，通常用于回归、分类问题。无监督学习是一个典型的寻找未标注数据中隐含结构的过程（数据驱动型），其所用于学习的数据是没有标注的，而是通过学习无标签的数据来探索数据的特性，通常用于聚类问题。而强化学习是与两者并列的第三种机器学习范式，如图 7-2 所示。强化学习带来了一个独有的挑战——"试探"与"开发"之间的折中权衡，智能体必须开发已有的经验来获取收益，同时也要进行试探，使得未来可以获得更好的动作选择空间，即从错误中学习。

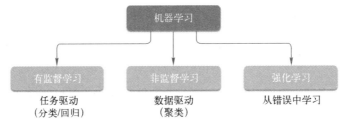

图 7-2　强化学习与有监督学习、非监督学习的区别

7.1.2　强化学习的应用

强化学习的应用很广泛，其被认为是通向强人工智能或通用人工智能的核心技术之一。所有需要做决策和控制的地方，都有它的身影，如星际争霸游戏。算法需要根据当前的游戏画面和状态决定 NPC 要执行的动作。AlphaGo 也是强化学习的一个典型案例，算法需要根据当前的棋局决定当前该怎么走子。

强化学习对自然语言的处理也一直受到广大研究人员的关注，其在机器翻译领域的应用非常

广泛。随着语言翻译转换需求量的大量增加，人工标记翻译耗费资源，针对面临双语互译问题遇到的瓶颈，神经机器翻译在这几年取得了很大的进步。在对偶机器翻译过程中，分别使用一个智能体代表主要任务模型，另一个智能体代表对偶的任务模型，通过强化学习的方法让两个智能体互教互学。在此过程中通过彼此之间反馈的信号更新两个翻译模型，直到迭代停止。人们把这种翻译的方式定义为对偶神经机器翻译（Dual-NMT），如图 7-3 所示。具体描述如下。

图 7-3 对偶神经机器翻译

1）智能体 A 只能理解 A 语言，将 A 语言通过嘈杂的通道发送给只能理解 B 语言的 B 智能体。过程中使用翻译模型将 A 语言转换成 B 语言。

2）当智能体 B 收到由模型翻译成 B 语言的句子。它检查句子是否存在于智能体 B 的自然语句中（此时智能体 B 并不能验证译文的正确性，因为它看不懂原始信息）。然后它将收到的句子以另一翻译模型将其翻译成 A 语言返送给智能体 A。

3）收到智能体 B 发送的语言后，智能体 A 检查此信息是否和它发送的原始信息一致。整个过程构成了一个闭环，通过该反馈信号，智能体的两个模型可以相应地进行改进。

4）这个过程也可以从智能体 B 发送原始信息开始执行，那么智能体翻译模型也将根据反馈信号彼此改进。

除此之外，强化学习在无人驾驶上也有很好的表现，近年来，自动驾驶技术已成为全世界汽车产业关注的焦点，与传统汽车相比，自动驾驶在提高安全性的同时，能带来更好的驾驶体验。将自动驾驶的实现分为两部分：第一部分利用深度学习的强感知能力对车辆所处环境进行分析。第二部分即通过强化学习实现自主决策，这是自动驾驶"智能性"核心体现。自动决策的难点在于复杂的环境场景与随机性的交通行人之间的博弈，强化学习就以一种"试错的方式"通过环境交互不断获得奖励值（舒适度、省油性、安全性），目的是使自身完成一种决策方案，累计奖励值最大。起初可能在实践中遇到行人、车辆偏离路线情况，根据算法先是采取随机动作，然后选取奖励值较大对应的动作，进而增强该动作的选择概率，降低不安全、偏离轨道等的概率，在不断训练过程中让智能体找到最适合的决策方案行驶。强化学习最大的特点是具有无师自通的能力，不依赖标签数据也能充分利用数据，因而成为自动驾驶决策方法的研究热点。

强化学习算法已受到各个领域的广泛关注，学术界和工业界都在搜索与强化学习结合的可能性。特别是当传统的监督学习已经不能满足实际需要时，利用强化学习的优势可以更有效地利用数据，节约大量的时间和资源。相信未来的一段时间内，强化学习在实际应用中会有更大的突破。

7.2 基于值函数的强化学习方法

7.1 节简单介绍了马尔可夫决策过程（MDP），知道了在强化学习中，人们主要优化的目标就是策略（Policy），即在特定状态下采取什么动作可以使得累积回报最大，解决强化学习问题就意味着找到一种能够在长期内获得最多回报的策略。假如一个任务所对应的 MDP 四元组（S，A，P，R）均为已知，人们就称它为有模型的强化学习（Model-based RL），也就是智能体（Agent）已对环境进行了建模，可以利用动态规划来求解最优策略。但是在现实的强化学习任务中，环境的转移概率和奖励函数往往很难得知，很难知道环境中有多少状态，所以更多情况下都是将无模型的强化学习（Model-free RL）作为学习策略。无模型的强化学习是指在不了解所有MDP 信息的情况下（缺失状态、转移概率和奖励函数），直接从智能体与环境过去的交互中学习，从经验中评估各个状态的价值，继而不断改进策略。在无模型的强化学习中，通常分为基于值函数的强化学习方法和基于直接策略搜索的强化学习方法。基于值函数的强化学习方法中，常见的算法有蒙特卡罗法、时间差分法、值函数逼近法，下面就一一介绍这些算法。

7.2.1 蒙特卡罗法

蒙特卡罗法（Monte Carlo Method，MC），也称为统计模拟方法，是 20 世纪 40 年代中期由于科学技术的发展和电子计算机的发明，而被提出的一种以概率统计理论为指导的一类非常重要的数值计算方法，是指使用随机数（或伪随机数）来解决很多计算问题的方法。该方法的名字来源于世界著名的赌城蒙特卡罗，象征着概率。

蒙特卡罗法是一种计算方法。原理是通过大量随机样本去了解一个系统，进而得到所要计算的值。它非常强大且灵活，又相当简单易懂，很容易实现。对于许多问题来说，它往往是最简单的计算方法，有时甚至是唯一可行的方法。早在 1777 年，法国数学家布丰就提出了以下问题：有一个以平行且等距木纹铺成的地板，现在随意抛一支长度比木纹之间距离小的针，求针和其中一条木纹相交的概率。以此概率，布丰提出的一种计算圆周率 π 的方法——随机投针法，这就是布丰投针问题，如图 7-4所示。布丰投针实验也被认为是蒙特卡罗法的起源。

图 7-4 布丰投针

从布丰投针实验可以看出，蒙特卡罗法是进行多次实验，然后取实验结果的平均值作为最终估计值。回到强化学习这边，当人们不知道转移概率 P 的时候，这时候的 $\pi(s,a)$ 就可以利用蒙特卡罗法估计，即随机选取状态和行为，进行多次采样，取得$\pi(s,a)$的均值，实现策略评估和改进。其学习策略 π 下的价值函数 $V\pi(s)$如公式如下。其中，E 表示函数的期望，G_t 是指单个序列包括折扣的期望总和，S_t 是此状态下的期望值。

$$V\pi\,(s) = E[G_t|S_t = s]$$

通过大数定理可以知道，当采样的数据足够多时，通过计算平均值求出来的价值函数几乎等同于真正的价值函数。简而言之，蒙特卡罗法关注的是需要从环境中进行多少次采样，才能从不良策略中辨别出最优策略。计算蒙特卡罗评估值函数一般有两种方法：初访蒙特卡罗法和每访蒙特卡罗法。

（1）初访蒙特卡罗法

初访蒙特卡罗法指的是每次实验，只用第一次出现的 $\pi(s,a)$计算状态行为值函数，即计算采样的序列中第一次到达状态 s 的价值的期望。

（2）每访蒙特卡罗法

每访蒙特卡罗法是指不论该状态是不是第一次出现，直接对序列中状态的价值求平均，即总收益/出现总次数。

7.2.2　时间差分法

时序差分法（Temporal-Difference Learning，TD）可以说是强化学习的核心和创新之处。其思想结合了蒙特卡罗法（MC）与动态规划方法（DP）。动态规划（Dynamic Programming，DP）是一种将复杂问题分解为子问题，通过解决各个子问题从而解决整个问题的思想。与 MC 类似，TD 也是一种无须了解环境中的信息（如转移概率、奖励函数等），直接从智能体与环境的交互经验中学习，评估给定策略下状态空间中各个状态的价值函数的方法。与 DP 方法的思想类似，TD 通过自己的预测更新价值，无须等到整个决策完成。TD 方法结合了 MC 和 DP 的优点，能够应用于无模型、持续进行的任务，并拥有优秀的性能，因而得到了很好的发展。TD 算法第一个在实用上的突破来自西洋双陆棋，西洋双陆棋是一个有着五千年历史的古老游戏，对弈双方各有 15 个棋子，每次靠掷两个骰子决定移动棋子的步数，最先把棋子全部转移到对方区域者获胜，如图 7-5 所示。1992 年，IBM 的研究员 Gerald Tesauro 开发了一个结合 TD 和神经网络的算法，给它取名 TD-Gammon，就是用来专攻西洋双陆棋的。

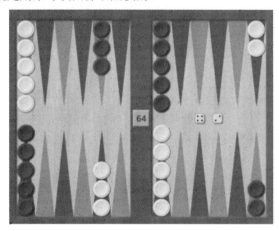

图 7-5　西洋双陆棋

TD 与 MC 都是利用样本估计价值函数的方法，称为样本更新（Sample Updates）。因为它们都涉及展望（Look Ahead）一个样本待评估状态的后继状态，使用后继状态的价值函数和奖励来更新待评估状态的价值。TD 与 MC 又有以下区别。

（1）在线样本更新

时序差分方法的样本更新 $v(s)$ 是在线的，不需要等到序列终止，在序列执行的过程中即可更新各个样本。

（2）利用了马尔可夫性质

时序差分法的 TD target 使用了贝尔曼期望方程，说明其利用了马尔可夫性质，即只依赖 state 获取环境中的信息，或者说 state 包含了环境中所有有用的信息。

（3）效率更高

MC 没有利用马尔可夫性质，如果在非马尔可夫环境中（不仅仅依赖 state 的信息时，只能得到部分信息）会更加有效。

（4）属于有偏估计

TD 的特点是低方差、高偏差。TD 因为根据后续状态预测价值更新，所以属于有偏估计，但因其只用到了一步随即状态和动作，所以 TD target 的随机性较小，方差也小。而 MC 因为计算价值函数完全符合价值函数的定义，所以属于无偏估计。但是，Gt 值要等到序列终止才能求出，这个过程中会经历很多随机的状态和动作，随机性大，所以方差很大。

TD 借鉴了递增计算平均值的 MC 思想，只不过，MC 是真实的样本序列奖励，而 TD 是使用预测的价值函数代替真实样本序列，MC 的状态值函数更新公式为

$$V(st) \leftarrow V(st) + \alpha[Gt - V(st)]$$

其中 Gt 是每个状态结束后获得的实际累积回报，α 是学习率，用实际累积回报 Gt 作为状态值函数 $V(st)$ 的估计值。具体的做法是，对每个状态，考查实验中 St 的实际累积回报 Gt 和当前估计 $V(st)$ 的偏差值，并用该偏差值乘以学习率来更新得到 $V(St)$ 的新估值。而在 TD 中，把 Gt 换成 $rt+1+\gamma V(st+1)$，就得到了 $TD(0)$ 的状态值函数更新公式，即

$$V(st) \leftarrow V(st) + \alpha[rt+1 + \gamma V(st+1) - V(st)]$$

利用真实的立即回报 $rt+1$ 和下个状态的值函数 $V(st+1)$ 来更新 $V(st)$，这种方式就称为时间差分。由于没有状态转移概率，所以要利用多次实验来得到期望状态值函数估值。类似于 MC 方法，在足够多的实验后，状态值函数的估计是能够收敛于真实值的。

7.2.3 值函数逼近法

前面已经介绍了强化学习的两种基本方法：蒙特卡罗法和时间差分法。这些方法有一个基本的前提条件，那就是状态空间和动作空间是有限的，而且状态空间和动作空间不能太大。这时的值函数其实是一个表格，值函数迭代更新的过程实际上就是对这张表进行迭代更新，因此，之前讲的强化学习算法又称为表格型强化学习（Tabular Methods）。但是在现实中，状态空间一般都较大，就会产生"维数灾难"的问题。尤其是当状态空间是连续的时候，会需要无穷大的状态空间，例如围棋所需要的状态空间就非常庞大，棋手每下一步棋，就会产生很多新的棋局。此时，人们无法用之前基于表格的方法为每个状态（State）或者状态-动作对（State-Action）都求得一个价值的特定值，因此需要有一种方法去适应不断增加的数据集，能够适应无限的状态集。利用函数逼近的方法对值函数进行表示的思想就孕育而生了，值函数的求解方法就被称为值函数逼近法（Value Function Approximation）。值函数逼近法有如下的优点。

1）可以降低输入维度，减少计算量。而表格强化学习方法需要的存储空间过大。

2）可以提高泛化能力，避免过度拟合，使模型对不同的数据都有稳定的输出，减少不必要的计算，例如二者之间的物理位置就相隔了一毫米，就没有必要单独存储其价值，因此，需要泛化到未知的状态中去。

在表格型强化学习中，值函数对应着一张表。在值函数逼近方法中，值函数对应着一个逼近函数 $v(s,\theta)$，从数学角度来看，函数逼近方法可以分为参数逼近和非参数逼近，因此强化学习值函数估计可以分为参数化逼近和非参数化逼近。本节主要介绍参数化逼近。参数化逼近是指值函数可以由一组参数 θ 来近似，当逼近的值函数结构确定时，值函数的逼近就等价于参数的逼近，值函数的更新也就等价于参数的更新，即需要利用试验数据来更新参数值，值函数的更新过程是向着目标值函数靠近。无论是蒙特卡罗法还是时间差分法，都是朝着一个目标值更新的。而值函数逼近法是一个监督学习的过程，状态集或状态动作集的价值不再需要表格存储记忆，评估每个

状态或状态行为对的价值只需建立一个函数去近似价值函数(Vs 或 $Q(s,a)$)。对于强化学习，近似函数根据输入和输出的不同，可以有以下三种架构，如图 7-6 所示。图 7-6a 表示输入状态本身，输出这个状态的近似价值；图 7-6b 表示输入状态行为，输出状态行为对的近似价值；图 7-6c 表示输入状态本身，输出一个向量，向量中的每一个元素是该状态下采取一种可能行为的价值。而这里近似函数常用的是线性回归和神经网络。当然，任何可以进行拟合近似的机器学习算法模型都可以作为近似函数。

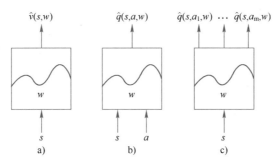

图 7-6　近似函数架构

7.3　基于直接策略搜索的强化学习方法

直接策略搜索是强化学习中的一个子领域，其重点是为给定的策略找到合适的表示参数。因为它可以处理高维的状态和动作空间，因而非常适合机器人技术。直接策略搜索方法可以分为无模型的策略搜索方法和有模型的策略搜索方法。其中无模型的策略搜索方法又分为随机策略和确定性策略，在随机策略中核心算法包括策略梯度法和置信域策略优化法，确定性策略的核心算法主要是确定性策略梯度法。有模型的策略搜索方法主要以指导策略搜索为主。基于直接策略搜索的强化学习方法分类图如图 7-7 所示。下面就具体介绍策略梯度法、置信域策略优化法以及确定性策略梯度法。

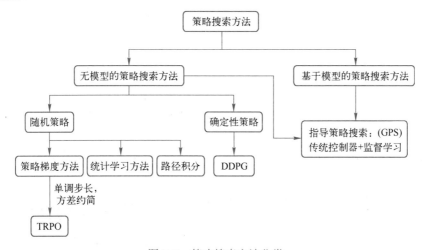

图 7-7　策略搜索方法分类

在基于值函数的方法中，迭代计算的是值函数，再根据值函数去改善策略。而在基于策略搜索的方法中，直接对策略进行迭代计算，也就是迭代更新策略的参数值，直到累积回报的期望最大，此时参数所对应的策略为最优策略。下面就详细介绍基于直接策略搜索的强化学习方法的主要算法：策略梯度法、置信域策略优化法、确定性策略梯度法。

7.3.1 策略梯度法

基于值的方法一般是确定性的，给定一个状态就能计算出每种可能动作的奖励，但这种确定性的方法恰恰无法处理一些现实的问题，如玩 100 次石头剪刀布的游戏，最好的解法是随机使用石头、剪刀和布，并尽量保证这三种手势出现的概率一样，因为任何一种手势的概率高于其他手势都会被对手注意到，并使用相应的手势赢得游戏。再例如，假设需要经过图 7-8 迷宫中的一些方格拿到钱袋，采用基于值的方法在确定的状态下将得到确定的反馈，因此在使用这种方法决定灰色（状态）方格的下一步动作（左或右）是确定的，即总是向左或向右，而这可能会导致落入错误的循环中（左一白格和左二灰格）而无法拿到钱袋。也许有人要质疑这时的状态不应用一个方格，而是迷宫中的所有方格表示，但是考虑如果身处一个巨大的迷宫无法获得整个迷宫的布局信息，如果在相同的可感知状态下总是做出固定的判断的话，仍然会导致在某个局部区域原地打转。事实上很多实际问题（特别是对弈类问题）都有类似的特征，即需要在貌似相同的状态下应用不同的动作，如围棋中的开局。另外，状态数量也是使用基于值的方法的一个限制因素，因为基于值的方法需要保存状态-动作的对应关系，因此很多现实问题（如机器人控制和自动驾驶都是连续动作空间）都因为巨量的状态而无法计算。

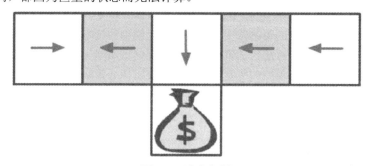

图 7-8　迷宫问题

策略梯度（Policy Gradient）正是为了解决上面的两个问题产生的，它的"秘密武器"就是随机（Stochastic）。首先随机能提供非确定的结果，但这种非确定的结果并不是完全的随意，而是服从某种概率分布的随机，策略梯度不计算奖励（Reward），而是使用概率选择动作，这样就避免了因为计算奖励而维护状态表。策略梯度的基本原理是通过反馈调整策略，具体来说就是在得到正向奖励时，增加相应动作的概率；当得到负向的奖励时，就降低相应动作的概率。图 7-9a 中的灰点表示获得正向奖励的动作，右图表示更新后的策略，可以发现产生正向奖励区域的概率提高了（离圆心的距离更近）。

策略梯度的学习是一个策略的优化过程，它不需要对智能体的各个状态或状态-动作对进行值函数评估，而是直接参数化策略，进而调整参数使得累计期望回报最大。策略梯度在一轮的学习中使用同一个策略直到该轮结束，通过梯度上升改变策略并开始下一轮学习，如此往复直到轮次累计奖励不再增长后停止。

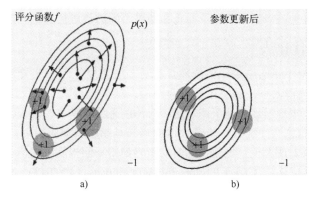

图 7-9　反馈调整策略

通常策略梯度函数为以下形式：在某一参数 θ 下，输入智能体的各个状态或状态-动作对，输出为该条件下所有可选动作的概率分布。通过不断梯度上升来调整参数 θ，使得该智能体的每个状态下做出动作的选择都是最优的，即策略 π 决定了智能体行为的选择，而行为的选择决定了状态的转移概率。状态转移概率直接影响优化指标 η 的计算。因此，不同的策略 π 具有不同的 η 值，所以优化指标其实是关于策略 π 的函数。直接策略搜索方法的思想就是调整策略的参数，使得优化指标 η 达到最大或者局部最大。所以也称需要调整参数的策略为参数化策略。

相比于值函数迭代求解最优策略，策略梯度法有以下优点。

1）有更好的收敛性，值函数迭代求解强化学习问题时，有时候值函数可能会在真实价值函数之间来回波动，震荡，甚至无法收敛。而使用策略梯度法会使收敛过程更加稳定，因为只是朝着优化方向渐进地前进，所以随着策略梯度法调整参数，至少可以得到一个局部最优解，策略梯度法一直在向好的方向改善策略。

2）策略梯度法在高维状态空间或连续动作空间的情况下会更有效率，值函数强化学习算法在巨大的动作空间下（如高维或连续性动作空间下），需要迭代计算很多次，才能大致确定那些状态-动作对相对应的价值函数，来进一步优化策略。而策略梯度法无须迭代多次计算价值函数，只需将参数向最优化策略的方向移动即可。

3）策略梯度可以学习到随机策略。

策略梯度法也有缺点，具体如下。

1）简单的策略梯度法相比于基于值函数的强化学习方法可能收敛速度或更慢，或方差更高，策略梯度法只是每次调整一小步，更加稳定，但同时效率也相对低一些。

2）可能会收敛到局部最优解，而非全局最优解。实际中，策略梯度算法应用更普遍，因为它是一种端对端的学习方法。

用通俗的方式来总结，那就是"策略梯度基本靠猜"。当然这里的猜不是瞎猜，而是用随机（Stochastic）的方式控制动作的产生进而影响策略的变化，随机既保证了非确定性，又能通过控制概率避免完全盲目，这是策略梯度解决复杂问题的核心和基础。然而双刃剑的另一面是，"猜"这特点造成了策略梯度方差大、收敛慢的缺点，这是源于策略梯度为了避免遍历所有状态而不得不付出的代价，无法完全避免。但是瑕不掩瑜，策略梯度除了理论上的处理复杂问题的优势，在实践应用中也有明显的优势，那就是它可以仅靠与目标系统交互进行学习，而不需要标签数据，节省了大量的人力。目前层出不穷的方差缩减（Variance Reduction）的方法也证明了人们不仅没有因为策略梯度的缺点放弃它，反而正在通过不断的改进扬长避短，使其发扬光大。

7.3.2　置信域策略优化法

策略梯度法能取得不错的结果，但依然存在着一些难度，因为这类方法对迭代步骤数（步长）非常敏感，如果选得太小，训练过程就会很慢；如果选得太大，反馈信号就会淹没在噪声中，甚至有可能让模型表现雪崩式地下降。这类方法的采样效率也经常很低，学习简单的任务就需要百万级至十亿级的总迭代次数。所谓合适的步长是指当策略更新后，回报函数的值不能更差。如何选择这个步长？或者说，如何找到新的策略使得新回报函数的值不会更差（单调增或单调不减）？置信域策略优化法（Trust Region Policy Optimization，TRPO）的核心就是为了解决确定合适的步长（Step Size）这一问题。

TRPO 算法由 John Schulman 提出，它的优点就在于每一步能够找到合适的步长。TRPO 是找到新的策略，使得回报函数单调不减，一个自然的想法是能不能将新的策略所对应的回报函数分解成旧的策略所对应的回报函数+其他项。只要新的策略所对应的其他项大于或等于零，那么新的策略就能保证回报函数单调不减。其实是存在这样的等式的，这个等式是 2002 年 Sham Kakade 提出来的。TRPO 的起点便是这样一个等式，即

$$\eta(\tilde{\pi}) = \eta(\pi) + E_{s_0, a_0, \cdots \tilde{\pi}}\left[\sum_{t=0}^{\infty} \gamma^c A_{\pi}(s_t, a_t)\right]$$

这里用 π 表示旧的策略，$\eta(\pi)$ 表示的就是旧的策略值，而 $\tilde{\pi}$ 表示新的策略，$A_{\pi}(s_t, a_t)$ 表示优势函数，这里的优势指的是动作值函数相比于当前状态的值函数的优势。如果优势函数大于零，则说明该动作比平均动作好，如果优势函数小于零，则说明当前动作不如平均动作好。只需要在下一步的策略中找到一个是当前最大的策略，通过下面的不等式，将很容易得到单调递增的策略的期望回报。于是，寻找策略的过程就完全转换成了一个不断寻找函数最大值的过程。

$$\eta(\pi_{i+1}) - \eta_{(\pi_i)} \geqslant M_i(\pi_{i+1}) - M(\pi_i)$$

7.3.3　确定性策略梯度法

策略梯度法和 TRPO 法是随机策略的方法，所谓随机策略就是在确定性策略的基础上添加上随机项。当然，强化学习也可以直接使用确定性策略。确定性策略梯度法（Deterministic Policy Gradient，DPG）就是对于相同的策略，每种状态对应唯一确定的输出，这样需要采样的数据少，算法的效率高。尤其是对那些动作空间很大的智能体（比如多关节机器人），由于动作空间维数很大，如果用随机策略，需要在这些动作空间中大量采样。通常来说，确定性策略方法的效率比随机策略方法的效率高十倍，这也是确定性策略方法最主要的优点。但是确定性策略缺乏探索和改善的能力，用确定性策略所产生的轨迹永远都是固定的，智能体无法探索其他轨迹或访问其他状态，从这个层面来说，智能体无法学习。强化学习算法是通过智能体与环境交互来学习的，这里的交互是指探索性交互，即智能体会尝试很多动作，然后在这些动作中学到好的动作。因此基于确定性策略梯度的强化学习方法往往采用异步策略学习方法（off-policy）实现，即行动策略和评估策略不是同一个策略，如行动策略采用随机策略，以保证充足的探索；评估策略选用确定性策略，以保证学习效率，这个学习框架即为 AC（Actor-Critic）框架，如图 7-10 所示。图

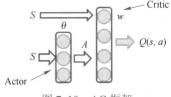

图 7-10　AC 框架

中 Actor 方法用来调整参数 θ 的值，Critic 方法逼近值函数 $Q(s,a)$，w 为待逼近的参数，最终用 TD 学习的方法评估值函数。

7.4　DQN 算法模型

之前所谈论的强化学习方法都是比较传统的方法，而如今，随着机器学习在日常生活中的各种应用，各种机器学习方法也在合并、升级。而本节所要探讨的方法则是这么一种融合了神经网络和 Q-Learning 的方法，叫作 Deep Q Network（DQN）。如图 7-11 所示。

图 7-11　DQN 介绍

在基本概念中已经说过，强化学习是一个反复迭代的过程，每一次迭代要解决两个问题：①给定一个策略求值函数（通常也称为 Q 值），②根据值函数来更新策略。当状态空间比较小时，可以用表格来存储每一个状态（State）和在这个状态下的每个行为（Action）所拥有的 Q 值。但是在复杂的情况下，例如一个视频游戏，它的状态空间非常大，如果迭代地计算每一个 Q 值是非常耗费时间和资源的。这个时候就不能直接用迭代的方式去计算，而是需要找到一个最优的 Q 函数，找这个最优的 Q 函数的方法就是用神经网络，将状态和动作当成神经网络的输入，然后经过神经网络分析后得到动作的 Q 值，这样就没必要在表格中记录 Q 值，而是直接使用神经网络生成 Q 值。用一个深度神经网络来为每一组状态行为估计它们的 Q 值，进而近似估计出最优的 Q 函数。神经网络接受外部的信息相当于人的眼睛、鼻子和耳朵收集信息，然后通过大脑加工输出每种动作的值，最后通过强化学习的方式选择动作。

通过第 6 章的深度学习可以知道，神经网络的训练是一个最优化问题，最优化一个损失函数（Loss Function）也就是标签和网络输出的偏差，目标是让损失函数最小化。为此，需要有巨量的有标签数据，然后通过反向传播使用梯度下降的方法来更新神经网络的参数。所以，要训练 Q 网络，就要为 Q 网络提供有标签的样本。Q-Learning 算法对于一些小问题非常实用，但是遇到复杂的问题，状态数变多，就会出现效率低、受数据关联性影响等问题。于是 DQN 出现了，它在 Q-Learning 算法上做了修改，用神经网络代替了 Q-Learning 中的 Q 表，其输入为状态，输出为每个动作的 Q 值。

DQN 算法之所以著名，其中起到重要作用的有两点，一是使用深度卷积神经网络逼近值函数，网络结构为 3 个卷积层和 2 个全连接层；二是利用经验回放训练强化学习模型。在训练神经网络时，假设训练数据是独立同分布的，但是强化学习数据采集过程中的数据是具有关联性的，利用这些时序关联的数据训练时，神经网络无法稳定，利用经验回放打破了数据间的关联性。在强化学习的过程中，智能体将数据保存到一个数据库中，再利用均匀随机采样的方法从数据库中抽取数据，然后利用抽取到的数据训练神经网络。DQN 的网络模型如图 7-12 所示。

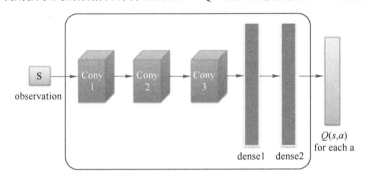

图 7-12　DQN 的网络模型

DQN 设置了目标网络来单独处理时间差分算法中的 TD 误差，目标网络的作用与经验回放一致，都是为了打破训练数据之间的时序关联性，在计算 TD 目标计算时使用一个参数 θ，计算并更新动作值函数逼近的网络使用另一个参数 θ'，在训练过程中，动作值函数逼近网络的参数 θ' 每一步更新一次，TD 目标计算网络的参数 θ 每个固定步数更新一次，值函数更新后为

$$\theta_{t+1} = \theta_t + \alpha[r + \gamma \max_{a'} Q(s',a';\theta') - Q(s,a;\theta)]\nabla Q(s,a;\theta)$$

总体来说，当前网络关注于局部的学习，目标网络在于全局的把控。

7.5　强化学习前沿研究

在标准的强化学习中，智能体作为学习系统，获取外部环境的当前状态信息 s，对环境采取试探行为 a，并获取环境对此动作反馈的评价 r 和新的环境状态。如果智能体的某动作 a 导致环境正的奖赏（立即报酬），那么智能体以后产生这个动作的趋势便会加强；反之，智能体产生这个动作的趋势将减弱。在学习系统的控制行为与环境反馈的状态及评价的反复交互作用中，以学习的方式不断修改从状态到动作的映射策略，以达到优化系统性能的目的。强化学习的前沿领域就是对标准强化学习问题进行进一步优化，用强化学习方法研究未知环境。由于环境的复杂性和不确定性，这些问题变得更复杂，所以学者们也从未停止对强化学习的研究，本节就介绍一些强化学习中前沿的算法。

7.5.1　逆向强化学习

在强化学习算法中，奖励大多是人为制定或者是环境给出的。然而，在很多复杂的任务中，奖励很难指定，此外，人为设计奖励函数具有很大的主观性，很难制定合适的奖励函数，奖励函数的不同也会导致最优策略的不同。在很多实际任务中，存在一些专家完成任务的序列被认为获取了比较高的累积奖励。人类专家在完成复杂任务时，可能未考虑奖励函数。但是，这并不是说人类专家在完成任务时就没有奖励函数。从某种程度上来讲，人类专家在完成具体任务时有潜在的奖励函数。Ng A Y 等人提出，专家在完成某项任务时，其决策往往是最优或接近最优的。可以假设，当所有的策略所产生的累积奖励期望都不比专家策略所产生的累积奖励期望大时，所对应的奖励函数就是根据示例学到的奖励函数。因此，IRL（逆向强化学习）可以定义为从专家示例中学到奖励函数，即 IRL 考虑的情况是在 MDP（马尔可夫决策过程）中，奖励函数未知，而专家在完成在此 MDP 环境下的某项任务时，其策略往往是最优或接近最优的。假设，当所有的策略所产生的累积回报期望都不比专家策略所产生的累积回报期望大时，强化学习所对应的奖励函数就是根据专家示例学到的回报函数。图 7-13 为逆向强化学习的流程图，有一个由专家演示轨迹组成的集合（Expert Trajectories），逆向强化学习通过学习专家演示轨迹学习到专家策略，进而按照专家策略生成该 MDP 下的奖励函数。

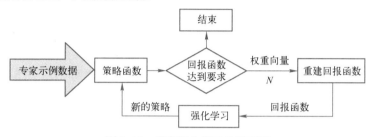

图 7-13　逆向强化学习的流程图

如果将最开始逆向强化学习的思想用数学的形式表示出来，那么这个问题可以归结为最大边际化问题。如图 7-14 所示，这是逆向强化学习最早的思想。根据这个思想发展起来的算法包括学徒学习（Apprenticeship Learning）、MMP 方法（Maximum Margin Planning）、结构化分类（SCIRL）和神经逆向强化学习（NIRL）。最大边际形式化的最大缺点是很多时候不存在单独的回报函数使得专家示例行为既是最优的又比其他任何行为好很多，或者有很多不同的回报函数会导致相同的专家策略，也就是说这种方法无法解决歧义的问题。基于概率模型的方法可以解决歧义性的问题，研究者们利用概率模型又发展出了很多逆向强化学习算法，如最大熵逆向强化学习、相对熵逆向强化学习、最大熵深度逆向强化学习、基于策略最优的逆向强化学习等。

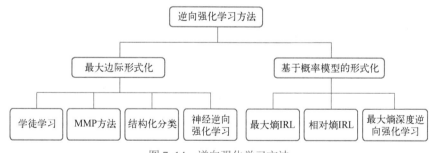

图 7-14　逆向强化学习方法

7.5.2　深度强化学习

近年来，深度学习（Deep Learning，DL）作为机器学习领域一个重要的研究热点，已经在图像分析、语音识别、自然语言处理等领域取得了令人瞩目的成果。DL 的基本思想是通过多层的网络结构和非线性变换，组合低层特征，形成抽象的、易于区分的高层表示，以发现数据的分布式特征表示。因此 DL 方法侧重对事物的感知和表达。强化学习（Reinforcement Learning，RL）作为机器学习领域的另一个研究热点，已经广泛应用于工业制造、仿真模拟、机器人控制、优化与调度、游戏博弈等领域。RL 的基本思想是通过最大化智能体（Agent）从环境中获得的累计奖赏值，以学习到完成目标的最优策略，因此 RL 方法更加侧重于学习解决问题的策略。随着人类社会的飞速发展，在越来越多复杂的现实场景任务中，需要利用 DL 来自动学习大规模输入数据的抽象表征，并以此表征为依据进行自我激励的 RL，优化解决问题的策略。由此，谷歌的人工智能实验室 DeepMind 创新性地将具有感知能力的 DL 和具有决策能力的 RL 相结合，形成了深度强化学习（Deep Reinforcement Learning，DRL）。

深度学习出现之后，将深度神经网络用于强化学习是一个很自然的想法。深度神经网络能够实现端到端的学习，直接从图像、声音等高维数据中学习得到有用的特征，这比人工设计的特征更为强大和通用。但是将深度学习用于强化学习也面临以下几个挑战。

1）首先，深度学习需要大量有标签的训练样本，而在强化学习中，算法要根据标量回报值进行学习，这个回报值往往是稀疏的，即不是执行每个动作都立刻能得到回报，例如对于打乒乓球这样的游戏，只有当自己或者对手失球时得分才会变化，此时才有回报，其他时刻没有回报。此外，回报值带有噪声，还具有延迟，当前时刻的动作所得到的回报在未来才能得到体现，例如，在下棋时，当前所走的一步的结果会延迟一段时间才能得到体现。

2）有监督学习一般要求训练样本之间是相互独立的，在强化学习中，经常遇到的是前后高度相关的状态序列。在某个状态下执行一个动作之后进入下一个状态，前后两个状态之间存在着明显的概率关系，不是独立的。

3）在强化学习中，随着学习到新的动作，样本数据的概率分布会发生变化，而在深度学习中，要求训练样本的概率分布是固定的。

因此，深度强化学习目前只是在很多游戏中取得了超越人类顶级专家的水平，在真实世界的学习能力和人类还相差甚远，如视觉导航（Visual Navigation）等。

7.5.3　分层强化学习

传统强化学习方法面临着维度灾难，即当环境较为复杂或者任务较为困难时，智能体的状态空间过大，会导致需要学习的参数以及所需的存储空间急速增长，传统强化学习方法难以取得理想的效果。为了解决维度灾难的问题，研究者提出了分层强化学习（Hierarchical Reinforcement Learning，HRL）。分层强化学习的主要目标是将复杂的问题分解成多个小问题，分别解决小问题从而达到解决原问题的目的。近些年来，人们认为分层强化学习基本可以解决强化学习的维度灾难问题，转而将研究方向转向如何将复杂的问题抽象成不同的层级，从而更好地解决这些问题。

常见的分层强化学习方法可以大致分为四类：基于选项（Option）的强化学习、基于分层抽象机（Hierarchical of Abstract Machines）的分层强化学习、基于 MaxQ 函数分解（MaxQ Value Function Decomposition）的分层强化学习，以及端到端的（End to End）的分层强化学习。

7.5.4　价值迭代网络

价值迭代是一种计算最佳 MDP（Markov Decision Process）策略及其价值的方法。价值迭代网络（VIN）是一种嵌入了"规划模块"的完全可微的神经网络。它可以学习规划，并适用于预测涉及基于规划推理的结果，如强化学习策略。

价值迭代网络是由 Tamar A、Wu Y 等人于 2016 年提出的，其初衷是让机器能更自动化，让其背后的算法具有更好的泛化能力。人工智能已经在向通用人工智能发展，但神经网络等模型在新的环境和问题上的泛化能力却受到了重大的挑战，价值迭代网络创新性地设计出 VI 模块发挥"大脑"的决策作用，在其中将卷积神经网络（CNN）与经典的价值迭代算法结合起来实现规划过程，而不是使用人为设计的损失函数，是深度学习和强化学习的结合。他们的论文 *Value Iteration Networks* 获得了

2016 年 NIPS 的最佳论文奖，而其所基于增强学习在神经网络的实现则可以追溯到 20 世纪 90 年代。近几年深度学习取得突破后有关强化学习的研究也随之受到众多关注，DeepMind 机构 2013 年发表的论文显示其训练的卷积神经网络在七个游戏中的六个取得了有史以来的最好成绩。该模型使用了 Q-Learning 的变体，因此被称为深度 Q 网络（DQN），这即是广为人知的深度 Q 学习（Deep Q-Learning）。最为大众所熟知的 AlphaGo 系列就是 DeepMind 深度强化学习的成果。

7.5.5　AlphaGo 的原理

2016 年，李世石和 AlphaGo 的"人机大战"（见图 7-15）掀起了一波"人工智能"的浪潮，也引起了人们对于"人工智能"的热烈讨论。虽然真正意义上的"人工智能"离人类还有很远，但是 AlphaGo 的成功已经是一个不小的进步。接下来介绍 AlphaGo 的原理。

图 7-15　AlphaGo 对战李世石

AlphaGo 每一次落子之后，对手也随即落子，这时候棋盘的状态就发生了变化，AlphaGo 可以掌控自己的落子，但是却不能掌控对手的落子，对手不同的落子就会导致不同的下一个状态。事实上，AlphaGo 虽然不能掌控对手的落子，但是它可以预测对手的落子情况，就像人类棋手一样，人类棋手会站在对手的角度来考虑，并猜测对手的下一步棋。因此 AlphaGo 会预判出对手可能的落子点，给每一种情况赋予一个概率，这样就有了状态转移概率矩阵（Transition Matrix）。状态转移概率矩阵会根据 AlphaGo 当前的动作给出所有可能的下一个棋盘状态以及对应的概率，概率最大的状态就是对手最可能的落子情况。为了更方便读者理解，以图 7-16 为例，假设白色棋子代表人，黑色棋子代表 AlphaGo。对于给定的棋盘局面，训练出来的 AlphaGo 每次都会试图去选择最好的走子方案 a（也叫作 action），而且这种最优方案会让 AlphaGo 有更大的可能获得胜利。

图 7-16　AlphaGo 与人下棋

如何选择下一步的走子方案？简单粗暴的方法就是评估所有的可能性，其实就是判断每一步走子带来胜利的概率。需要注意的是，这不仅仅要考虑眼前的一步，还要考虑到游戏结束为止走过的所有的步子，这好比优秀的围棋选手会比其他选手能够多考虑接下来的几步。如图 7-17 所示，当一个选手把白色棋子放在棋盘上的时候，对于 AlphaGo 来说它有 80 种可能的走子方案（9×9-1），这称之为广度（Breadth）。请注意，真实棋盘是 19×19 的。AlphaGo 确认了下一步走子方案的时候，选手就可以选择剩下的 79 种走子方案。很容易看出，仅仅简单的两步就一共产生了 80×79 种不同的组合。所以可以想象，当一个游戏的长度为 N 时（也称之为深度 Depth），考虑所有的可能性是不现实的。所以人们的目标就是要降低搜索空间的大小（Reduce the Search Space）。既然搜索空间的大小依赖于搜索的广度和深度，子目标就变得非常明确，就是要降低广度和深度。

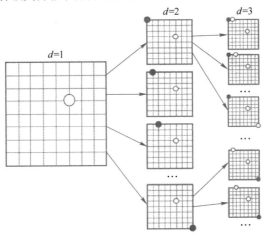

图 7-17　AlphaGo 走棋方案

走棋网络（Policy Network）就是为了减少广度而提出来的一种算法。对于一个给定的棋盘状态，要尽量把需要考虑的范围减少，同时也要考虑最优的走子方案。通过走棋网络可以只选择可能性较大的走子方案，而不去考虑剩下的方案。从数学的角度来讲，对于给定的一个棋盘状态 S，先计算概率分布 P(a，s)，然后从中选择最为合理的走子方案。这时，问题就变成了如何去计算概率分布 P(a，s)。答案就是用深度神经网络。AlphaGo 系统会从已有的比赛历史中去学习顶级高手的走子方案。也就是说，给定一个棋盘状态，AlphaGo 会试图去模仿专家的走法，并判断哪种走法最有利。如图 7-18 所示，为了达到训练的目的，AlphaGo 需要大量的训练样本，样本就是职业玩家的比赛记录。训练好的模型就可以用来模拟高手的走法。

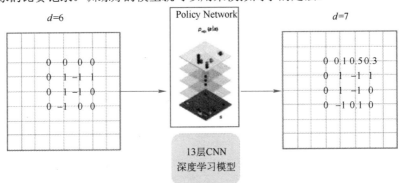

图 7-18　通过深度学习计算概率分布

经过深度学习训练的 AlphaGo 并没有停留在这一步，而是接着用强化学习的方式来进一步提高系统的性能。AlphaGo 通过强化学习搜集更多的样本，从而提高系统的准确率，做法很简单，就是把训练出来的模型两两对抗，根据比赛的结果再更新模型的参数。所以这是机器和机器之间的较量，这种迭代会反复很多次。

再用强化学习的思想去认识 AlphaGo。对 AlphaGo 来说，AlphaGo 本身就是一个智能体（Agent），而棋盘是它所处的环境（Environment），动作空间（Action Space）就是它能采取的所有合法的落子情况，每一次 AlphaGo 落子之后（Action），环境的状态（State）则随之发生改变，即棋盘的布局状态发生了变化，人们把所有的棋盘布局状态的集合称为状态空间（State Space）。AlphaGo 下完一盘棋需要采取一系列的动作，根据 AlphaGo 是否获胜来给它一个奖励（Reward），如果 AlphaGo 获胜了，则给它一个好的奖励，告诉它这盘棋下得不错；如果 AlphaGo 输了，则给它一个坏的奖励，告诉它这盘棋下得不好。AlphaGo 根据它最终得到的奖励，就能够知道自己在这一局棋中的一系列落子动作是好还是不好。而强化学习的目的就是让 AlphaGo 通过不断的学习，找到一个解决问题的最好的步骤序列，这个"最好"的衡量标准就是 AlphaGo 执行一系列动作后得到的累积奖励的期望。AlphaGo 和环境（棋盘）的交互关系如图 7-19 所示。

图 7-19　AlphaGo 和环境（棋盘）的交互关系

如果细想会发现一个问题，人们给 AlphaGo 的奖励总是在它下完一盘棋之后，所以 AlphaGo 只知道自己这一整局棋下得怎么样，而具体到中间的每一步，则没有了评判的依据。这种情况在强化学习问题中，人们称之为延迟奖励（Delayed Reward）。要想找到一个最好的动作序列，AlphaGo 就需要通过不断的学习来为每一个中间动作（或状态）赋予一个奖励，这个奖励的大小和好坏代表着这一个动作（或状态）在引领 AlphaGo 赢得这局棋（即获得最大累积奖励）方面表现的有多好。当 AlphaGo 学习到了所有中间动作（或状态）的奖励值之后，AlphaGo 就可以遵循一个策略（Policy），这个策略就是在每一个棋盘状态下，都执行对应奖励值最大的那一个落子动作，这就是强化学习要做的事。

下棋本身就是一种博弈的过程，其间充满了挑战。人们看到了 AlphaGo 击败了李世石，这也使很多人开始相信机器智能超过了人类。然而，AlphaGo 只不过是在模拟专业围棋选手的走子方案，而且这种模拟依赖于历史比赛的记录。总的来说，虽然 AlphaGo 的结果很振奋人心，但它毕竟不是什么颠覆性的新科技，只是把已有的技术以更好的方式组织在一起并做出了一套智能化的系统。机器在棋牌上胜过人类一点都不奇怪，因为这些问题都有明确的规则和有限的搜索空间，就看谁能够更快地找到最优解罢了。

7.6　强化学习应用实践

1. 学习目标

使用 Python 编程，通过不倒翁自动平衡恢复，实现强化学习的算法模拟。

2. 案例背景

OpenAI Gym 是一个研究和开发强化学习相关算法的仿真平台，内置了多种仿真环境。这些环境提供共享接口，允许编写通用方法调用。同时 Gym 支持可视化的结果呈现，非常适合强化学习的开发和测试。本案例将借助于 Gym 实现强化学习案例 CartPole。

CartPole 是一个杆子连在一个小车上，小车可以无摩擦地左右运动，杆子一开始是竖直向上的，小车通过左右运动使得杆子保持不倒的状态。

3. 技术实现

1）安装 Anaconda 并打开 Jupyter Notebook 环境。

2）安装 Gym 环境。

```
pip install  gym
```

3）在 Jupyter Notebook 中新建文件并输入以下代码。

```python
import gym
import time

if __name__ == "__main__":
    # 生成 CartPole 仿真环境
    env = gym.make('CartPole-v0')
    for i_episode in range(20):
        # 初始化/重置环境
        observation = env.reset()
        for t in range(100):
            # 渲染环境并可视化显示
            env.render()
            # 随机获取需要执行的动作
            action = env.action_space.sample()
            # 执行动作 action，获取仿真环境的反馈
            # observation:  agent 下一步的动作
            # reward: agent 执行动作之后获得的奖励
            # done: status 是否为最终状态，即本轮游戏是否结束
            # info:  辅助信息
            observation, reward, done, info = env.step(action)
            if done:
                print(observation)
                time.sleep(1)
                break
        time.sleep(10)
        # 关闭仿真环境
        env.close()
```

案例运行结果如图 7-20 所示。

4. 结论

通过基于强化学习实现 CartPole，理解强化学习的原理。

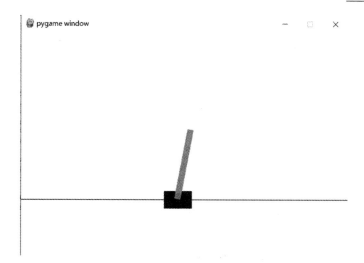

图 7-20　案例运行结果

7.7　本章习题

1. 简述什么是强化学习。
2. 基于值函数的强化学习方法有哪些？
3. 基于直接策略搜索的强化学习方法有哪些？
4. 简要说明什么是 DQN 算法。
5. 简述 DQN 算法的步骤。
6. 有哪些强化学习的前沿算法？
7. AlphaGo 的原理是什么？

第8章
自然语言处理

自然语言处理（Natural Language Processing，NLP）研究能实现人与计算机之间用自然语言进行有效通信的各种理论和方法，融语言学、计算机科学、数学于一体。这一领域的研究涉及自然语言（人们日常使用的语言），它既与语言学的研究有着密切的联系，但又有重要的区别。自然语言处理并不是一般的研究自然语言，而在于研制能有效地实现自然语言通信的计算机系统，特别是其中的软件系统，因而它是计算机科学的一部分。

本章主要是让读者认识和理解自然语言处理。首先介绍了自然语言处理的判别标准以及其发展历程；接着介绍自然语言处理技术分类，包括 NLP 应用基础和 NLP 应用技术；最后介绍语音处理及自然语言处理应用实践。

8.1　自然语言处理概述

自然语言处理研究的是如何通过机器学习等技术，让计算机学会处理人类语言，乃至实现终极目标——理解人类语言或者人工智能。然而如同其本身的复杂性一样，自然语言处理一直是一个艰深的难题。虽然语言只是人工智能的一部分（人工智能还包括计算机视觉），但它非常独特。自然语言处理的目标是让计算机处理或者"理解"自然语言，以完成有意义的任务，比如订机票、购物或者同声传译等。

本节将介绍自然语言处理的基本概念和层次，以及自然语言处理的判别标准。

8.1.1　自然语言处理的概念

自然语言处理的研究以计算机为工具，对自然语言的形、音、义等信息进行处理，即对字、词、句、篇章的输入、输出、识别、分析、理解、生成等的操作和加工以及书面形式者口头形式进行各种各样的处理和加工的技术，自然语言处理是研究人与计算机交流的一门学科，是人工智能的主要内容。如图 8-1 所示，研究自然语言处理需要同时具备计算机科学、语言学和人工智能领域的相关知识。

图 8-1　自然语言处理与计算机科学，人工智能以及语言学的关系

与编程语言相比，自然语言的复杂性明显高得多，二者的不同之处具体总结为以下 6 个方面。

（1）词汇量

自然语言中的词汇远比编程语言中的关键词丰富。在常见的编程语言中，能使用的关键词数是有限而且确定的。比如，C 语言中一共有 32 个关键字（for、int……），Java 中有 50 个。虽然这些编程语言可以自由改写变量名、函数名等，但是在计算机看来只是区别符号，不含语言信息。而在自然语言中，人们可以使用的词汇量是无穷无尽的，几乎没有意义完全相同的词语。

（2）结构化

自然语言是非结构化的，而编程语言是结构化的，每当需要判断时，就需要用到 if，每当用到循环时，就需要用到 for 或者 while，这些都是非常严谨的结构。而自然语言是不需要这些条条框框的，它就像汉语一样，随意间就可以用不同词语表达出相同的意思。

（3）歧义性

自然语言含有大量歧义，这些歧义根据语境的不同而表现为特定的义项。比如汉语中的多义词，只有在特定的上下文中才能确定其含义，举个通俗易懂的例子："M 国的乒乓球很厉害，谁也打不过。Z 国的足球比较弱，谁也踢不过。"每句话只读后半句是不是意思一样？而加上前面的话，其含义是完全不同的。而在编程语言中就不存在歧义，因为它们都是特定的关键字，并且程序员若是在无意间写了有歧义的代码，程序就会报错无法运行。

（4）容错性

自然语言有很强的容错性。在人与人的交流中，即使是错得很离谱的话语，人们也可以大致猜出它的意思。在互联网上，文本更加随性，错别字或者语句、不规范的标点符号随处可见。

但在编程语言中，程序员必须保证绝对正确、语法绝对规范，否则要么被编译器警告，要么造成潜在的漏洞。

（5）易变性

任何语言都是在不断发生变化的，不同的是，编程语言的变化要缓慢得多，而自然语言则相对迅速一些。编程语言是由某个人或组织发明并且负责维护的。以 C++为例，它的发明者是 Bjarne Stroustrup，现在由 C++标准委员会维护。从 C++98 到 C++03，再到 C++11 和 C++14，语言的变化以年为单位，并且新版本大致做到了对旧版本的前向兼容、只有少数废弃掉的特性。而自然语言不是由谁组织或者发明的，或者说任何一门自然语言都是由全人类共同约定俗成的。虽然存在普通话、粤语等语言，但每个人都可以自由创造和传播新词汇和新用法，也不停地赋予旧词汇新含义，导致古代和现代汉语相差较大，这些变化是连续的，每时每刻都在进行，给自然语言处理带来了不小的挑战。

（6）简略性

由于听说速度、书写速度和阅读速度的限制，自然语言并不需要重复前面的事实，对于机构名称，人们经常使用简称，比如上文提出一个对象作为话题，则下文经常使用代词。这些省略的东西，是交流双方共有而计算机不一定拥有的。

8.1.2　自然语言处理的层次

一个完整的自然语言处理问题的解决是一个层次化的过程，可以更好地体现语言本身的构成，按照处理对象的颗粒度，自然语言处理大致可以分为五个层次，如图 8-2 所示，分别是语音分析、词法分析、句法分析、语义分析和语用分析。接下来将逐一介绍自然语言处理层次的定义。

图 8-2　自然语言处理层次

1．语音分析

语音分析是指根据人们的发音规则以及人们的日常习惯发音，从语音传输数据中区分出一个个独立的音节或者音调，再根据对应的发音规则找出不同音节所对应的词素或词，进而由词到句，识别出人所说的一句话的完整信息，将其转化为文本存储。语音分析是语音识别的核心。

2．词法分析

词法分析是找出词汇的各个组成部分，分析这些组成部分之间的关系，进而从中获得语言学的信息。对中文而言，词法分析常常是后续高级任务的基础。在流水线式的系统中，如果词法分析出错，则会波及后续任务。

3．句法分析

与句法分析相比，词法分析只能得到零散的词汇信息，计算机不知道语言之间的关系。而在一些问答系统中，需要得到句子的主谓宾结构。比如"查询刘医生主治的内科病人"这句话，用户真正想要查询的不是"刘医生"，也不是"内科"，而是"病人"。虽然这三个词都是名词，甚至"刘医生"离表示意图的动词"查询"最近，但只有"病人"才是"查询"的宾语，故需通过句法分析找到词与词之间的联系。例如有一词典已经对英语单词 the、can、hold、water 标注了如下词性信息，the:art(冠词)，can:n、aux、v(n、v 分别表示名词和动词，下同；aux 表示助动词)，hold:v，water:n、v。句子 the can hold the water 的分析树如图 8-3 所示。

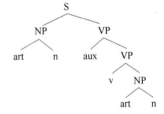

图 8-3　句法分析示例

4．语义分析

相比于句法分析，语义分析侧重语义而非语法，即要找出词的意思，并在词意义的基础上拼接出一段完整的话的意思，进而得到完整语篇的含义，从而确定语言所表达的真正含义或概念。句子的分析与处理过程，有的采用"先句法后语义"的方法，但"句法语义一体化"的策略还是占据主流位置。语义分析技术目前还不是十分成熟，运用统计方法获取语义信息的研究颇受关注，常见的方法有词义消歧和浅层语义分析。

5．语用分析

语用分析是指研究语言所存在的外界环境对语言使用者所产生的影响，例如人在恐慌的条件下的表达方式与平时生活中的表达方式有很大的不同，而这是由环境变化引起的，其主体并没有改变。语用分析是离人们生活最近的层次，但也是相对较难的部分。

8.1.3　NLP 的判别标准

在人工智能领域或者是语音信息处理领域中，学者们普遍认为采用图灵试验可以判断计算机是否理解了某种自然语言，具体的判别标准有以下几条。

（1）问答

机器正确回答输入文本中的有关问题，以一问一答的形式，精确地定位用户所需要的提问知识，通过与用户进行交互，为用户提供个性化的信息服务。

（2）文摘生成

机器有能力生成输入文本的摘要。文档摘要生成方法涉及更广泛的技术问题，因此文档摘要自动生成技术受到研究人员的广泛关注。目前，文档摘要采用的方法一般为基于抽取的方法（Extracting Method，或称摘录型方法）和基于理解的方法（Abstracting Method）。自动文摘过程通常包括三个基本步骤，但实现基本步骤的方法可以是基于句子抽取的，也可以是基于内容理解的，或者是基于结构分析的，还可以是其他方法。但无论采用什么样的方法，都必须面对下面三个关键问题。

1）文档冗余信息的识别和处理。

2）重要信息的识别。

3）生成摘要的连贯性。

（3）释义

机器能用不同的词语和句型来复述其输入的文本。

（4）翻译

机器具有把一种语言翻译成另一种语言的能力。机器翻译又称为自动翻译，是利用计算机将一种自然语言（源语言）转换为另一种自然语言（目标语言）的过程。它是计算机语言学的一个分支，是人工智能的终极目标之一，具有重要的科学研究价值。机器翻译技术的发展一直与计算机技术、信息论、语言学等学科的发展紧密相随。从早期的词典匹配，到词典结合语言学专家知识的规则翻译，再到基于语料库的统计机器翻译，随着计算机计算能力的提升和多语言信息的爆发式增长，机器翻译技术逐渐走出象牙塔，开始为普通用户提供实时便捷的翻译服务。

8.2 自然语言处理的发展与应用

自然语言处理技术日新月异，本节主要介绍其发展历程及应用。

8.2.1 自然语言处理的发展历程

8.1 节比较了编程语言与人工语言的异同，说明了自然语言处理的层次，介绍了 NLP 的判别标准，本小节简要介绍自然语言处理的发展历程。自然语言处理是机器学习的应用层，如同人工智能一样，自然语言处理也经历了从逻辑规则到统计模型的发展之路，图 8-4 列出了其历史发展过程中的几个重要阶段。最早的自然语言理解方面的研究工作是机器翻译。1949 年，美国人威弗首先提出了机器翻译设计方案。20 世纪 60 年代，国外对机器翻译曾有大规模的研究工作，耗费了巨额费用，但人们当时显然低估了自然语言的复杂性，语言处理的理论和技术均不成熟，所以进展不大。近年自然语言处理在词向量（Word Embedding）表示、文本的编码（Encoder）和反编码（Decoder）技术以及大规模预训练模型（Pre-Trained）的进步，极大地促进了自然语言处理的研究。

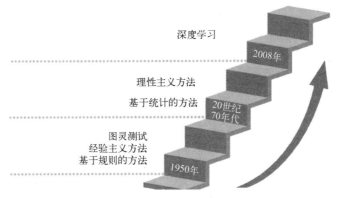

图 8-4　自然语言发展历程

1．20 世纪 50—70 年代，采用基于规则的方法

1950 年图灵提出了著名的"图灵测试"，这一般被认为是自然语言处理思想的开端。20 世纪 50—70 年代自然语言处理主要采用基于规则的方法，研究人员们认为自然语言处理的过程和人类学习认知一门语言的过程是类似的，所以大量的研究员基于这个观点来进行研究，这时的自然语言处理停留在经验主义思潮阶段，以基于规则的方法为代表。但是基于规则的方法具有不可避免的缺点，首先规则不可能覆盖所有语句，其次这种方法对开发者的要求极高，开发者不仅要精通计算机，还要精通语言学。因此，这一阶段虽然解决了一些简单的问题，但是无法从根本上将自然语言理解实用化。

2．20 世纪 70 年代—21 世纪初，采用基于统计的方法

20 世纪 70 年代以后随着互联网的高速发展，语料库日益丰富，计算机硬件不断更新完善，自然语言处理思潮由经验主义向理性主义过渡，基于统计的方法逐渐代替了基于规则的方法。贾里尼克和他领导的 IBM 华生实验室是推动这一转变的关键，他们采用基于统计的方法，将当时的语音识别率从 70%提升到 90%。在这一阶段，自然语言处理基于数学模型和统计的方法取得了实质性的突破，从实验室走向实际应用。

3．2008 年至今，深度学习

从 2008 年到现在，在图像识别和语音识别领域的成果激励下，人们也逐渐开始引入深度学习来做自然语言处理研究，由最初的词向量到 2013 年的 Word2Vec（一类来产生词向量的相关模型），将深度学习与自然语言处理的结合推向了高潮，并在机器翻译、问答系统、阅读理解等领域取得了一定成功。深度学习是一个多层的神经网络，从输入层开始经过逐层非线性的变化得到输出。从输入到输出做端到端的训练，把输入到输出的数据准备好，设计并训练一个神经网络，即可执行预想的任务，RNN（Recurrent Neural Network）已经是自然语言处理最常用的方法之一，GRU（Gated Recurrent Unit）、LSTM（Long Short-Term Memory）等模型相继引发了一轮又一轮的热潮。

4．自然语言处理最新进展

近年来，预训练语言模型（Pre-trained Language Representation Model）在自然语言处理领域有了重要进展。预训练语言模型指的是首先在大规模无标注的语料上进行长时间的无监督或者是自监督的预训练（Pre-Training），获得通用的语言建模和表示能力。之后在应用到实际任务上时对模型不需要做大的改动，只需要在原有语言表示模型上增加针对特定任务获得输出结果的输出层，并使用任务语料对模型进行少许训练即可，这一步骤被称作微调（Fine Tuning）。

目前主要的预训练语言模型为 ELMo、GPT、BERT。BERT（Bidirectional Encoder Representation from Transformer）是 Google AI 于 NAACL2019 提出的一个预训练语言模型，BERT 的创新性是提出了有效的无监督预训练任务，从而使得模型能够从无标注语料中获得通用的语言建模能力。BERT 之后涌现出了许多对其进行扩展的模型，如图 8-5 所示，包括跨语言预训练的 XLM 和 UDify，跨模态预训练的模型，融合知识图谱的 ERNIE，将 Seq2Seq 等语言生成任务整合入 BERT 类模型的 MASS、UniLM 等。预训练模型在绝大多数自然语言处理任务上都展现出了远远超过传统模型的效果，受到越来越多的关注，是 NLP 领域近年来最大的突破之一。

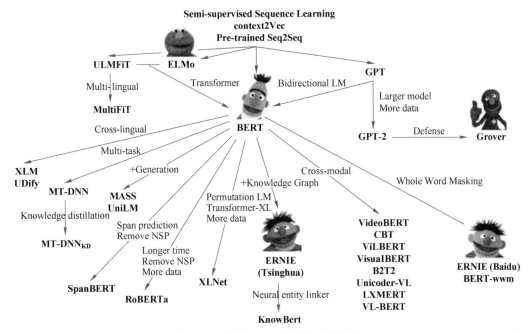

图 8-5　基于 BRET 进行扩展的模型

8.2.2　自然语言处理的应用

自然语言处理软件在知识产业中占有重要的地位，专家系统、数据库、知识库、计算机辅助设计系统（Computer Aided Design）、计算机辅助教学系统（Computer Assisted Instruction）、计算机辅助决策系统、办公自动化管理系统、智能机器人等，都对自然语言处理应用存在需求。具有篇章理解能力的自然语言理解系统在机器自动翻译、情报检索、自动标引及自动文摘等领域，有着广阔的应用前景。随着自然语言处理研究的不断深入和发展，其应用领域越来越广，接下来介绍自然语言处理应用较为频繁的场景。

1．知识图谱

知识图谱能够描述复杂的关联关系，它的应用极为广泛，如图 8-6 所示。知识图谱最为人所知的就是被用在搜索引擎中丰富搜索结果，并为搜索结果提供结构化结果，这也是 Google 提出知识图谱的初衷。微软小冰、苹果 Siri 等聊天机器人中也加入了知识图谱的应用，IBM Watson 是问答系统中应用知识图谱较为典型的例子。按照应用方式，可以将知识图谱的应用分为语义搜索、知识问答以及基于知识的大数据分析和决策等。

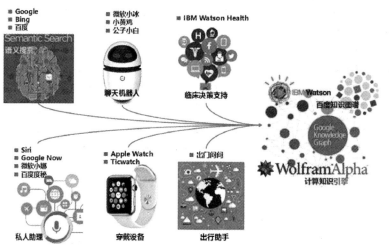

图 8-6　知识图谱应用领域

语义搜索通过建立大规模知识库对搜索关键词和文档内容进行语义标注，改善搜索结果，如谷歌、百度等在搜索结果中嵌入知识图谱。

知识问答是基于知识库的问答，通过对提问句子的语义分析将其解析为结构化的询问，在已有的知识库中获取答案。

在大数据的分析和决策方面，知识图谱起到了辅助作用，典型应用是美国 Netflix 公司利用其订阅用户的注册信息以及观看行为构建了知识图谱，该知识图谱反映出英剧《纸牌屋》很受欢迎，于是拍摄了大受追捧的美剧《纸牌屋》。

2．机器翻译

机器翻译通过计算机将一种语言翻译成另一种语言，是自然语言处理最为人知的应用场景，一般是将机器翻译作为某个应用的组成部分，例如跨语言的搜索引流等。以 IBM、谷歌、微软为代表的国外科研机构和企业均相继成立机器翻译团队专门从事智能翻译研究，如图 8-7 所示。如 IBM 于 2009 年 9 月推出 ViaVoice Translator 机器翻译软件，为自动化翻译奠定了基础；2011 年开始，伴随着语音识别、机器翻译技术、深度神经网络（Deep Neural Network，DNN）技术的快速发展，口语自动翻译研究成为信息处理领域新的研究热点；Google 于 2011 年 1 月正式在其 Android 系统上推出了升级版的机器翻译服务；微软的 Skype 于 2014 年 12 月宣布推出实时机器翻译的预览版、支持英语和西班牙语的实时翻译，并宣布支持 40 多种语言的文本实时翻译功能。

图 8-7　机器翻译

机器翻译的方法主要分为两类：基于规则的方法和基于语料库的方法。基于规则的机器翻译（RBMT）方法使用双语词典和手动编写的规则将源语言文本翻译成目标语言文本，然而手动编写规则是十分烦琐且难以维护的。随着深度学习技术的发展，基于语料库方法之一的神经机器翻译（NMT）逐渐取代了基于规则的机器翻译方法，包括非自回归模型、无监督 NMT 模型以及 NMT 上的预训练模型（基于 BERT）等的众多模型不断涌现。尤其随着 Sequence to Sequence 的翻译架构的提出和 Transformer 模型的成熟与应用，神经机器翻译方法的翻译质量和效率得到了巨大的提升，神经机器翻译为目前发展的热点领域。

3．聊天机器人

聊天机器人是指能通过聊天 App、聊天窗口或语音唤醒 App 进行交流的计算机程序，是用来解决客户问题的智能数字化助手，其特点是成本低、高效且可以持续工作，例如 Siri、小娜等对话机器人。除此之外，聊天机器人在一些电商网站有着很实用的价值，可以充当客服角色（如京东客服 jimi），其实有很多基本的问题并不需要联系人工客服来解决，通过智能问答系统可以排除掉大量的用户问题，如商品的质量投诉、商品的基本信息查询等程式化问题，在这些特定的场景中，特别是在处理高度可预测的问题中，利用聊天机器人可以节省大量的人工成本。聊天机器人的发展历程如图 8-8 所示。

图 8-8　聊天机器人的发展阶段

4．文本分类

文本分类是指根据文档的内容或者属性，将大量的文档归到一个或多个类别的过程。这一技术的关键问题是如何构建一个分类函数或分类模型，并利用这一分类模型将未知文档映射到给定的类别空间。按照其领域分类不同的期刊、新闻报道甚至多文档分类也是可能的。文本分类的一个重要应用是垃圾电子邮件检测，除此之外，腾讯、新浪、搜狐等的门户网站每天产生的信息十分繁杂，依靠人工整理分类是一项耗时巨大的工作，且很不现实，此时文本分类技术的应用就显得极为重要。

5．搜索引擎

自然语言处理技术（如词义消歧、句法分析、指代消解等技术）在搜索引擎中常常被使用，搜索引擎不单单可以帮助用户找到答案，还能帮助用户找到所求。搜索引擎最基本的模式是自动化地聚合足够多的内容，对之进行解析、处理和组织，响应用户的搜索请求并找到对应结果返回，每一个环节都需要用到自然语言处理技术。例如用户搜索"天气""日历""机票"及"汇率"这样的模糊需求，会直接呈现搜索结果。用户还可以通过搜索引擎搜索较为复杂的问题。

一方面，有了自然语言处理技术才使得搜索引擎能够快速精准地返回用户的搜索结果，几乎所有的自然语言处理技术都在搜索引擎中有应用的影子；另一方面，搜索引擎在商业上的成功，也促进了自然语言处理技术的不断进步。

6．推荐系统

第一个推荐系统是 1992 年 Goldberg 提出的 Tapestry，这是一个个性化邮件推荐系统，其第一次提出了协同过滤的思想，利用用户的标注和行为信息对邮件进行重排序。推荐系统依赖数据、算法、人机交互等环节的相互配合，应用了数据挖掘技术、信息检索技术以及计算统计学等技术。使用推荐系统的目的是联系用户和信息，帮助用户发现对自己有价值的信息，同时让信息能够展示在对它感兴趣的用户面前，通过精准推荐，用来解决信息过载和用户无明确需求的问题。

推荐系统在音乐和电影的推荐、电子商务产品推荐、个性化阅读、社交网络好友推荐等场景中发挥着重要的作用，美国 Netflix 2/3 的电影是因为被推荐而观看，Google News 利用推荐系统提升了 38% 的点击率，Amazon 的销售中推荐占比高达 35%。

8.3　自然语言处理技术分类

通过前面两节已经了解了自然语言处理概念、层次以及发展历史，接下来介绍自然语言理解涉及的相关技术。基于不同的分类原则，自然语言处理相关技术的分类结果也有所不同。在这里，主要按照基础技术和应用技术两类进行划分，即 NLP 的基础技术和 NLP 的应用技术，分类结果如图 8-9 所示。

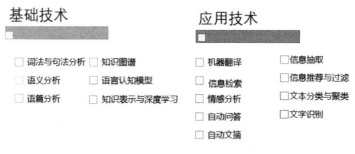

图 8-9　NLP 技术分类

8.3.1　NLP 基础技术

本小节重点介绍自然语言处理的基础研究方面，自然语言的基础技术包括词汇、短语、句子和篇章级别的表示，以及分词、句法分析和语义分析等。其中词法、句法、语义分析在 8.1.2 节已介绍，因此，本小节主要介绍知识表示这一基础技术。

知识表示是描述一组事物的约定，可以看成是人类知识表示成机器能处理的数据结构。知识表示是人工智能的一个重要研究课题，应用人工智能技术解决实际问题，就要涉及各类知识如何表示。人们要研究如何将知识存储在计算机中，能够方便和正确地使用知识，合理地表示知识，使得问题的求解变得容易且具有较高的求解效率。知识表示是数据结构和控制结构及解释过程的结合，涉及计算机程序中存储信息的数据结构设计，并对这些数据结构进行智能推理演变的过程。知识表示是推理和行动的载体，如果没有合适的知识表示，任何构建智能体的计划都无法实现。通常有以下几种知识表示方法。

1. 一阶谓词逻辑表示方法

一阶谓词逻辑表示方法利用一阶逻辑公式描述事物对象、对象性质和对象间关系。这种方法是将自然语句写成逻辑公式，采用演绎规则和归结法进行严格的推理，若能证明一个新语句是由已知正确的语句推导出来的，即可断定这个新的语句（新知识）是正确的。知识库可以视为一组逻辑公式的集合，增加或删除逻辑公式即是对知识库的修改。

逻辑表示法有明确和规范的规则构造复杂事物，结构清晰，可以分离知识和处理知识的程序。具有完备的逻辑推理方法，不局限于具体领域，有较好的通用性。缺点是适合于事物间确定的因果关系，难于表示过程和启发式知识，推理过程中可能产生组合爆炸，推理效率较低。

2. 产生式表示方法

根据串代替规则提出的一种计算模型，模型中的每条规则称为产生式。产生式的基本形式为 $P \rightarrow Q$，P 是产生式的前提（前件），Q 是一组结论或操作（后件），如果前提 P 满足，则可推出结论 Q 或执行 Q 所规定的操作。产生式可以表示人类心理活动的认知过程，已经成为人工智能中应用最多的一种知识表示模式，许多成功的专家系统都采用产生式知识表示方法。

3. 语义网络表示方法

语义网络是知识表示中最重要的方法之一，是一种表达能力强而且灵活的知识表示方法。语义网络利用节点和带标记的边结构的有向图描述事件、概念、状况、动作及客体之间的关系。带标记的有向图能十分自然地描述客体之间的关系。

语义网络由于其自然性而被广泛应用。采用语义网络表示的知识库的特征是利用带标记的有向图描述可能事件。节点表示客体、客体性质、概念、事件、状况和动作，带标记的边描述客体之间的关系。知识库的修改是通过插入和删除客体及其相关的关系实现的。采用网络表示法比较合适的领域大多数是根据非常复杂的分类进行推理的领域以及需要表示事件状况、性质以及动作之间关系的领域。

语义网络的基本形式为（节点 1，弧，节点 2），节点表示各种事物、概念、情况、属性、动作、状态等，每个节点可以带有若干属性，一般用框架或元组表示。此外，节点还可以是一个语义子网络，形成一个多层次的嵌套结构。语义网络中的弧表示各种语义联系，指明它所连接的节点间某种语义关系。节点和弧都必须带有标示，来方便区分不同对象以及对象间各种不同的语义联系。一个语义网络的例子如图 8-10 所示。

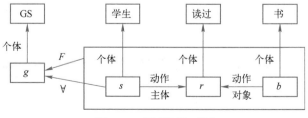

图 8-10　语义网络示例

4. 框架表示方法

框架表示法是在框架理论的基础上发展起来的一种结构化知识表示方法。框架理论是对理解视觉、自然语言对话和其他复杂行为的一种"框架"认识：人们对现实世界中各种事物的认识都是以一种类似于框架的结构存储在记忆中的，当遇到一个新事物时，就从记忆中找出一个合适的框架（框架示例见图 8-11），并根据新的情况对其细节加以修改、补充，从而形成对这个新事物的认识。

框架名：	t intent result 索
犯罪意图：	intent
犯罪结果：	result
被杀者：	y
知情人：	$\{z_i \mid i \in I\}$
罪犯：	t
条件一：	有某个 z_i 指控 t
条件二：	t 招认

图 8-11　框架示例

当事物的知识比较复杂时，需要通过多个框架之间的横向或纵向联系形成一种框架网络。框架系统的问题求解主要是通过对框架的继承、匹配与填槽来实现的。框架表示法的优点有结构性、深层性、继承性、自然性。不足之处有缺乏框架的形式理论，缺乏过程性知识表示，清晰性难以保证。

5. 过程表示方法

过程表示是将有关某一问题领域的知识，包括如何使用这些知识的方法，均隐式地表示为一个求解问题的过程。

主要优点：表示效率高，过程表示法是用程序来表示知识的，可以避免选择和匹配无关的知识，不需要跟踪不必要的路径，从而提高了系统的运行效率；控制系统容易实现，控制机制已嵌入到程序中，控制系统比较容易设计。主要缺点：不易修改和添加新知识，当对某一过程进行修改时，可能影响到其他过程，对系统维护带来不便。

8.3.2　NLP 应用技术

接下来将介绍 NLP 的应用技术，主要包括机器翻译、信息检索、情感分析、自动问答、自动文摘、社会计算、信息抽取等。

1. 机器翻译

机器翻译（Machine Translation）是指运用机器，通过特定的计算机程序将一种书写形式或声音形式的自然语言，翻译成另一种书写形式或声音形式的自然语言。机器翻译是一门交叉学科，组成它的三门子学科分别是计算机语言学、人工智能和数理逻辑，各自建立在语言学、计算机科学和数学的基础之上。目前最重要的两种机器翻译方式为规则法和统计法。

（1）规则法

规则法（Rule Based Machine Translation，RBMT）依据语言规则对文本进行分析，再借助计算机程序进行翻译。多数商用机器翻译系统采用规则法。规则法机器翻译系统的运作通过三个连续的阶段实现：分析、转换、生成，根据三个阶段的复杂性分为三级。如图 8-12 所示，其一为直接翻译，即简单的词到词的翻译。其二为转换翻译，即翻译过程要参考并兼顾到原文的词法、句法和语义

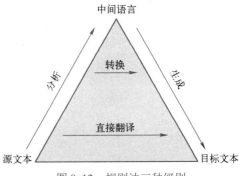

图 8-12　规则法三种级别

信息，因为信息来源范围过于宽泛，语法规则过多且相互之间存在矛盾和冲突，转换翻译较为复杂且易出错。其三为国际语翻译，迄今为止，还只是设想，期望凭借通用的完全不依赖语言的形式，实现对语言信息的解码。

（2）统计法

统计法（Statistical Machine Translation，SMT）通过对大量的平行语料进行统计分析，构建统计翻译模型（词汇、比对或是语言模式），进而使用此模型进行翻译，一般会选取统计中出现概率最高的词条作为翻译，概率算法依据贝叶斯定理。假设要把一个英语句子 A 翻译成汉语，所有汉语句子 B 都是 A 的可能或是非可能的潜在翻译。$Pr(A)$是类似 A 表达出现的概率，$Pr(B|A)$是 A 翻译成 B 出现的概率。找到两个参数的最大值，就能缩小句子及其对应翻译检索的范围，从而找出最合适的翻译。SMT 根据文本分析程度级别的不同分为两种：基于词的 SMT 和基于短语的 SMT，后者是目前普遍使用的，Google 用的就是这种方法。翻译文本被自动分为固定长度的词语序列，再对各词语序列在语料库里进行统计分析，以查找到出现对应概率最高的翻译。

2．信息检索

信息检索指从相关文档集合中查找用户所需信息的过程。其原理为对信息进行收集、标引、描述、组织，进行有序的存放，按照某种查询机制从有序存放的信息集合（数据库）中找出用户所需信息或获取其线索。将用户输入的检索关键词与数据库中的标引词进行对比，二者匹配成功时检索成功，检索结果按照与提问词的关联度输出，供用户选择，用户采用"关键词查询+选择性浏览"的交互方式获取信息。未经中文分词处理时在 Internet 上搜索"和服"的检索结果如图 8-13 所示。

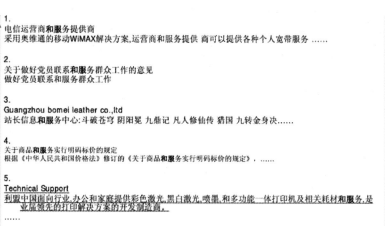

图 8-13　未经中文分词处理时在 Internet 上搜索"和服"的检索结果

3．情感分析

通过计算机技术对文本的主客观性、观点、情绪、极性的挖掘和分析，对文本的情感倾向做出分类判断，在评论机制的 App 选举预测、股票预测等领域中应用较为广泛，并且在互联网舆情分析中情感分析起着举足轻重的地位。现有研究已经产生了可用于情感分析多项任务的大量技术，包括监督和无监督方法。在监督方法中，早期论文使用主要监督机器学习方法（如支持向量机、最大熵、朴素贝叶斯等）和特征组合。无监督方法包括使用情感词典、语法分析和句法模式的不同方法。

4．自动问答

自动问答指利用计算机自动回答用户所提出的问题，以满足用户知识需求的任务，分为以下三种。

1）检索式问答：通过检索和匹配回答问题，推理能力较弱。

2）知识库问答：Web 2.0 的产物，用户生成内容是其基础，Yahoo Answer、百度知道等是其典型代表。

3）社区问答：正在逐步实现知识的深层逻辑推理。其工作流程是首先要正确理解用户所提出的问题；其次，抽取其中关键的信息，在已有的语料库或者知识库中进行检索、匹配；最后，将获取的答案反馈给用户。

5．自动文摘

运用计算机技术，依据用户需求从源文本中提取最重要的信息内容，进行精简、提炼和总结，最后生成一个精简版本。其特点是压缩性、内容完整性、可读性。可分为基于统计的机械式文摘和基于意义的理解式文摘。前者简单容易实现，是目前主要被采用的方法，但是结果不尽如人意；后者建立在对自然语言的理解基础之上的，接近于人提取摘要的方法，难度较大。

6．社会计算

社会计算指在互联网的环境下，以现代信息技术为手段，以社会科学理论为指导，帮助人们分析社会关系，挖掘社会知识，协助社会沟通，研究社会规律，破解社会难题。主要应用如下。①金融市场：采用社会计算方法探索金融风险和危机的动态规律；②社会安全：把握舆情、引导舆论；③军事方面：许多国家加大投入力度扶持军事信息化的发展。

7．信息抽取

信息抽取指从文本中抽取出特定的事实信息。这些被抽取出来的信息通常以结构化的形式直接存入数据库，可以供用户查询及进一步分析使用，为之后构建知识库、智能问答等提供数据支撑，利用自然语言处理的技术，包括命名实体识别、句法分析、篇章分析与推理以及知识库等，对文本进行深入理解和分析完成信息抽取工作。信息抽取技术对于构建大规模的知识库有着重要的意义，但是目前由于自然语言本身的复杂性、歧义性等特征，而且信息抽取目标知识规模巨大、复杂多样等问题，使得信息抽取技术还不是很完善。

8.4　语音处理

语音处理（Speech Signal Processing）是研究语音发声过程、语音信号的统计特性、语音的自动识别、机器合成以及语音感知等各种处理技术的总称。由于现代的语音处理技术都以数字计算为基础，并借助微处理器、信号处理器或通用计算机加以实现，因此也称为数字语音信号处理，其目的是希望做出想要的信号，进一步做到语音辨识，应用到交互界面甚至一般生活中，使人与计算机能进行口语化沟通。所以本节主要介绍语音处理发展状况、主要分支等。

8.4.1　语音处理概述

在分析语音信号前，必须先了解其架构，语音的要素从小到大分别是音素→音节→词汇→句子→整段话。音素是语音的最小单位，音节在中文而言，就是只一个字，例如"天天开心"就有四个音节。词汇是文字组成的有意义片段，各种不同的词汇集结成句子，最后变成整段话，这就是语音的架构。语音处理方法为传声器或其他装置收到的类音声音信号，经由模拟数字变换装置，将资料数据化进行处理，最后再经过数字模拟变换装置输出。因此，人们在处理时是针对数字信号，一种离散时间信号。其信号处理流程如下：首先收取并采样信号，利用传声器或各种收音装置，收取模拟语音信号，再用 ADC 装置（如模拟数字变换卡）把模拟信号变成数字信号，接着根据奈奎斯特采样理论采样，若不符合理论则会造成信号失真。

8.4.2　语音处理发展状况

语音信号处理起步很早，但尚未完全成熟。1791 年，Wolfgang von Kempelen 构建了"会说话的机器"模仿人类发声。1835 年，Charles Wheatstone 改进了 Kempelen 的机器。1870 年代，开启了电话发明之争，事实上，梅乌奇于 1860 年代就已对电话机进行了原创性的发明创造，比贝尔和格雷早 10 多年。由于经济困窘等原因，19 世纪 70 年代，梅乌奇并没有赢得与贝尔的电话机专利争夺战。在其逝世 113 年后，美国议会认定梅乌奇为电话机的发明者。1939 年，H. Dudley研制成功了第一个声码器，打破了以前的"波形原则"，提出了一种全新的语音通信技术，即提取参数加以传输，在收端重新合成语音。其后，产生"语音参数模型"的思想。1942 年，Bell 实验室发明了语谱仪。1948 年，美国 Haskin 实验室研制成功"语图回放机"。1952 年，Bell 实验室研制出识别十个英语数字的识别器。1956 年，Olson 和 Belar 等人研制出语音打字机。

20 世纪 60 年代以后，随着计算机技术的发展，语音信号处理技术获得了长足的进步，计算机模拟实验取代了硬件研制的传统做法，各种突破性的思想不断涌现。1960 年，Denes 等人用计算机实现自动语音识别，引入了时间归正算法改进匹配性能。20 世纪 70 年代起，人工智能技术开始引入到语音识别中。美国国防部 ARPA 组织了 CMU 等五个单位参加的一项大规模语音识别和理解研究计划。20 世纪 70 年代中期，日本学者 Sakoe 提出的动态时间弯折算法对小词表的研究获得了成功，从而掀起了语音识别的研究热潮。

2006 年至今：语音处理技术的再次突破和神经网络的重新兴起相关。2006 年 Hinton 提出用深度置信网络（Deep Belief Networks，DBN）初始化神经网络，使得训练深层的神经网络变得容易，从而掀起了深度学习（Deep Learning，DL）的浪潮。2009 年，Hinton 以及他的学生D. Mohamed 将深层神经网络应用于语音的声学建模，在音素识别 TIMIT 任务上获得成功。但是 TIMIT 是一个小词汇的数据库，而且连续语音识别任务更加关注的是词甚至是句子的正确率。而深度学习在语音识别真正的突破要归功于微软研究院俞栋、邓力等在 2011 年提出的基于上下文相关（Context Dependent，CD）的深度神经网络和隐马尔可夫模型（CD-DNN-HMM）的声学模型。CD-DNN-HMM 在大词汇量连续语音识别任务上相比于传统的 GMM-HMM 系统获得了显著的性能提升。从此基于 GMM-HMM 的语音识别框架被打破，大研究人员开始转向基于 DNN-HMM 的语音识别系统的研究。智能语音人机交互技术作为目前最炙手可热的人工智能技术之一，正在被广泛地应用于各行各业，智能语音将改变用户的行为习惯，成为主要的人机交互方式。智能语音市场前景广阔，智能语音科技攻关将聚焦开源算法平台构建和重点领域创新，无监督学习、多模态融合、脑科学交叉融合和系统性创新等是重点发展方向，智能语音企业将着力提升用户隐私的安全性，企业竞争将集中于应用场景扩展和服务能力提升，产业开放生态将进一步升级。

8.4.3 语音处理的主要分支

语音合成、语音编码和语音识别是实现人机语音通信，建立一个有听说能力的口语系统所必需的关键技术，使计算机具有类似于人的说话能力，是当今时代信息产业的重要竞争市场。人的语音通信过程和计算机语音过程如图 8-14 所示。

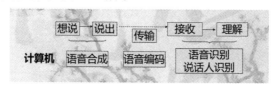

图 8-14 人机语音通信过程对比

语音合成：利用计算机和一些专门装置模拟人声，制造语音的技术。文语转换（Text to Speech）技术隶属于语音合成。

语音编码：对模拟信号进行编码，将其转化成数字信号，从而降低传输码率并进行数字传输。分为波形编码、参量编码（音源编码）和混合编码。

语音识别：让机器通过识别和理解过程把语音信号转变为相应的文本或命令的技术。主要包括特征提取、模式匹配及模型训练技术。

8.4.4 语音处理的其他分支

语音处理的其他分支包括说话人识别、说话人日志、语种辨识、语音转换、语音隐藏、语音情感识别、语音增强、语音搜索，具体如下。

1）说话人识别（Speaker Recognition）又称声纹识别、话者识别。通过对语音信号的分析和处理，提取代表说话人个性信息的特征，计算机就能够自动地鉴别说话人的身份。主要分为 Speaker Identification 和 Speaker Verification。主要解决"谁在说话"和"此人在说什么"两个问题。前者通过说话人识别技术来检测，后者由说话人分割和说话人聚类技术来检测。实例图如图 8-15 所示。

图 8-15 说话人识别

2）说话人日志（Speaker Diarization）主要解决"说话人在哪里发生了变化"和"哪些段语音来自同一说话人"两个问题。前者通过说话人识别技术来检测，后者由说话人分割和说话人聚类技术来检测。实例如图 8-16 所示。

图 8-16　说话人日志

3）语种辨识（Language Identification）：通过分析处理一个语言片段从而判别其属于哪种语言。

4）语音转换（Voice Conversion）：将说话人 *A* 的语音转换为具有说话人 *B* 发音特征的语音，且保持语音内容不变。

5）语音隐藏（Speech Hiding）：利用语音信号中存在的冗余及人类感知系统的特性，在不影响原始语音信息感知质量的前提下，把额外的信息隐藏到原始语音中。

6）语音情感识别（Emotion Recognition）：计算机对语音信号进行分析和处理，从而得出说话人的情感状态，如愤怒、悲伤、高兴、恐惧等。

7）语音增强（Speech Enhancement）：当语音信号被各种各样的噪声干扰、甚至淹没后，从噪声背景中提取有用的语音信号，抑制、降低噪声干扰。

8）语音搜索（Speech Retrieval）：一种新颖的搜索技术，代替原来的键盘或手写输入，用户可以使用语音进行检索和查询。

8.5　自然语言处理应用实践

接下来通过具体实例讲解如何实现 NLP 基础分词、词性分析、关键词抽取，具体如下。

1．学习目标

通过 Python 实现分词、关键词提取、词性分析等。

2．案例背景

在中文自然语言处理中，词是最小的能够独立活动的有意义的语言成分。汉语以字为基本书写单位，词语之间没有明显的区分标记，因此进行中文自然语言处理通常是先将汉语文本中的字符串切分成合理的词语序列，然后再在此基础上进行其他分析处理。中文分词指的是中文在基本文法上有其特殊性而存在的分词。分词就是将连续的字序列按照一定的规范重新组合成词序列的过程。

3．技术实现

（1）基础分词

在英文的行文中，单词之间是以空格作为自然分界符的，而中文中字、句和段能通过明显的分界符来简单划界，唯独词没有一个形式上的分界符，虽然英文也同样存在短语的划分问题，不过在词这一层上，中文比英文要复杂和困难得多。现有的分词算法可分为三大类：基于字符串匹配的分词方法、基于理解的分词方法和基于统计的分词方法。按照是否与词性标注过程相结合，又可以分为单纯分词方法和分词与标注相结合的一体化方法。Python 分词代码如图 8-17 所示。不同分词模式下的分词结果如图 8-18 所示。

```
1  import jieba
2
3  # 全模式
4  text = "我来到北京清华大学"
5  seg_list = jieba.cut(text, cut_all=True)
6  print(u"[全模式]: ", "/ ".join(seg_list))
7  # [全模式]: 我/ 来到/ 北京/ 清华/ 清华大学/ 华大/ 大学
8
9  # 精确模式
10 seg_list = jieba.cut(text, cut_all=False)
11 print(u"[精确模式]: ", "/ ".join(seg_list))
12 # [精确模式]: 我/ 来到/ 北京/ 清华大学
13
14 # 默认是精确模式
15 seg_list = jieba.cut(text)
16 print(u"[默认模式]: ", "/ ".join(seg_list))
17 # [默认模式]: 我/ 来到/ 北京/ 清华大学
18
19 # 新词识别 "杭研"并没有在词典中,但是也被Viterbi算法识别出来了
20 seg_list = jieba.cut("他来到了网易杭研大厦")
21 print(u"[新词识别]: ", "/ ".join(seg_list))
22 # [新词识别]: 他/ 来到/ 了/ 网易/ 杭研/ 大厦
23
24 # 搜索引擎模式
25 seg_list = jieba.cut_for_search(text)
26 print(u"[搜索引擎模式]: ", "/ ".join(seg_list))
27 # [搜索引擎模式]: 我/ 来到/ 北京/ 清华/ 华大/ 大学/ 清华大学
28
```

图 8-17 分词代码

[out]

```
[全模式]: 我/ 来到/ 北京/ 清华/ 清华大学/ 华大/ 大学
[精确模式]: 我/ 来到/ 北京/ 清华大学
[默认模式]: 我/ 来到/ 北京/ 清华大学
[新词识别]: 他/ 来到/ 了/ 网易/ 杭研/ 大厦
[搜索引擎模式]: 我/ 来到/ 北京/ 清华/ 华大/ 大学/ 清华大学
```

图 8-18 不同分词模式下的结果

（2）词性分析

词性标注（Part-Of-Speech Tagging，POS Tagging）也被称为语法标注（Grammatical Tagging）或词类消疑（Word-Category Disambiguation），是语料库语言（Corpus Linguistics）中将语料库内单词的词性按其含义和上下文内容进行标记的文本数据处理技术。

词性标注在本质上是分类问题，将语料库中的单词按词性分类。一个词的词性由其所属语言的含义、形态和语法功能决定。以汉语为例，汉语的词类系统有 18 个子类，包括 7 类体词，4 类谓词，5 类虚词、代词和感叹词。词类不是闭合集，而是有兼词现象，例如"制服"在作为"服装"和作为"动作"时会被归入不同的词类，因此词性标注与上下文有关。对词类进行理论研究可以得到基于人工规则的词性标注方法，这类方法对句子的形态进行分析并按预先给定的规则赋予词类。词性分析代码如图 8-19 所示，执行结果如图 8-20 所示。

```
##################################
#词性标注
import jieba.posseg as pseg
words =pseg.cut("我爱北京天安门")
for w in words:
        print (w.word,w.flag)
....
```

图 8-19 词性分析代码

[out]

```
我 r
爱 v
北京 ns
天安门 ns
```

图 8-20 词性分析结果

（3）关键词提取

关键词是能够表达文档中心内容的词语，常用于计算机系统标引论文内容特征、信息检索、

系统汇集以供读者检阅。关键词提取是文本挖掘领域的一个分支，是文本检索、文档比较、摘要生成、文档分类和聚类等文本挖掘研究的基础性工作。关键词提取代码如图 8-21 所示，执行结果如图 8-22 所示。

```
from jieba import analyse

# 引入TF-IDF关键词抽取接口
tfidf = analyse.extract_tags

# 原始文本
text = "线程是程序执行时的最小单位，它是进程的一个执行流，\
        是CPU调度和分派的基本单位，一个进程可以由很多个线程组成，\
        线程间共享进程的所有资源，每个线程有自己的堆栈和局部变量。\
        线程由CPU独立调度执行，在多CPU环境下就允许多个线程同时运行。\
        同样多线程也可以实现并发操作，每个请求分配一个线程来处理。"

# 基于TF-IDF算法进行关键词抽取
keywords = tfidf(text)
print("keywords by tfidf:")
# 输出抽取出的关键词
for keyword in keywords:
        print(keyword + "/",)
```

图 8-21　关键词提取代码

```
[ out ]    keywords by tfidf:
           线程/
           CPU/
           进程/
           调度/
           多线程/
           程序执行/
           每个/
           执行/
           堆栈/
           局部变量/
           单位/
           并发/
           分派/
           一个/
           共享/
           请求/
           最小/
           可以/
           允许/
           分配/
```

图 8-22　关键词提取结果

4．项目实操

访问东方国信图灵引擎教材专区，可获取本案例数据集进行实践学习。

8.6　本章习题

1．人类语言和计算机（机器）语言之间有不可逾越的鸿沟吗？
2．自然语言处理的层次有哪些？
3．自然语言处理技术有哪些种类？
4．自然语言处理应用与实践方面有哪些？

第 9 章
机器视觉

狭义上的机器视觉（Machine Vision，MV）倾向于广义图像信号（激光、摄像头）与自动化控制（生产线）方面的应用。而由于机器视觉系统中的图像处理设备一般采用计算机，故广义上的机器视觉有时也被称为计算机视觉，但严格来讲两者不尽相同。计算机视觉（Computer Vision，CV）倾向图像信号本身的研究和图像相关的交叉学科研究（医学图像分析、地图导航）。与计算机视觉研究的视觉模式识别、视觉理解等内容不同，机器视觉则是建立在计算机视觉理论基础上，偏重于计算机视觉技术工程化，机器视觉重点在于感知环境中物体的形状、位置、姿态、运动等几何信息。

本章系统地介绍了机器视觉的基础理论、方法及关键技术，并给出了应用实例。主要内容包括图像表达与性质、图像预处理、形状表示与物体识别、图像理解、3D 图像和机器视觉应用实践。

9.1　图像表达与性质

本节将介绍图像分析中广泛使用的概念和数学工具，包括图像表达的若干概念、图像数字化、数学图像性质、彩色图像以及摄像机概述，将其划分为基本概念和数学理论基础，这种划分是为了帮助读者立即着手实践工作。

9.1.1　图像表达的若干概念

人们要处理的函数可以分为连续的、离散的或数字的。连续函数具有连续的定义域和值域。如果定义域是离散的，则得到的是离散函数；而如果值域也是离散的，就得到了数字函数。

图像（Image）这一词，人们通常在直观上去理解其意义，例如，人类眼睛视网膜上的图像或者摄像机拍摄到的图像，图像可以表示为两个或三个变量的连续函数，在简单的情况下，变量是平面的坐标 (x, y)，不过当图像随时间变化时，可以加上第三个变量 t，函数图像的值对应于图像点的亮度。亮度（Brightness）集成了不同的光学量，将亮度作为一个基本量使人们得以避免对图像成像过程进行描述。

人类眼睛视网膜或者 TV 摄像传感器上图像本身是二维（2D）的，人们将这种记录明亮度的 2D 图像称为亮度图像（Intensity Image）。

人们所处的真实世界本身是三维的（3D），二维（2D）亮度图像是三维（3D）场景的透视投影（Perspective Projection），这一过程由针孔摄像机拍摄的图像来表达，透视摄影几何表示如

图 9-1 所示。

　　非线性的透视投影被近似为线性的平行（Parallel）投影或正交（Orthographic）投影，当 3D 物体经透视投影映射到摄像机平面后，由于这样的变换不是一对一的，因而大量的信息消失了，通过一幅图像来识别和重构 3D 场景中的物体是个复杂的问题。

　　图像函数的值域也是有限的，按照惯例，在单色图像中，最低值为黑，而最高值为白，在它们之间的亮度值是灰阶（Gray-Level）。

图 9-1　透视摄影几何表示

　　数字图像的品质随着空间、频谱、辐射计量、时间分辨率的增长而提高，空间分辨率（Spatial Resolution）是由图像平面上图像采点间的接近程度确定的。频谱分辨率（Spectral Resolution）是由传感器获得的光线频率带宽决定的。辐射计量分辨率（Radiometric Resolution）对应于人们可区分的灰阶数量。时间分辨率（Time Resolution）取决于图像获取的时间采样间隔，在动态图像分析中起重要作用。

9.1.2　图像数字化

　　为了用计算机来处理，图像必须用合适的离散数据结构来表达，如矩阵。图像的数字化包括采样（Sampled）和量化（Quantization）两个过程。

　　图像在空间上的离散化称为采样，也就是用空间上部分点的灰度值代表图像，这些点称为采样点，把采样后所得的各像素的灰度值从模拟量到离散量的转换称为图像灰度的量化。一幅图像在采样时，行、列的采样点与量化时每个像素量化的级数，既影响数字图像的质量，也影响该数字图像数据量的大小。对一幅图像，当量化级数 Q 一定时，采样点数 $M \times N$ 对图像质量有着显著的影响。采样点数越多，图像质量越好；当采样点数减少时，图上的块状效应就逐渐明显。同理，当图像的采样点数一定时，采用不同量化级数的图像质量也不一样。图像数字化的过程如图 9-2 所示，量化级数越多，图像质量越好，量化级数越少，图像质量越差，量化级数最小的极端情况就是二值图像，图像会出现假轮廓。

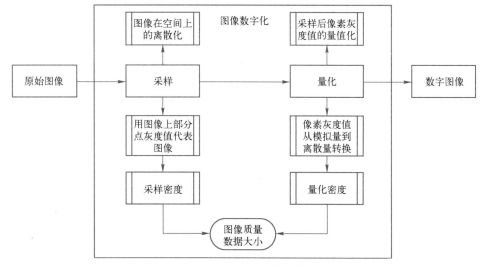

图 9-2　图像数字化的过程

9.1.3 数字图像性质

数字图像具有一些度量和拓扑性质，与人们在基础微积分中所熟悉的连续二维数的性质有所不同。另一个不同点在于人对图像的感知，因此对图像质量的判断也是极为重要的。

1. 数字图像的度量

一幅数字图像由有限大小的像素组成，像素反映图像特定位置处的亮度信息。通常像素按照矩形采样栅格布置，人们用二维矩阵来表示这样的数字图像，矩阵的元素是自然数，对应于亮度范围的量化级别。

连续图像所具有的一些明显的直觉特性在数字图像领域中没有直接的类似推广。距离（Distance）是一个重要的例子。例如欧式距离，如图 9-3 所示，坐标为 (i, j) 和 (h, k) 的两点间的距离可以定义为欧式距离的几种形式。欧氏距离的优点是它在事实上是直观且显然的，缺点是平方根的计算费时其数值不是整数。

二维空间的公式

$$\rho = \sqrt{(x_2 - x_1)^2 + (y_2 - y_1)^2}, |X| = \sqrt{x_2^2 + y_2^2}.$$

其中，ρ 为点 (x_2, y_2) 与点 (x_1, y_1) 之间的欧氏距离；$|X|$ 为点 (x_2, y_2) 到原点的欧氏距离。

三维空间的公式

$$\rho = \sqrt{(x_2 - x_1)^2 + (y_2 - y_1)^2 + (z_2 - z_1)^2},$$

$$|X| = \sqrt{x_2^2 + y_2^2 + z_2^2}.$$

n 维空间的公式

$$d(x, y) := \sqrt{(x_1 - y_1)^2 + (x_2 - y_2)^2 + \cdots + (x_n - y_n)^2} = \sqrt{\sum_{i=1}^{n}(x_i - y_i)^2}$$

图 9-3　不同维度的两点间的距离公式

像素邻接性（Adjacency）是数字图像的另一个重要概念。如果 q 在集合 $N4(p)$ 中，则具有 V 中数值的两个像素 p 和 q 是 4 邻接的。则称彼此是 4-邻接（4-neighbors）的。类似地，如果 q 在集合 $N8(p)$ 中，则具有 V 中数值的两个像素 p 和 q 是 8 邻接的。4-邻接和 8-邻接示意图如图 9-4 所示。

在介绍了邻接性、距离之后，接下来介绍距离变换（Distance Transform）。距离变换也叫作距离函数（Distance Function）或斜切算法（Chamfering Algorithm），距离变换是一个重要的概念，它提供像素与某个图像子集（可能表示物体或某些特征）的距离。距离变换图像子集内部像素点在距离变换下其值为 0，邻近子集像素点获得较小的值，而距其越远获得的值则越大，该技术的命名源于阵列的外观。换句话说，一幅二值图像的距离变换提供每个像素到最近的非零像素的距离。作为说明，来考虑一幅二值图像，其中 1 表示物体，0 表示背景。距离变换给图像的每个像素赋予到最近物体或到整个图像边界的距离，物体内部像素的距离变换等于 0。输入图像如图 9-5 所示，距离变换结果如图 9-6 所示。距离变换有很多应用。例如，在移动机器人领域中的路径规划和障碍躲避，在图像中寻找

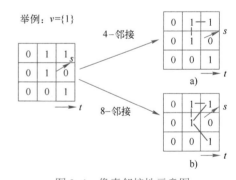

图 9-4　像素邻接性示意图

最近特征和骨架抽取。

5←	4←		4←	3←	2←	1←		0←	1←
4←	3←		3←	2←	1←	0←		1←	2←
3←	2←		2←	2←	1←	0←		1←	2←
3←	2←		1←	1←	1←	0←		1←	2←
0←	2←		0←	1←	1←	1←		0←	2←
1←	0←		I	2←	3←	2←		1←	0←
1←	0←		1←	2←	3←	3←		2←	1←
1←	0←		1←	3←	3←	4←		3←	2←

图 9-5 输入二值图像，灰色像素对应于
物体，而白色像素对应于背景

5←	4←		4←	3←	2←	1←		0←	1←
4←	3←		3←	2←	1←	0←		1←	2←
3←	2←		2←	2←	1←	0←		1←	2←
2←	1←		2←	1←	1←	0←		1←	2←
1←	0←		0←	1←	2←	1←		0←	1←
1←	0←		I	2←	3←	2←		1←	0←
1←	0←		1←	2←	3←	3←		2←	1←
1←	0←		1←	2←	3←	4←		3←	2←

图 9-6 在计算时考虑距离的距离变换结果

边缘（Edge）是另一个重要的概念。它是一个像素和其直接邻域的局部性质，是一个有大小和方向的矢量。边缘告诉人们在一个像素的小邻域内图像亮度变化有多快，边缘计算的对象是具有很多亮度级别的图像，它的计算方式是计算图像函数的梯度，边缘的方向与梯度的方向垂直，梯度方向指向函数增长的方向。与之相关的概念是裂缝边缘（Crack Edge），裂缝边缘在像素间创建了一个结构，与单元复合（Cellular Complexes）的结构方式类似，但是更注重实用而非数学严格性。每个像素存四个裂缝边缘，由其 4-邻接关系定义而得。裂缝边缘的方向沿着亮度增入的方向，是 90°的倍数，其幅值是相关像素对亮度差的绝对值。

区域的边界（Border）是图像分析中的另一个重要概念。区域的边界是它自身的一个像素集合，其中的每个点具有一个或多个外部的邻接点。该定义与人们对边界的直觉理解相对应，即边界是 R 域的边界点的集合，有时人们称这样定义的边界为内部边界（Inner Border），以便与外部边界（Outer Border）相区别，外部边界是指区域的背景（即 K 域的补集）的边界。内部边界和外部边界如图 9-7 所示。由于图像的离散本质，有些内部边界元重合了，而原本在连续情况下应该是分开的。

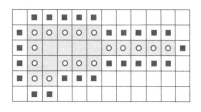

请注意，"边界"与"边缘"是不同的。边界是与区域有关的全局概念，而边缘表示图像函数的局部性质。边界与边缘也是关联的，一种寻找边界的方法是链接显著的边缘（在图像函数上具有入梯度的点）。

图 9-7 区域的内部边界（白色圆）和
外部边界（黑方块）

2．图像拓扑性质

想象一下在一个小的橡皮球表面上绘制物体的情况，物体的拓扑性质在橡皮球表面任意伸展时都具有不变性的部分，伸展不会改变物体部分的连通性，也不会改变区域中孔的数目，所以图像的拓扑性质对于橡皮球表面变换具有不变性。

9.1.4 彩色图像

色彩在人类视觉感知中是极为重要的，自 20 世纪 80 年代以来，彩色图像可以很方便地通过摄像机或扫描仪获得，并且随着存储成本的降低，使得处理彩色图像的成本大幅度降低，当前彩色显示已经是计算机系统的默认配置。对于许多机器视觉应用来说，单色图像可

能没有包含足够多的信息，而彩色和多光谱图像（Multi-spectral Image）常常可以弥补这些信息的缺失。

彩色图像处理有两个主要领域，一个是全彩色处理，通常要求图像用全彩色传感器获取；另一个是伪彩色处理，它对一种灰度范围赋予一种颜色。数字图像处理中，常用模型是 RGB（红、绿、蓝）模型和 HSI（色调、饱和度、亮度）模型，其中 HSI 模型可以解除图像中颜色和灰度信息的联系，使其更适合许多灰度处理技术。

RGB 彩色模型基于笛卡尔坐标系，并假设所有颜色值都归一化，即 R、G、B 的所有值都假定在范围[0,1]内。彩色子空间如图 9-8 所示，在 RGB 彩色模型中，用于表示每个像素的比特称为像素深度。如果一幅 RGB 图像中每一幅红、绿、蓝图像都是一幅 8 比特图像，则每个像素有 24 比特的深度。全彩色图像通常用来表示一幅 24 比特的 RGB 彩色图像。

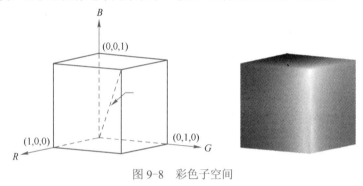

图 9-8　彩色子空间

HSI 彩色模型（色调、饱和度、亮度）中，色调是描述一种纯色（纯黄色、纯橙色、纯色）的颜色属性；饱和度是描述一种纯色被白光稀释程度的度量；亮度是主观的描述子，实际上是不可度量的，体现了无色强度概念。而强度（灰度）是单色图像最有用的描述子，是可以度量的。HSI 彩色模型可以从彩色信息中消去强度分量的影响。考虑前面提到的彩色立方图，强度（灰度）是沿连接白色顶点（1,1,1）和黑色顶点（0,0,0）的直线分布的，要确定任何彩色点的强度分量，可以通过一个垂直于强度轴并且包含该彩色点的平面，该平面与强度轴的交点就给出了[0,1]内的强度值。并且，一种颜色的饱和度（纯度）以强度轴的距离为函数。强度轴上点的饱和度为 0，沿着强度轴的其他点都是灰度。

图 9-9 显示了由 3 个点（黑色、白色和青色）定义的一个平面，可以知道包含在由强度轴和立方体边界定义的平面段内的点都有相同的色调（在这种情况下是青色），因此有如下结论：所有颜色都是由位于这些颜色定义的三角形中的 3 种颜色产生的，如果这些点中的两点是黑点和白点，第三点是彩色点，那么三角形上的点都有相同的色调，因为黑白分量不能改色调，所以形成 HSI 空间所要求的色调、饱和度和强度值可由 RGB 彩色立方体得到。

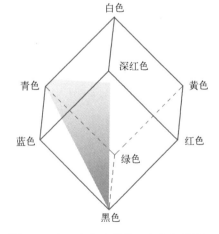

图 9-9　由 3 个点（黑色、白色和青色）定义的一个平面

9.2　图像预处理

图像预处理是指在最低抽象层次图像上所进行的操作，处理的输入和输出都是亮度图像。这些图像是与传感器抓取到的原始数据同类的，通常是用图像函数值矩阵表示的亮度图像。有必要指出，预处理不会增加图像的信息量，如果信息用熵来度量，那么预处理一般都会降低图像的信息量。因此，从信息论的角度来看，避免预处理的最好途径是着力于高质量的图像获取。然而，预处理在很多情况下是非常有用的，因为它有助于抑制与图像处理或分析任务无关的信息。因此，预处理的目的是改善图像数据，抑制不需要的变形或者增强某些对于后续处理重要的图像特征。考虑到图像的几何变换（如旋转、变尺度、平移）使用类似的技术，这里可以将它们看作预处理方法。图像预处理方法按照在计算新像素亮度时所使用的像素领域的大小分为四类：像素亮度变化、几何变换、局部邻域预处理和图像复原。在介绍方法之前，先简单介绍图像相关的数学及数学知识。

9.2.1　图像相关的数学及物理知识

1. 积分线性变换

在图像处理中，积分线性变换通常的应用是图像滤波，该词来源于信号处理——输入图像经某滤波器处理后获得输出图像。图像既可以在空域也可以在频域中，如图 9-10 所示。在频域，滤波可以看作增强或减弱，使用这种变换时，图像被当作线性（矢量）空间来处理，如同处理 1D 信号一样。常使用图像函数的两个基本表达：空域（Spatial Domain）和频域（Frequency Domain），举例来说，傅里叶变换使用正弦和余弦作为基函数，在空域如果使用线性运算（这种线性运算的一个重要例子就是卷积），则在图像表达的空域和频域之间存在映射。图像处理超越了线性运算，这些非线性处理技术主要用于空域中。

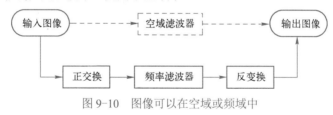

图 9-10　图像可以在空域或频域中

2. 傅里叶变换

傅里叶变换是由法国数学家约瑟夫·傅里叶（Joseph Fourier）提出的，傅里叶变换是将一个函数 X_0（如依赖于时间）变换到频域表达，傅里叶变换显示出可以预见的对称性。从偶对称和奇对称部分形成函数的能力如图 9-11 所示。

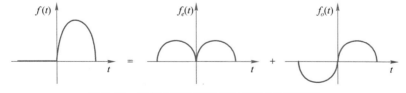

图 9-11　函数分解为它的偶对称和奇对称部分

3．离散余弦变换

离散余弦变换是积分线性变换，与离散傅里叶变换相似。离散余弦变换在输入序列的左端和右端的周期性延拓都是对称的，序列关于边界和前一点的中间点也是对称的，输入序列的周期性延拓如图 9-12 所示。该图显示出了周期性延拓的优点，镜像作用产生了光滑的周期函数，这就意味着只需要较少的余弦函数来近似信号。

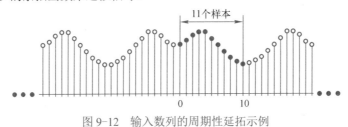

图 9-12　输入数列的周期性延拓示例

4．小波变换

傅里叶变换将信号展开为可能是无限个正弦和余弦的线性组合，缺点是仅提供有关频谱的信息，不能获得事件所发生的时间方面的信息。换句话说，傅里叶变换提供了图像中出现的所有频率，但是并不能告知它们出现在何处。定位信号（图像）中的变化的一种解决方法是使用短时傅里叶变换，其中信号被分解为小窗口并将其看作周期函数做局部处理。

小波变换比短时傅里叶变换更进步。它分析信号（图像）也是通过乘以窗函数并做正交展开来进行，与其他积分线性变换类似。小波变换在两个方向上做了扩展。在第一个方向上，小波变换比正弦和余弦要复杂。在第二个方向上，小波变换是在多个尺度上进行的。

5．主分量分析

在统计学中，主分量分析（Principal Component Analysis，PCA）是一种将高维数据集简化到低维以便于分析或显示的方法。它是一种线性变换，将数据在新的坐标系下表达出来，其基向量采用数据中具有最大发散度的模态，它是将观测空间分解为具有最大方差的正交子空间的最优线性变换方法。与快速傅里叶变换（Fast Fourier Transform）相比，PCA 灵活性的一个代价是更高的计算需求。由于产生降维，PCA 可用于有损的数据压缩（Lossy Data Compression），以保留数据集对其方差影响最大的那些特征。PCA 将一组可能相关的变量变换为同样数量不相关的变量，称为主分量（Principal Component）。第一个主分量尽可能大地反映数据的发散性，每个后续分量尽可能地反映剩余数据的发散性。

6．Radon 变换

一个完备的（连续的）投影集合包含了与原图像相同的信息，它被称为 Radon 变换。与 X 射线断层造影术图像有关。作为随机过程的图像，二阶概率分布函数（Second-Order Distribution Function）用于表达事件对应的关系。更简单的用来刻画随机过程的是一阶分布函数（First-Order Distribution Function），独立于其他像素来表达单个像素灰度值的概率特性。

7．景深

景深（Depth of Focus）是指在摄影机镜头或其他成像器前沿能够取得清晰图像的成像所测定的被摄物体前后距离范围。而光圈、镜头及拍摄物的距离是影响景深的重要因素。在镜头前方（调焦点的前、后）有一段一定长度的空间，当被摄物体位于这段空间内时，其在底片上的成像恰位于焦点前后这两个弥散圆之间，被摄物体所在的这段空间的长度就叫景深。换言之，在这段空间内的被摄物体，其呈现在底片上的影像模糊度，都在容许弥散圆的限定范围内，这段空间的长度就是景深。

8. 场深

场深（Depth of Field）是指通过光学镜头形成清晰影像的景物空间纵深范围。景物各部分距离镜头有远有近，所以在胶片上的聚焦点也分前后。摄影（像）镜头只能将某一特定距离上的平面物在像平面上形成清晰的像，但由于人眼分辨率的局限，在景物前后会有一个影像清晰的空间范围。能够形成清晰像的最远物与对焦瞄准物之间的距离为后景深，能够形成清晰像的最近物与对焦瞄准物之间的距离为前景深，前、后景深之和为全景深。镜头几何畸变的实际模型包含两个畸变成分，第一个是径向畸变（Radial Distortion）由镜头对光线的折射或多或少地偏离理想情况所引起；第二个是相对于图像中点的主点移位（Shift of the Principle Point）。

9.2.2 图像分析的数据结构

数据和算法是所有程序的两个基本的相关部分。数据的组织通常在很大程度上影响着算法的选择和实现的简洁性，因此在写程序时，数据结构的选择是一个重要的问题。在解释不同的图像处理方法之前，先介绍有关如何表示图像数据及推导数据的内容，以使不同类型的图像数据表示之间的关系清晰化。机器视觉感知的目的是寻找输入图像与真实世界模型之间的关系。在从原始输入图像向模型转换的过程中，随着图像信息逐渐浓缩，使用的有关图像数据解释的语义知识也越来越多。在输入图像和模型之间，定义了若干层次的视觉信息表示。传统的图像数据结构有矩阵、链、拓扑数据结构、关系结构等，它们不仅对于直接表示图像信息是重要的，还是更复杂的图像分层表示方法的基础。

1. 矩阵

矩阵是低层图像表示的最普通的数据结构，矩阵中的元素都是整型数值。矩阵中的图像信息可以通过像素的坐标得到，坐标对应于行和列的标号，矩阵是图像的一个完整表示，与图像数据的内容无关，它隐含着图像组成部分之间的空间关系（Spatial Relation），这些图像组成部分在语义上非常重要。在图像中，空间是两维的，即平面。一个非常自然的空间关系是相邻关系（Neighborhood Relation）。用矩阵来表示一个分割的图像，通常要比列出所有物体之间的全部空间关系更节省存储空间，但是有时也需要记录物体之间的其他关系。

用矩阵表示的特殊图像有如下几种。

1）二值图像（Binary Image）：仅有两个亮度级别的图像，用仅含有 0 和 1 的矩阵来表示。

2）多光谱图像（Multispectral Image）：其信息可以用几个矩阵来表示，每个矩阵含有一个频带的图像。

3）分层图像数据结构（Hierarchical Image Data Structures）：用不同分辨率的矩阵来获得。图像的这种分层表示对于具有处理机制阵列结构的并行计算机是非常方便的。

2. 链

链在计算机视觉中用于描述物体的边界。链的元素是一个基本符号，这种方法使得在计算机视觉任务中可以使用任何形式的理论。链适合组织成符号序列的数据，链中相邻的符号通常对应于图像中邻接的基元，元是句法模式识别中使用的基本描述。

符合和基元对邻近的定义上有所区别，例如描述一个封闭边界的链的第一个和最后一个符号，并不是邻近的，但是它们在图像对应的原则下是邻近的，类似的不一致性在图像描述语言中也是典型的。链是线形结构，这就是为什么人们不能在相邻近或者接近基础上描述图像空间关系的原因。

链码（Chain Code）常用于描述物体的边界或者图像中一个像素宽的线条，边界由其参考像素坐标和一个符号序号来定义，符号对应几个事先定义好的方向单位长度的线段。请注意，链码本身是相对的，数据是相对于某个参考点表示的，图 9-13 给出了一个链码的例子，其中使用的是 8-邻接，用 4-邻接定义链码也是可以的。

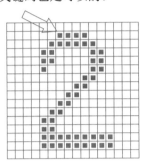
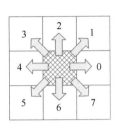

图 9-13　链码示例（箭头指向参考像素）

3．拓扑数据结构

拓扑数据结构描述图像中一组元素及其相互关系，这些关系通常用图结构来表示。图（Graph）是一种代数结构，由一组节点和一条弧构成，一条弧代表一对无次序的节点，节点不必有区别，节点的度数等于该节点具有的弧数。

赋值图（Evaluated Graph）是指弧、节点或者两者都有数值的图，这些数值可能表示加权或者耗费区域。

区域邻接图（Region Adjacency Graph）是这类数据结构的一个典型，其中节点对应于 T 区域，相邻的区域用弧连接起来，分割的图像由具有相似性的区域构成，这些区域对应场景中的一些实体，当区域之中具有一些共同边界时，相邻关系就成立了。图 9-14 给出了一个区域邻接图例子，其中图像中的区域用数字标识（为 0 代表图像外的像素），在区域邻接图中，这些结构用来指出与图像边接触的区域。

4．关系结构

关系数据库也可以用来表示从图像中得到的信息，这些所有的信息集中在重要的图像组成部分（即物体）之间的关系上，而物体是图像分割的结果。关系以表达形式来记录。图 9-15 给出了一个这种例子，其中每个物体有名字和其他特征，物体间的关系通过数值序号关系进行表示。

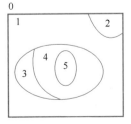
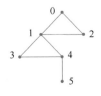
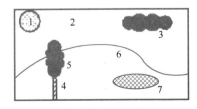

图 9-14　区域邻接图示例　　　　　图 9-15　使用关系结构的物体描述

9.2.3　像素亮度变换

像素亮度变换可以改变像素的亮度，变换值取决于各像素自身的性质。有两类像素亮度变换：亮度校正（Brightness Corrections）和灰度级变换（Gray-Scale Transformation）。亮度校正在修改像素的亮度时要考虑该像素原来的亮度和其在图像中的位置。灰度级变换在修改像素的亮度时无须考虑其在图像中的位置。

1. 亮度校正

理想情况下，图像获取和数字化设备的灵敏度不应与图像的位置有关，但是这种假设在很多实际情况下是不成立的，只有当图像退化过程稳定时才能使用。光线离光轴距离越远，透镜对它削弱越多，且传感器的光敏元件并不具有完全相同的灵敏度。

2. 灰度级变换

灰度级变换不依赖于像素在图像中的位置，一个变换 T 将原来在范围$[p_1, p_2]$内的亮度 p 变换为一个新范围。

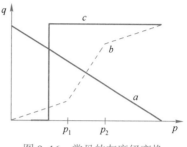

图 9-16　常见的灰度级变换

图 9-16 给出了最常见的灰度级变换，直线 a 代表负片变换，分段线性函数 b 增强了图像在亮度 p_1 和 p_2 之间的图像对比度，函数 c 被称作亮度阈值化（Brightness Thresholding），其结果是黑白图像。

9.2.4　几何变换

几何变换在计算机图形学中是常见的，在图像分析中也使用得很多。这项技术可以消除图像获取时所出现的几何变形，如果人们需要匹配同一物体的两幅不同的图像，就需要用到几何变化，只需考虑 2D 情况下的几何变化，因为这对于绝大多数数字图像来说已经足够了。

几何变换由两个基本步骤组成，第一步是像素坐标变换（Pixel Co-ordinate Transformation），将输入图像像素映射到输出图像。输出点的坐标应该按照连续数值来计算（实数），这是因为在变换后其位置未必对应于数字栅格。第二步找到与变换后的点匹配最佳的数字光栅中的点，并确定其亮度数值。该亮度通常是用领域中的几个点的亮度插值（Interpolation）计算的。

几何变换改变了图像中像素间的空间关系，比如可以放大和缩小图像，可以旋转、移动或者扩展图像。几何变换可用于创建小场景，从而适应从某个重放分辨率到另一个分辨率的数字视频，校正由观察几何变换导致的失真，以及排列有相同场景和目标的多幅图像。

9.2.5　局部预处理

局部预处理是使用输入图像中一个像素的 4 邻域来产生输出图像中新的亮度数值的方法，这种预处理的方法在使用信号处理的术语时被称作滤波（Filtering）。根据处理的目的，可以将局部预处理方法分为两组：第一组，平滑（Smoothing），其目的在于抑制噪声或其他小的波动，这等同于在傅里叶变换域抑制高频部分，但是平滑也会模糊所有的含有图像重要信息的明显边缘；第二组，梯度算子（Gradient Operators），是基于图像函数的局部导数，导数在图像函数快速变化的位置处较大。梯度算子的目的是在图像中显现这些位置。梯度算子在傅里叶变换域有抑制低频部分的类似效应。噪声在本质上通常是高频的，但是如果在图像中使用梯度算子，也会同时抬高噪声水平。

显然，平滑和梯度算子具有相互抵触的目标。有些预处理算法解决了这个问题，使得可以同时达到平滑和边缘增强的目的。

1．图像平滑

图像平滑主要利用图像数据的冗余性来抑制图像噪声，通常依赖于某种对某个邻域的亮度数值。平滑有造成明显边缘变得模糊的问题，因此在这里考虑能够保持边缘（Edge Preserving）的平滑方法，即仅使用邻域中与被处理的点有相似性质的点做平均。它们多数是非线性的，试图避免在边缘处不平均而造成显著的边缘模糊。

2．边缘检测算子

边缘检测算子（Edge Detectors）是一组在亮度函数中定位变化的非常重要的局部图像预处理方法，边缘是亮度函数发生急剧变化的位置。在图像分析中，边缘一般用于寻找区域的边界。假定区域具有均匀的亮度，其边界就是图像函数变化的位置，因此在理想情况下具有高边缘幅值的像素中没有噪声。可见边界和其组件（边缘）与梯度方向垂直。梯度方向上边缘剖面的边缘具有典型特征。图 9-17 给出了几种典型的边缘剖面。

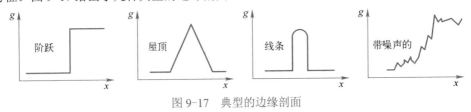

图 9-17　典型的边缘剖面

9.2.6　图像复原

人们将旨在抑制退化而利用有关退化性质知识的预处理方法称为图像复原（Image Restoration）。多数图像复原方法是基于整幅图像上的全局性卷积方法。图像的退化可能有多种原因，如光学透镜的残次、光电传感器的非线性、胶片材料的颗粒度、物体与摄像机间的相对运动、不当的聚焦、遥感或天文中大气的扰动、照片的扫描等。图像复原的目标是从退化图像中重建出原始图像，是利用确定性（Deterministic）和随机性（Stochastic）的复原技术。确定性的方法对于带有很小噪声且退化已知的图像有效，原始图像由退化的图像通过退化的逆变换得到。随机性的方法根据特定的随机准则，即最小二乘法，找到最优的复原。

9.2.7　图像分割

在对处理后的图像数据进行分析之前，图像分割是最重要的步骤之一。它的主要目标是将图像划分为强相关性的、含有真实世界物体的区域所组成的部分。图片分割根据灰度、颜色、纹理和形状等特征将图像进行划分，让区域间差异性明显，区域内呈现相似性。主要分割方法有基于阈值的分割、基于边缘的分割、基于区域的分割、基于图论的分割、基于能量泛函的分割。

（1）基于阈值的分割方法

基于阈值的分割方法的基本思想是基于图像的灰度特征来计算一个或多个灰度阈值，并将图像中每个像素的灰度值与阈值相比较，最后将像素根据比较结果分到合适的类别中。因此，该类方法最为关键的一步就是按照某个准则函数来求解最佳灰度阈值。灰度阈值化是最简单的分割处理，很多物体或图像区域表征为不变的反射率或其表面光的吸收率，可以确定为一个亮度常量，即阈值（Threshold）来分割物体和背景。阈值化计算代价小、速度快。

（2）基于边缘的分割方法

基于边缘的分割方法代表着一大类基于图像边缘信息的方法，它是最早的分割方法之一，且现在仍然是非常重要的，基于边缘的分割方法依赖于边缘检测，但是边缘检测得到的图像结果并不能作为分割结果，必须采用后续的处理将边缘合并为边缘链，使它与图像中的边界对应得更好，最终目标是至少达到部分分割，即将局部边缘聚合到一幅图像中。

通常情况下，基于边缘的分割方法指的是基于灰度值的边缘检测，它是建立在边缘灰度值会呈现出阶跃型或屋顶型变化这一观测基础上的方法，阶跃型边缘两边像素点的灰度值存在着明显的差异，而屋顶型边缘则位于灰度值上升或下降的转折处。正是基于这一特性，可以使用微分算子进行边缘检测，即使用一阶导数的极值与二阶导数的过零点来确定边缘，具体实现时可以使用图像与模板进行卷积来完成。

（3）基于区域的分割方法

此方法按照图像的相似性准则划分为不同区域块。主要区域分割方法有种子区域生长法、区域分裂合并法、分水岭法等。

1）种子区域生长法：它是根据统一物体区域的像素相似性来聚集像素点达到区域生长的方法。其中由一组表示不同区域的种子像素开始，逐步合并种子周围相似的像素从而扩大区域，直到无法合并像素点或小领域为止。其中区域内相似性的度量可用平均灰度值、纹理、颜色等信息。关键在于选择初始种子像素及生长准则。

2）区域分裂合并法：确定分裂合并的准则，然后将图像任意分成若干互不相交的区域，按准则对这些区域进行分裂合并。它可用于灰度图像分割及纹理图像分割。

3）分水岭法：一种基于拓扑理论的数学形态学的分割方法，其基本思想是把图像看作测地学上的拓扑地貌，图像中每一点像素的灰度值表示该点的海拔高度，每一个局部极小值及其影响区域称为集水盆，而集水盆的边界则形成分水岭。该算法的实现可以模拟成洪水淹没的过程，图像的最低点首先被淹没，然后水逐渐淹没整个山谷。当水位到达一定高度的时候将会溢出，在水溢出的地方修建堤坝，重复这个过程直到整个图像上的点全部被淹没，这时所建立的一系列堤坝就成为分开各个盆地的分水岭。分水岭算法对微弱的边缘有着良好的响应，但图像中的噪声会使分水岭算法产生过分割的现象。

（4）基于图论的分割方法

此类方法把图像分割问题与图的最小割（Min Cut）问题相关联。首先将图像映射为带权无向图 G，图中每个节点 $N \in V$ 对应于图像中的每个像素，每条边 $B \in E$ 连接着一对相邻的像素，边的权值表示了相邻像素之间在灰度、颜色或纹理方面的非负相似度。而对图像的一个分割 s 就是对图的一个剪切，被分割的每个区域 $C \in S$ 对应图的一个子图。而分割的最优原则就是使划分后的子图在内部保持相似度最大，而子图之间的相似度保持最小。基于图论的分割方法的本质就是移除特定的边，将图划分为若干子图从而实现分割。典型的基于图论的分割方法有 Graph Cut、Grab Cut 等。

1）Graph Cut：非常有用和流行的能量优化算法，在计算机视觉领域普遍应用于图像分割（Image Segmentation）、立体视觉（Stereo Vision）、抠图（Image Matting）等。将一幅图像分为目标和背景两个不相交的部分，那就相当于完成了图像分割，此类方法把图像分割问题与图的最小割问题相关联。最小分割把图的顶点划分为两个不相交的子集 S 和 T，这两个子集对应于图像的前景像素集和背景像素集，可以通过最小化图割来最小化能量函数得到。能量函数由区域项（Regional Term）和边界项（Boundary Term）构成。整个流程的限制是：算法基于灰度图；需要人工标注至少一个前景点和一个背景点；结果为硬分割结果，未考虑边缘介于 0～1 的透明度。

2）Grab Cut。是 Graph Cut 的改进版，是迭代的 Graph Cut。其改进有：将基于灰度分布的模型替换为高斯混合模型（Gaussian Mixture Model，GMM）以支持彩色图片；将能一次性得到结果的算法改成了强大的迭代流程，将用户的交互简化到只需要框选前景物体即可。与 Graph Cut 不同的是，Graph Cut 的目标和背景的模型是灰度直方图，Grab Cut 则采用了 RGB 三通道的混合高斯模型；Graph Cut 的能量最小化（分割）是一次达到的，而 Grab Cut 则采用了一个不断进行分割估计和模型参数学习的交互迭代过程；Graph Cut 需要用户指定目标和背景的一些种子点，但是 Grab Cut 只需要提供背景区域的像素集就可以了。也就是说用户只需要框选目标，将方框外的像素全部当成背景，这时候就可以对高斯混合模型进行建模和完成良好的分割了，即 Grab Cut 允许不完全的标注（Incomplete Labelling）。

（5）基于能量泛函的分割方法

该类方法主要指的是活动轮廓模型（Active Contour Model）以及在其基础上发展出来的算法，其基本思想是使用连续曲线来表达目标边缘，并定义一个能量泛函使得其自变量包括边缘曲线，因此分割过程就转变为求解能量泛函的最小值，一般可通过求解函数对应的欧拉方程来实现，能量达到最小时的曲线位置就是目标的轮廓所在。活动轮廓模型逐渐形成了不同的分类方式，较常见的是根据曲线演化方式的不同，将活动轮廓模型分为基于边界、基于区域和混合型活动轮廓模型。按照模型中曲线表达形式的不同，活动轮廓模型可以分为两大类：参数活动轮廓模型（Parametric Active Contour Model）和几何活动轮廓模型（Geometric Active Contour Model）。

1）参数活动轮廓模型：基于 Lagrange 框架，直接以曲线的参数化形式来表达曲线，最具代表性的是由 Kassela1 所提出的 Snake 模型。该类模型在早期的生物图像分割领域得到了成功的应用，但其存在着分割结果受初始轮廓的设置影响较大以及难以处理曲线拓扑结构变化等缺点，此外其能量泛函只依赖于曲线参数的选择，与物体的几何形状无关，这也限制了其进一步的应用。

2）几何活动轮廓模型：其曲线运动过程是基于曲线的几何度量参数而非曲线的表达参数，因此可以较好地处理拓扑结构的变化，并可以解决参数活动轮廓模型难以解决的问题。而水平集（Level Set）方法的引入，则极大地推动了几何活动轮廓模型的发展，因此几何活动轮廓模型一般也可被称为水平集方法。几何活动轮廓模型以曲线演化理论和水平集方法为理论基础，是继参数活动轮廓模型后形变模型的又一发展，是图像分割和边界提取的重要工具之一。相对于参数活动轮廓模型，几何活动轮廓模型具有很多优点，如可以处理曲线的拓扑变化、对初始位置不敏感、具有稳定的数值解等，几何活动轮廓模型又可分为基于边界的活动轮廓模型、基于区域的活动轮廓模型。基于边界的活动轮廓模型主要依赖图像的边缘信息控制曲线的运动速度。在图像边缘强度较弱或是远离边缘的地方，轮廓曲线运动速度较大；而在图像边缘强度较强的地方，轮廓曲线运动速度较小甚至停止，使得最终的轮廓曲线运动到边缘位置。

9.3 形状表示与物体识别

9.2 节着重于介绍了图像分割的方法和怎样构造均匀的图像区域及其边界，分割后的像素集以一种适合于计算机进一步处理的形式来表示和描述。

形状是物体的一种属性，接下来首先介绍物体区域标识和基于轮廓或区域的形状表示与描述，这种形状描述方法的分类对应于以前描述的基于边界的和基于区域的分割方法。基于轮廓的和基于区域的形状描述子既可能是局部或全局的，也可能在平移、旋转、尺度缩放等的敏感性上有所不同。然后介绍神经元网络、识别中的优化技术、模糊系统、随机森林。

9.3.1　区域标识

对于区域描述，区域标识是必需的。区域标识的很多方法是给每个区域（或每个边界）标志一个唯一的数字，这样的标识称为标注（Labeling）或者着色（Coloring），而最大的整数标号通常也就给出了图像区域中的数目。另一种方法是使用少数目的标号（在理论上四个就足够了），保证不存在两个相邻区域有相同标号，为提供全区域索引，必须将有关某个区域像素的信息加到描述中，该信息通常保存在单独的数据结构中。

9.3.2　基于轮廓的形状表示与描述

本节主要讨论边界的一些简单的描绘子、形状数、傅里叶描绘子和统计矩。区域边界必须以某种数学形式表示，表示像素 x 的直角坐标（Rectangular）最常见，它是路径长度 n 的函数，其他有用的表示参见图 9-18。

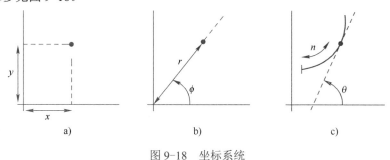

图 9-18　坐标系统

a) 直角坐标　b) 极坐标　c) 切线坐标

（1）一些简单的描绘子

1）边界的长度：边界的长度是最简单的描绘子。一条边界上的像素数量可以给出其长度的粗略近似值。

2）边界的直径：$Diam(B)=I, j \max[D(p_i, p_j)]$，式中，$D$ 是一种距离测度，p_i 和 p_j 是边界上的点。直径的值和连接组成该直径的两个端点的直线段（该直线称为边界的长轴）的方向是边界的有用描绘子。边界的短轴定义为与长轴垂直的直线，由边界与两个轴相交的 4 个外部点组成的方框这样的长度，可以完全包围该边界，这个方框称为基本矩形。

3）长轴与短轴之比称为边界的偏心率，偏心率也是一个有用的描绘子。

（2）形状数

形状数的阶 n 的定义为其表示的数字个数。对于闭合边界，n 为偶数，其值限制了不同形状的数量。图 9-20 显示了阶数为 4、6、8 的所有形状，以及它们的链码表示、一次差分和相应的形状数。从图 9-19 可以看出，形状数与方向是无关的。

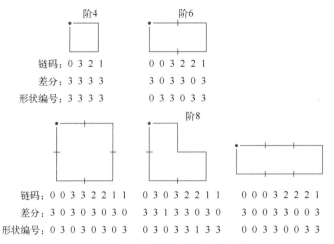

链码：0 3 2 1　　　　　0 0 3 2 2 1
差分：3 3 3 3　　　　　3 0 3 3 0 3
形状编号：3 3 3 3　　　0 3 3 0 3 3

链码：0 0 3 3 2 2 1 1　　0 3 0 3 2 2 1 1　　0 0 0 3 2 2 2 1
差分：3 0 3 0 3 0 3 0　　3 3 1 3 3 0 3 0　　3 0 0 3 3 0 0 3
形状编号：0 3 0 3 0 3 0 3　0 3 0 3 3 1 3 3　　0 0 3 3 0 0 3 3

图 9-19　阶数为 4、6、8 的形状数

（3）傅里叶描绘子

图 9-20 显示了 xOy 平面上的 k 点的数字边界。从任意点 (x_0, y_0) 开始，坐标对 (x_0, y_0)，(x_1, y_1)，(x_2, y_2)，…，(x_{k-1}, y_{k-1}) 沿逆时针方向追踪遇到的边界点。

这些坐标可以表示成 $x(k)=xk$，$y(k)=yk$。使用这种标记法，边缘本身就可表达为坐标序列 $s(k)=[x(k), y(k)]$，$k=0$，1，2，…，k-1。进而可将每个坐标对当做复数来处理，从而得出

$$s(k)=x(k)+y(k)$$

序列 $s(k)$ 的离散傅里叶变换（DFT）可写为

$$a(u)=k=\sum K-1 s(k)\mathrm{e}^{-\mathrm{j}2\pi uk/K}$$

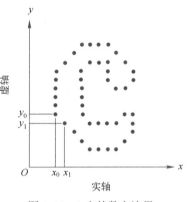

图 9-20　k 点的数字边界

复系数 $a(u)$ 被称为边界的傅里叶描绘子。这些系数通过傅里叶反变换可以重构 $s(k)$，即

$$s(k)=K1u=\sum K-1 a(u)\mathrm{e}^{\mathrm{j}2\pi uk/K}$$

假设在计算傅里叶变换时，仅使用前 p 个傅里叶系数，而不是使用全部系数，这相当于令上面函数中的 $a(u)=0$，$u>p$-1。结果得到 $s(k)$ 的近似值：

$$s\hat{~}(k)=P1u=\sum p-1 a(u)\mathrm{e}^{\mathrm{j}2\pi uk/K}$$

虽然仅使用 p 个傅里叶系数便得到了 $s\hat{~}(k)$ 的每一个分量，但高频分量决定细节部分，低频分量决定总体形状，因此，随着 p 的减少，边界细节的丢失将增加。

（4）统计矩

在统计矩中，零阶矩反映目标的面积，一阶矩反映目标的质心位置，二阶矩反映目标的主轴、辅轴的长短和主轴的方向角，低阶矩描述图像的整体特征，高阶矩主要描述了图像的细节，如目标的扭曲度和峰态的分布等。

9.3.3　基于区域的形状表示与描述

人们可以使用边界信息来描述区域，并且可以从区域自身来描述形状。区域的描绘子有圆度

率、拓扑描绘子、纹理、不变矩等，本小节主要介绍区域的简单描绘子、拓扑描绘子、纹理描述、主成分分析。

（1）简单描绘子

1）区域面积、周长：二者都是用相应像素数来粗略估计。

2）区域致密性描绘子：(周长)^2/面积。显然圆形具有最小的致密性。

3）区域圆度率：区域面积/具有相同周长的圆的面积，即 $Rc=4\pi A/p^2$，其中，A 为面积，p 为周长。

4）其他：灰度级的中值、均值、最小灰度值、最大灰度值、高于和低于均值的像素数。

（2）拓扑描绘子

拓扑描绘子与距离或基于距离度量概念的任何特性无关，与孔洞数量、连通分量的数量、欧拉数有关。

（3）纹理

描绘区域的一种重要方法是量化该区域的纹理内容。尽管不存在纹理的正式定义，但在直觉上，这种描绘子提供了诸如平滑度、粗糙度和规律性等特性的测度。图像处理中用于描述区域纹理的三种主要方法是统计法、结构法和频谱法。统计法获得诸如平滑、粗糙、粒状等纹理特征。结构法处理图像像元的排列，如基于规则间距平行线的纹理描述。频谱法基于傅里叶频谱的特性，主要用于检测图像中的全局周期性，方法是识别频谱中的高能量的窄波峰。

（4）主成分分析

主成分分析适用于边界和区域，用在区域（图像）上可以抽取方差最大的分量（主分量），用在边界上可以对其做缩放、平移和旋转的归一化。主分量变换也叫作霍特林变换，它一般用于数据降维，因为大特征值对应图像细节（高频）。使用主分量描述图像，考虑一系列 $M \times N$ 大小的 6 波段遥感图，将其数据组织为 $(M \times N) \times 6$ 的二维矩阵，每一行即为一个特征向量。图 9-21 为取前 4 个特征值恢复得到的第 6 波段图像，可以看到，原始图比较模糊，但恢复的图像很清晰，因为模糊的部分（对应小特征值）已被丢弃。

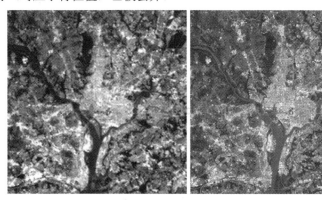

图 9-21　取前 4 个特征值恢复得到的第 6 波段图像

9.3.4　识别中的优化技术

识别中的优化技术本身比通常所认为的要灵活得多，无论何时，只要希望得到"最佳"，则一定会有某种刻画优良程度的目标函数，也就意味着可以采用某种优化技术，寻找目标函数的最大值，即寻找"最佳"，但是如果没有物体识别的帮助，即使是最简单的机器视觉问题也无法解决。模式识别被用于区域和物体的分类，为了学习更复杂的机器视觉操作，有必要先了解一些基本的模式识别方法，用来增加找到全局最大值的可能性，例如遗传算法和模拟退火。

1．遗传算法

遗传算法（Genetic Algorithm，GA）起源于对生物系统所进行的计算机模拟研究。它是模仿自然界生物进化机制发展起来的随机全局搜索和优化方法，借鉴了达尔文的进化论和孟德尔的遗传学说。其本质是一种高效、并行、全局搜索的方法，能在搜索过程中自动获取和积累有关搜索空间的知识，并自适应地控制搜索过程求得最佳解。遗传算法的有趣应用很多，诸如寻路问题、数码问题、囚犯困境、动作控制、找圆心问题（在一个不规则的多边形中，寻找一个包含在该多边形内的最大圆的圆心）、TSP 问题、生产调度问题、人工生命模拟等。

遗传算法中每一条染色体对应着遗传算法的一个解决方案，一般人们用适应性函数（Fitness Function）来衡量这个解决方案的优劣。所以从一个基因组到其解的适应度形成一个映射。可以把遗传算法的过程看作是一个在多元函数中求最优解的过程。可以这样想象，这个多维曲面中有数不清的"山峰"，而这些山峰所对应的就是局部最优解。而其中也会有一个"山峰"的海拔最高，那么这个"山峰"就是全局最优解。而遗传算法的任务就是尽量爬到最高峰，而不是陷落在一些小山峰外，值得注意的是遗传算法不一定要找"最高的山峰"，如果问题的适应度评价越小越好的话，那么全局最优解就是函数的最小值，与文相对应，遗传算法所要找的就是"最深的谷底"。如图 9-22 所示。

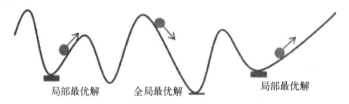

图 9-22　局部最优解与全局最优解的图像示例

下面以袋鼠为例子讲解遗传算法。有很多袋鼠，它们降落到喜马拉雅山脉的任意地方。这些袋鼠并不知道它们的任务是寻找珠穆朗玛峰，但每过几年，就在一些海拔高度较低的地方射杀一些袋鼠，并希望存活下来的袋鼠是多产的，在它们所处的地方生儿育女。就这样经过许多年，这些袋鼠们竟然都不自觉地聚拢到了一个个的山峰上，可是在所有的袋鼠中，只有聚拢到珠穆朗玛峰的袋鼠被带回了澳洲。

遗传算法的实现过程实际上就像自然界的进化过程那样。首先寻找一种对潜在问题进行"数字化"编码的方案，建立表现型和基因型的映射关系，然后用随机数初始化一个种群，那么第一批袋鼠就被随意地分散在山脉上，种群里面的个体就是这些数字化的编码。接下来，通过适当的解码过程之后（得到袋鼠的位置坐标），用适应性函数对每一个基因个体作一次适应度评估（袋鼠爬得越高，越是受人们的喜爱），所以适应度相应高。用选择函数按照某种规定择优选择，人们要每隔一段时间，在山上射杀一些所在海拔较低的袋鼠，以保证袋鼠总体数目持平。让个体基因变异（让袋鼠随机地跳一跳），然后产生子代（希望存活下来的袋鼠是多产的，并在那里生儿育女）。遗传算法并不保证人们能获得问题的最优解，但是使用遗传算法的最大优点在于人们不必去了解和操心如何去"找"最优解（不必去指导袋鼠向哪边跳，跳多远）。而只要简单地"否定"一些表现不好的个体就行了（把那些总是爱走下坡路的袋鼠射杀）。所以总结出遗传算法的步骤如下，如图 9-23 所示。

1）评估每条染色体所对应个体的适应度。

2）遵照适应度越高选择概率越大的原则，从种群中选择两个个体作为父方和母方。

3）抽取父母双方的染色体，进行交叉，产生子代。

4）对子代的染色体进行变异。

5）重复 2）、3）、4）步骤，直到产生新种群。

6）结束循环。

2. 模拟退火

模拟退火来自金属热加工过程的启发。在金属热加工过程中，当金属的温度超过它的熔点（Melting Point）时，原子就会激烈地随机运动。与所有其他物理系统相类似，原子的这种运动趋向于寻找其能量的极小状态。在这个能量的变迁过程中，开始时，温度非常高，使得原子具有很高的能量。随着温度不断降低，金属逐渐冷却，金属中原子的能量就越来越小，最后达到所有可能的最低点。利用模拟退火的时候，让算法从较大的跳跃开始，使得它有足够的"能量"逃离可能"路过"的局部最优解而不至于限制在其中，当它停在全局最优解附近时，逐渐减小跳跃量，以便使其"落脚"到全局最优解上。

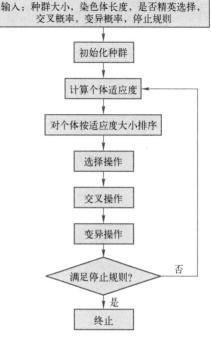

图 9-23　遗传算法的步骤

9.3.5　模糊系统

模糊系统可以表示多变的、不精确的、不确定的和不准确的知识或信息。同人类表达知识的方法类似，模糊系统可以采用修饰语，如明亮的、比较暗的等。模糊系统可以表示复杂的知识，甚至是矛盾的知识。模糊系统有以下特点。

1）不需要知道被控对象的数学模型。

2）与人脑活动的特点一致，具有模糊性（高、中、低、大小等定性词汇）、经验性（模糊控制核心是模糊规则，模糊控制中的知识表示，模糊规则和推理均建立在人的成熟经验之上）。

3）易构造，单片机、工业计算机、专用模糊控制芯片等均可以构造。

4）鲁棒性好，可适用于模型参数不确定或波动较大的线性和非线性系统的控制。

接下来介绍模糊集合（Fuzzy Set）、模糊隶属函数（Fuzzy Membership Function）。

1. 模糊集合

人描述物体时通常会采用不精确的描述，如明亮的、巨大的、圆形的、长条的等，例如晴天时的云彩就会被描述为小团、灰暗或明亮、近似于圆形的区域。雷雨天时，云彩会被形容为暗或者非常暗的大片区域，人们很容易接受这些描述。但是如果是利用模式识别方法，自动地从天空的照片识别云彩，则必须将云彩的边界准确地描绘出来，以便将云彩的区域分离出来，对边界的定位可能显得有些武断。更合理的做法是对隶属度加以区分，即某个隶属度属于晴天时的云彩合集，同时另一个隶属度属于雷雨天的云彩合集，同样区域也可用不同的隶属度表示这两个集合，于是模糊逻辑便得到一个区域可以同时属于不同的模糊集合。

2. 模糊隶属函数

为了描述这种模糊的关系，引入了隶属度这一概念。规定：当某一元素 u 属于集合 A 时，就说该元素隶属度为 1；当某一元素 u 不属于集合 A 时，就说该元素隶属度为 0；当某一元素 u 部分属于集合 A，部分不属于集合 A 时，就说该元素 u 对于 A 的隶属度是在开区间（0，1）中的某个数。

需要注意的是，隶属度具有人为主观性，可根据实际情况随意设定。

模糊的本质在于部分不属于和部分属于的模棱两可性。要考虑区域中的每个元素。很少有某个识别问题可以仅用一个模糊集合及其隶属函数即能解决，因此需要一个工具将不同的模糊集合起来，并确定这种联合后的隶属度。在传统逻辑中，隶属函数只能取 1 或者 0，并且对于任意类别集合 s 都是无矛盾的。考虑晴天云和积云的平均灰度子。图 9-25 给出了可能的模糊集合和相关的隶属函数，因为它们估计的区域属于特定模糊集合的确定程度模糊，集合的最大隶属度取值为模糊激活的高度。

图 9-24a 精确集合表达了集合 DARK 的 Boolean 性质，图 9-24b 为模糊集合 DARK，图 9-24c 为与模糊集合 DARK 相关的另一种可能的隶属函数，图 9-24d 为另一种隶属函数。

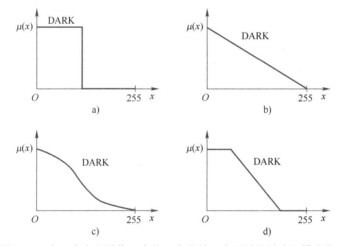

图 9-24　表示大小和图像形度值 g 变化的云彩区域的精确和模糊集合

9.3.6　随机森林

随机森林（Random Forest）是通过集成学习的思想将多棵树集成的一种算法，它的基本单元是决策树，而它的本质属于机器学习的一大分支——集成学习（Ensemble Learning）方法。随机森林的名称中有两个关键词，一个是"随机"，另一个是"森林"。"森林"很好理解，一棵叫作树，那么成百上千棵就可以叫作森林了，这样的比喻还是很贴切的，其实这也是随机森林的主要集成思想的体现。"随机"的含义会在下边部分讲到。从直观角度来解释，每棵决策树都是一个分类器（假设现在针对的是分类问题），那么对于一个输入样本，N 棵树会有 N 个分类结果。而随机森林集成了所有的分类投票结果，将投票次数最多的类别指定为最终的输出。

1. 随机森林的特点

随机森林是一种很灵活实用的方法，它有如下几个特点。

1）在当前所有算法中，具有极高的准确率。

2）能够有效地运行在大数据集上。

3）能够处理具有高维特征的输入样本，而且不需要降维。

4）能够评估各个特征在分类问题上的重要性。

5）在生成过程中，能够获取到内部生成误差的一种无偏估计对于默认值问题也能够获得很好的结果。

随机森林具体的介绍可以参见随机森林主页https://www.stat.berkeley.edu/~breiman/RandomForests/cc_home.htm。

2．随机森林的相关基础知识

随机森林看起来很好理解，但是要完全掌握它的工作原理需要了解很多机器学习方面相关的基础知识。在本书中只对其作简单介绍。

1）决策树：决策树是一种树形结构，其中每个内部节点表示一个属性上的测试，每个分支代表一个测试输出，每个叶节点代表一种类别。常见的决策树算法有 C4.5、ID3 和 CART（Classification and Regression Tree）。

2）集成学习：集成学习通过建立几个模型组合来解决单一预测问题。它的工作原理是生成多个分类器/模型，各自独立地学习和做出预测。这些预测最后结合成单预测，因此优于任何一个单分类的预测。随机森林是集成学习的一个子类，它依靠于决策树的投票选择来决定最后的分类结果。

3．随机森林的生成

随机森林中有许多的分类树，如果对一个输入样本进行分类，则需要将输入样本输入到每棵树中进行分类。打个比方：在森林中召开会议，讨论某个动物到底是老鼠还是松鼠，每棵树都要独立地发表自己对这个问题的看法，也就是每棵树都要投票。该动物到底是老鼠还是松鼠，要依据投票情况来确定，获得票数最多的类别就是森林的分类结果。森林中的每棵树都是独立的，99.9%不相关的树做出的预测结果涵盖所有的情况，这些预测结果将会彼此抵消。少数优秀的树的预测结果将会超脱于芸芸"噪声"，做出一个好的预测。将若干个弱分类器的分类结果进行投票选择，从而组成一个强分类器，这就是随机森林 Bagging 的思想（Bagging 的代价是不用单棵决策树来做预测，具体哪个变量起到重要作用变得未知，所以 Bagging 改进了预测准确率但损失了解释性）。

森林中的每棵树按照如下规则生成。

1）如果训练集大小为 N，对于每棵树而言，随机且有放回地从训练集中抽取 N 个训练样本（这种采样方式称为 Bootstrap Sample 方法），作为该树的训练集，从这里可以知道，每棵树的训练集都是不同的，而且里面包含重复的训练样本（理解这点很重要）。

2）如果每个样本的特征维度为 M，指定一个常数 $m<M$，随机地从 M 个特征中选取 m 个特征子集，每次树进行分裂时，从这 m 个特征中选择最优的。

3）每棵树都最大限度地生长，并且没有剪枝过程。

9.4 图像理解

图像理解需要多个图像处理步骤间的交互作用，在前面的章节已经介绍了图像理解的基础，现在必须建立一种内在的图像模型来表示机器视觉有关被处理的现实世界图像的概念。机器视觉由低层处理层次和高层处理层次组成，图像理解是这种分层下的最高层次处理层，这·图像处理层次的主要任务是定义控制策略，以确保处理步骤的顺序合理。此外，机器视觉必须能够处理大量的假设和模糊的图像理解，一般来说，机器视觉系统组织由图像模型的弱分层结构组成。图像理解是人工智能（AI）最具有挑战性的研究领域之一。本书将介绍图像理解控制策略、尺度不变特征转换、点分布模型与活动表观模型、图像理解中的模式识别方法、语义图像分割和理解等内容。

9.4.1　图像理解控制策略

只有将复杂的信息处理任务和对这些任务的合适控制方式协作起来时才能做到对图像的理解，生物学系统包含非常复杂的控制策略，它综合了并行处理机制、动态感知子系统分配、行为修正、中断驱动的注意转移等。正如其他人工智能问题一样，计算机视觉的目的是利用技术上可行的过程，取得类似于生物学系统行为的机器行为。图像理解控制策略主要包括以下两个方面。

1．并行和串行处理控制

并行和串行都可以应用于图像处理过程，尽管有的时候哪些步骤应该采用并行方法，哪些步骤应该使用串行方法并不明显。并行处理同时进行几个运算（比如几个图像可以同时处理），在处理过程中，一个需要考虑的极其重要的问题是同步，即决定什么时候或者是否这个处理过程需要等待其他处理步骤的完成。

在串行处理中，操作总是顺序执行的。串行处理控制策略是传统冯诺依曼计算机体系中的一种自然的方法，在要求的速度下，生物机体的大量并行操作是无法串行完成的，出于对速度的要求（包括低层的认知过程、处理的实现等），提出了金字塔图像表示方法和相应的金字塔处理器结构并行。并且几乎所有的低层图像处理都可以并行处理。尽管如此，使用高层次抽象概念处理，实质上通常使用串行处理，实际上人类解决复杂感知问题，即使前面的步骤是并行处理得到的，人在视觉的后期阶段总是集中于单个主题。

2．分层控制

在处理过程中，图像信息采用不同的表示方式存储，处理过程的控制策略包括图像数据信息控制和基于模型的控制。

1）图像数据控制策略是自下向上的，从原始图像开始到分割的图像，再到区域物体描述，最后到它们的识别。

2）基于模型的控制策略是自顶向下的，利用可用的知识建立一组假设和期望的性质，按照自顶向下的方式在不同处理层次的图像中测试是否满足这些性质区域，直到原始图像出现为止，图像理解就是验证其内部模型，该模型可能被证实并接受或者被拒绝。

两个基本的控制策略在采用的操作上并没有什么不同，它们的差别在于使用操作的顺序，以及对所有图像数据采用该操作，还是对被选中的区域图像数据做操作。不管是自顶向下的控制策略，还是自下向上的控制策略，以它们的标准形式都无法解释视觉过程，或者解决复杂的视觉感知问题，而适当组合这两种策略可以得到更加灵活且强大的视觉控制策略。

9.4.2　尺度不变特征转换

尺度不变特征变换（Scale Invariant Feature Transform，SIFT）是用于图像处理领域的一种描述。这种描述具有尺度不变性，可在图像中检测出关键点，是一种局部特征描述子。SIFT 特征检测基于物体上的一些局部外观的兴趣点，与影像的大小和旋转无关，其对于光线、噪声、微视角改变的容忍度也相当高。使用 SIFT 特征检测对于部分物体遮蔽的侦测率也相当高，甚至只需要 3 个以上的 SIFT 物体特征就足以计算出位置与方位，在现今的计算机硬件速度下和小型的特征数据库条件下，辨识速度可接近即时运算。SIFT 特征检测的信息量大，适合在海量数据库中快速准确匹配。关于 SIFT 特征检测可以解决的问题、其步骤以及缺点如下。

1．SIFT 特征检测可以解决的问题

SIFT 特征检测在一定程度上可解决以下问题。

1）目标的旋转、缩放、平移（RST）。

2）图像仿射/投影变换（视点 Viewpoint）。

3）光照影响（Illumination）。

4）目标遮挡（Occlusion）。

5）杂物场景（Clutter）。

6）噪声。

SIFT 特征检测的实质是在不同的尺度空间上查找关键点（特征点），并计算出关键点的方向。SIFT 所查找到的关键点是一些十分突出且不会因光照、仿射变换和噪声等因素而变化的点，如角点、边缘点、暗区的亮点及亮区的暗点等。

2．SIFT 特征检测基本步骤

SIFT 特征检测的基本步骤如下。

1）尺度空间极值检测。搜索所有尺度上的图像位置。通过高斯微分函数来识别潜在的对于尺度和旋转不变的兴趣点。

2）关键点定位。在每个候选的位置上，通过一个拟合精细的模型来确定位置和尺度。关键点的选择依据于它们的稳定程度。

3）方向确定。基于图像局部的梯度方向，分配给每个关键点位置一个或多个方向。所有后面的对图像数据的操作都相对于关键点的方向、尺度和位置进行变换，从而提供对于这些变换的不变性。

4）关键点描述。在每个关键点周围的邻域内选定的尺度上测量图像局部的梯度。这些梯度被变换成一种表示，这种表示允许比较大的局部形状的变形和光照变化。

3．SIFT 的缺点

SIFT 在图像的不变特征提取方面拥有无与伦比的优势，但并不完美，仍然存在实时性不高、特征点较少、对边缘光滑的目标无法准确提取特征点等缺点，如图 9-25 所示，对模糊的图像和边缘平滑的图像，检测出的特征点过少，对圆更是无能为力。

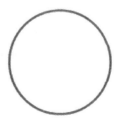

图 9-25　SIFT 算法检测结果

9.4.3 点分布模型与活动表观模型

1. 点分布模型

点分布模型（Point Distribution Model，PDM）是一种强大的形状描述技术，对于描述具有为人熟知的"一般"形状，而又不易用于刚体模型来描述（也就是具体的示例各不相同）的特征最有用，应用这种方法的成功例子包括电子电阻、人脸以及手骨这些可以理解的并可以简单描述的"形状"属性。

点分布模型的方法假设存在一组 M 个样本训练集，从中可以得到形状统计学描述以及它的变化，在这里，可以认为是一些通过边界表示的形状示例，另外在每条边上都选择出一定数量的标记点（Landmark Point），设有 N 个。这些点的选取，对于所属目标特征，比如参见图 9-26，如果形状表示一只手，可以选择 27 个点，这些点包括手指之间的分隔点及数量合适的中间点。

2. 活动表观模型

活动表观模型（Active Appearance Model，AAM）广泛应用于模式识别领域。基于 AAM 的人脸特征定位方法在建立人脸模型过程中，不但考虑局部特征信息，而且综合考虑到全局形状和纹理信息，通过对人脸形状特征和纹理特征进行统计分析，建立人脸混合模型，即最终对应的 AAM 模型。在图像的匹配过程中，为了能够既快速又准确地进行人脸特征标定，在对被测试人脸对象进行特征点定位时采取一种图像匹配拟合的方法，可形象概括为"匹配→比较→调整再匹配→再比较"的过程。

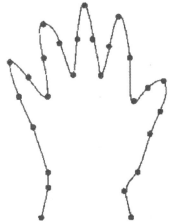

图 9-26　表示手的轮廓，其上标注了一些可能的标记点

基于 AAM 的人脸特征标定与识别有广阔的应用领域，如新一代人机交互、人脸识别、人脸表情分析、人脸三维动画建模、人脸图像编码等。

9.4.4 图像理解中的模式识别方法

本小节主要介绍图像理解中模式识别常用的方法。

1. K-Nearest Neighbor（KNN）

KNN 可以说是一种最直接的用来分类未知数据的方法，其示例图如图 9-27 所示。

简单来说，KNN 可以看成：有那么一堆已经知道分类的数据，然后当一个新数据进入的时候，就开始同训练数据里的每个点求距离，然后挑选离这个训练数据最近的 K 个点查看这几个点属于什么类型，然后用少数服从多数的原则，给新数据归类。实际上 KNN 本身的运算量是相当大的，因为数据的维数往往不止 2 维，而且训练数据库越大，所求的样本间距离就越多。假设人脸检测的输入向量维数是 1024 维（32×32 的

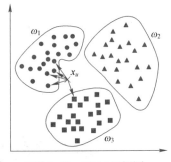

图 9-27　KNN 示例图

图），训练数据有上千个，所以每次求距离（这里用的是欧式距离）时，每个点的归类都要上百万次的计算。所以现在比较常用的一种方法就是 KD-Tree。也就是把整个输入空间划分成很多子区域，然后根据临近的原则把它们组织为树形结构。然后搜索最近 K 个点的时候就不用全盘比较，而只要比较临近几个子区域的训练数据即可。当然，KD-Tree 有一个问题就是当输入维数跟训练数据数量很接近时就很难优化了。所以用 PCA 降维大多数情况下是很有必要的。

2．贝叶斯方法

在模式识别的实际应用中，一般而言人们都会用正态分布拟合 likelihood 来实现贝叶斯方法。贝叶斯方法式子的右边有两个量，一个是 prior 先验概率，这个求起来很简单，就是在许多数据中求某一类数据占的百分比，比如 300 个的数据中 A 类数据占 100 个，那么 A 的先验概率就是 1/3。第二个就是 likelihood，likelihood 可以这样理解，对于每一类的训练数据都用一个 multivariate 正态分布来拟合它们（即通过求得某一分类训练数据的平均值和协方差矩阵来拟合出一个正态分布），每当进入一个新的测试数据，就分别求取这个数据点在每个类别的正态分布中的大小，然后用这个值乘以原先的 prior 便是所要求得的后验概率 post 了。

3．Principle Component Analysis（主成分分析）

主成分分析是一种很好的简化数据方法，也是常见的降维算法之一。

4．Linear Discriminant Analysis（LDA）

LDA 和 PCA 是一对"双生子"，它们之间的区别就是 PCA 是一种无监督的映射方法，而 LDA 是一种监督映射方法，这一点可以从图 9-28 中一个 2D 的例子看出。

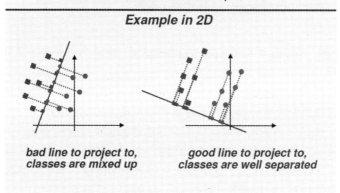

图 9-28　2D 例子

图 9-28 左边是 PCA，它所做的只是将整组数据映射到最方便表示这组数据的坐标轴上，映射时没有利用任何数据内部的分类信息。因此，虽然做了 PCA 后整组数据在表示上更加方便（降低了维数并将信息损失降到最低），但在分类上也许会变得更加困难；图 9-28 的右边是 LDA，可以明显看出，在增加了分类信息之后，两组输入映射到了另外一个坐标轴上，有了这样一个映射，两组数据之间就变得更易区分了（在低维上就可以区分，减少了很大的运算量）。用

主要的特征代替其他相关的非主要的特征，所有特征之间的相关度越高越好，但是分类任务的特征可能是相互独立的，LDA 是有监督的，使得类别内的点距离越近越好（集中），类别间的点越远越好。

在实际应用中，最常用的一种 LDA 方法叫 Fisher Linear Discriminant，其简要原理就是求取一个线性变换，使得样本数据中不同类数据间的协方差矩阵和同一类数据内部的各个数据间协方差矩阵之比达到最大。

5. Non-negative Matrix Factorization（非负矩阵分解）

非负矩阵分解（NMF），简而言之，就是给定一个非负矩阵 V，寻找另外两个非负矩阵 W 和 H 来分解它，使得 W 和 H 的乘积是 V。最简单的方法就是根据最小化$\|V\text{-}WH\|$的要求，通过 Gradient Discent 推导出一个更新规则，然后再对其中的每个元素进行迭代，最后得到最小值。

9.4.5 语义图像分割和理解

语义分割是一种典型的计算机视觉问题，其涉及将一些原始数据（如平面图像）作为输入并将它们转换为具有突出显示的感兴趣区域的掩模。许多人使用全像素语义分割（Full-pixel Semantic Segmentation），图像中的每个像素根据其所属的感兴趣对象被分配类别。

早期的计算机视觉问题只发现边缘（线条和曲线）或渐变等元素，但它们从未完全按照人类感知的方式提供像素级别的图像理解。语义分割将属于同一目标的图像部分聚集在一起来解决这个问题，从而扩展了其应用领域。与其他基于图像的任务相比，语义分割是完全不同的且先进的。例如，图像分类识别图像中存在的内容，物体识别和检测识别图像中的内容和位置（通过边界框），语义分割识别图像中存在的内容以及位置（通过查找属于它的所有像素）。语义图像分割涉及机器学习模型是否需要识别输入原始平面图像中的每个像素，在这种情况下，全像素语义分割标注是机器学习模型的关键，它根据其所属的感兴趣对象分配图像中的每个像素具有的类别。下面定义语义分割的类型，以便更好地理解其相关概念。

1. 语义分割的类型

1）标准语义分割（Standard Semantic Segmentation）也称为全像素语义分割，它是将每个像素分为对象类的过程。

2）实例感知语义分割（Instance Aware Semantic Segmentation）是标准语义分割或全像素语义分割的子类型，它将每个像素分类为属于对象类以及该类的实体 ID。

下面探索语义分割的一些应用领域，以便更好地理解这种过程的需要。为了理解图像分割的特征，还要将其与其他常见的图像分类技术相比较，主要包括以下三类技术领域。

1）图像分类：识别图像是什么。这类技术主要是识别图像。例如分类数字手写体（手写一个数字，分辨这个数字是 0～9 中的哪一个数字）。最初从亚马逊发布的 Amazon Rekognition 也属于此图像分类，需要区分杯子、智能手机和瓶子等，但现在，亚马逊 Rekognition 已经将杯子和咖啡杯作为整个图像的标签，这样处理后，它将不能用于分类图像中有多个物体的场景。在这种情况下，应该使用"图像检测"技术。

2）图像检测和识别：识别图像中的位置。这类技术主要是识别图像中"有什么"和"它在哪里"。

3）图像分割：理解图像的意义。这类技术主要是识别图像区域。称为语义分割的图像分割标记由每个像素的像素指示的含义，而不是检测整个图像或图像的一部分。

2. 语义分割的应用

（1）地质检测——土地使用

语义分割问题也可以被认为是分类问题，其中每个像素被分类为来自一系列对象类中的某一个。因此一个使用案例是利用土地的卫星影像制图。土地覆盖信息是各种应用的重要基础，如监测地区的森林砍伐和城市化等。为了识别卫星图像上每个像素的土地覆盖类型（如城市、农业、水等区域），土地覆盖分类可以被视为多级语义分割任务。道路和建筑物检测也是交通管理、城市规划和道路监测的重要研究课题。

（2）自动驾驶

自动驾驶（见图 9-29）是一项复杂的机器人任务，需要在不断变化的环境中进行感知、规划和执行，由于其安全性至关重要，因此还需要以最高精度执行此任务。语义分割提供有关道路上自由空间的信息、检测车道标记和交通标志等信息。

图 9-29　自动驾驶

（3）面部分割

如图 9-30 所示，面部的语义分割通常涉及诸如皮肤、头发、眼睛、鼻子、嘴巴和背景等的分类。面部分割在计算机视觉的许多面部应用中是有用的，例如性别、表情、年龄和种族的估计。影响人脸分割数据集和模型开发的显著因素是光照条件、面部表情、面部朝向、遮挡和图像分辨率的变化等。

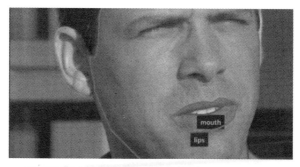

图 9-30　面部分割

（4）时尚——分类服装

如图 9-31 所示的服装分类中，由于服装数量众多，服装解析与其他服务相比是一项非常复杂的任务。这与一般的物体或场景分割问题不同，因为细粒度的衣物分类需要基于衣服的语义、人体姿势的可变性和潜在的大量类别的更高级别判断。服装解析在视觉领域中得到了积极的研究，因为它在现实世界的应用程序（即电子商务）中具有巨大的价值。

图 9-31　服装分类

（5）精准农业

精确农业机器人可以减少需要在田间喷洒的除草剂的数量，作物和杂草的语义分割可以帮助它们实时触发除草行为，这种先进的农业图像视觉技术可以减少对农业的人工监测，提高农业效率和降低生产成本，如图 9-32 所示。

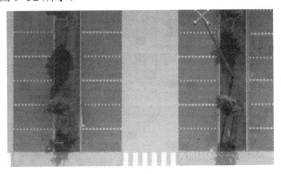

图 9-32　精准农业

9.5　3D 图像

在前面的章节中，已经介绍了一些针对 2D 的图像分析技术，本节将对 3D 图像进行介绍，包括 3D 视觉的概念、摄影几何学基础、单透视摄像机、从多视图重建场景、双摄像机和立体感知、三摄像机和三视张量、3D 视觉的应用。

9.5.1　3D 视觉的概念

3D 视觉领域是相对比较年轻的学科，不存在统一的理论，不同的研究群体可能对于该任务会有不同的理解。如下的几种 3D 视觉任务和相关的范畴表明了不同的观点。

1）D. Marr 定义 3D 视觉为"从场景的一幅图像（或者一系列图像）中推导出该场景精确的三维几何描述，并定量地确定场景中物体的性质"。这里，3D 视觉被阐述为 3D 物体重构（Reconstruction）任务，即在独立于观察者的坐标系中 3D 形状的描述。假设针对刚性的物体，将其从背景中分离是直截了当的，处理的控制是严格自下而上地从亮度图像开始经过中间表达进行的。将 3D 视觉作为场景的重构看起来是合理的。如果视觉线索为人们提供了 3D 场景的精确表达，那么所有的视觉任务都可以实现，比如车的导航、工件检验、物体识别都需要知道图像和对应的 3D 世界的关系，因此需要描述图像的构成。

2）Aloimonos and Shulman 将计算机视觉的核心问题看作是"从物体或场景的一幅图像或者一系列图像中，理解物体或场景及其三维性质；其中的物体可以是运动的或静止的，图像或图像序列是由单个或多个运动的或静止的观察者得到的"。在该定义中，正是理解这一概念使其不同于其他视觉方法。

3）Wechsler 强调处理的控制原则"视觉系统将多数视觉任务塑造为最小化问题，并在强加非偶然性的约束条件下使用分布式计算得到解"。计算机视觉被看作并行分布式表达，加上并行分布式处理以及主动感知，理解在"感知-控制-行动（perception-control-action）"循环中进行。

4）Aloimonos 问什么原理可以使我们理解活的生物体视觉，然后使机器具有视觉能力。有如下的几种类型的相关问题：经验性的问题——是什么？确定现存的视觉系统是如何设计的。标准化的问题——应该是什么？考虑需要什么类型的动物或机器人。感兴趣的是在智能视觉系统中能够存在的机理，系统理论为人们使用数学的机制来处理复杂现象的理解问题提供了一个一般性的框架。视觉任务的内在复杂性通过将物体（或系统、现象）从背景中区分开的方式加以解决，其中"物体"是指任何目前感兴趣的有待解决的任务，物体及其性质需要刻画出来，对于这一抽象通常使用形式化的数学模型，由一组相对少的参数来表示，它们一般是从（图像）数据中估计得到的。这种方法论使人们在使用变化的分辨率观察时，可以使用性质不同的模型（例如代数的或微分方程）来描述同一物体，研究相对于几种不同分辨率时的模型变化会加深对问题的认识。

9.5.2　射影几何学基础

计算机视觉在多视角几何（Multiple View Geometry）方面取得了快速的发展，并已经很成熟。多视角几何能够从数学上处理 3D 场景中多个摄像机投影之间的关系，这个领域是从摄影测量学（Photogrammetry）发展而来的。摄影测量学能够通过照片测量 3D 距离。

多视角几何的数学工具是摄影几何（Projective Geometry）。给计算机视觉提供有关周围的 3D 世界信息的基本传感器是能够抓取静止图像或者视频的摄像机。这里着重在几何方面解释如何使用 2D 图像信息，其中从 2D 图像中测量点的 3D 坐标或距离是重要的。透视投影（Perspective Projection）也称作中心投影（Central Projection），它描述了针孔摄像机或薄透镜的图像成像形式。在透视图像中世界的平行线不再是平行的了。这在图 9-33 中展示出来了。

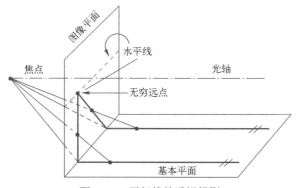

图 9-33　平行线的透视投影

9.5.3 单透视摄像机

考虑单个薄透镜的摄像机情况（从几何光学的角度考虑），针孔模型是适合很多计算机视觉应用的一个近似。针孔摄像机完成中心投影，其几何绘制如图 9-34 所示。在水平方向伸展，得到真实世界投影中的图像平面（Image Plane）。垂直方向上的点画线是光轴。透镜位于焦点（Focal Point）C 处与光轴垂直的地方，焦点 C 也称为光心（Optical Center）或者投影中心（Center of Projection），焦距是透镜参数。

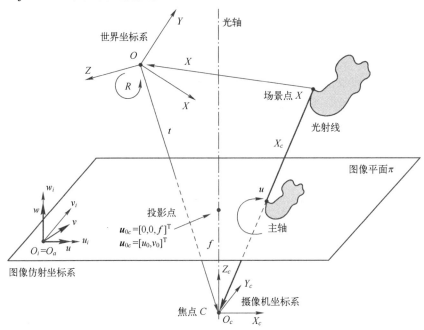

图 9-34　线性透视摄像机的几何绘制

摄像机 3D 投影空间从 3D 到 2D，投影空间 2D 完成线性转换。投影是由从场景点反射出的或由起源于光源的光线形成的。光线穿过光心 C 击在图像平面的点处。

为了进一步解释，需要定义四个坐标系统。

1）欧氏世界坐标系（World Euclidean Coordinate System）（下标 w），点 X 用世界坐标系来表示。

2）欧氏摄像机坐标系（Camera Euclidean Coordinate System）（下标 c），原点在焦点坐标轴与光轴重合并指向图像外面外，它的方向是焦点 C 指向图像平面。世界坐标系和摄像机坐标系只有一个关系，就是由平移和旋转组成的欧式变换。

3）欧氏图像坐标系（Image Euclidean Coordinate System），坐标轴与摄像机坐标系一致。

4）图像仿射坐标系（Image Affine Coordinate System）（下标 a），坐标轴与欧氏图像坐标系相同。引进图像仿射坐标系的原因是基于如下的事实：常常因为摄像机不匹配的感光芯片，像素可能会错切。另外，坐标轴可能有不同的尺度。

9.5.4 从多视图重建场景

接下来介绍如何从多个摄像机投影中计算三维场景点。如果给出了图像点和摄像机矩阵，这个问题就很容易求解，只需要计算三维场景点。如果不知道摄像机矩阵，任务就成了找三维点和摄像机矩阵，这样的话问题就相当复杂，这也是多视角几何的主要任务。

假设摄像机矩阵 A 和图像点总共有 n 个视图，因此需要求解齐次线性方程组，即

$$A^j u = M^j X, j=1,2,\cdots, n$$

这就是熟知的三角测量（Triangulation），这个名字来自于射影测量学，它的过程最初是用相似三角形来解释的。

从几何学上看，三角测量是找摄像机图像点的反向投影的 n 条光线的公共交叉点的过程构成的。如果观测和确定量没有噪声，那么这些光线就会交于一点，方程组就只有一个解。实际中，这些光线可能并不相交（歪斜），方程组也就无解。

9.5.5　双摄像机和立体感知

立体视觉是计算机视觉领域的一个重要课题，它的目的在于重构场景的三维几何信息。立体视觉对于人类有着非常重要的作用，它激发了非常多的关于视觉系统的研究，根据它们自身相对的几何学使用两个输入，从它们得到的两个视图来导出深度信息。

摄像机的标定和图像点坐标的知识使人们可以唯一确定空间中的一条射线。如果两个标定过的摄像机观察同一个场景点 X，它的 3D 坐标可以作为两条这样的射线的交点计算出来。这是立体视觉（Stereovision）的基本原理，一般由以下三个步骤构成。

1）摄像机标定。

2）在左右图像中的点之间建立对应点对。

3）重构场景中的 3D 坐标。

图 9-35 给出了两个摄像机系统的几何学表示。其中光心 C 和 C' 的线称为基线（Baseline），两个摄像机观察到的任何场景点 X 和 C、C' 的两条射线定义了一个极面（Epipolar Plane）。该面与图像平面相交于极线 l、l'。当场景点 X 在空间中移动时，所有的极线穿过极点 e，极点是基线与各自图像平面的交点。

设 u 和 u' 分别是场景点 X 在左右图像中的投影。射线 CX 表示对于左图像来说点 X 的所有可能位置，它在右图像中的投影是极线 l'，对应于左图像投影点 u 的右图像点 u' 一定落在右图像的极线 l' 上。这个几何学提供了一个强的极线约束，将 u 和 u' 间的对应点搜索空间的维数从 2D 降为 1D，通常使用一种称为规范结构的立体摄像机的特殊布置方式，其基线与水平轴重合，摄像机的光轴是平行的，极点移到无限远处，在图像中极线是平行的（参见图 9-36）。对于这种结构，计算略微简单些。

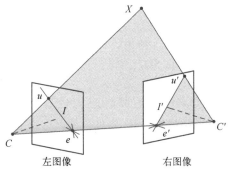

图 9-35　立体中的极线几何

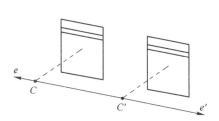

图 9-36　具有平行极线和无穷远极点的规范的立体结构

9.5.6　三摄像机和三视张量

本小节将考虑三个或更多摄像机观察同一个场景的情况。

在图 9-37 描绘的三个摄像机注视同一个点的情况，投影后的图像点 u、u′ 和 u″ 和它们对应的 3D 点之间的关系由投影矩阵 **M**、**M′**、**M″** 来描述，使用类似于从两个未标注摄像机计算 3D 射影重构中给出的方法，目标是获得一组线性方程，将图像量测与它们的 3D 对应点关联起来。

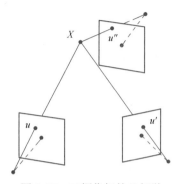

图 9-37　三摄像机的几何学

对于三个视图，这个角色由三焦点张量扮演。三焦点张量是 3×3×3 数字阵列，其涉及三个视图中对应点或线的坐标。正如基础矩阵由两个相机矩阵确定，并确定它们直到射影变换。因此在三个视图中，三焦点张量由三个相机矩阵确定，并且反过来确定它们，再次直到射影变换。因此三焦点张量包含三个相机的相对射影几何形状。通常人们将张量的一些指数写为下指数（Low Indices），而另一些指数作为上指数（High Indices），称为协变（Covariant）和逆变（Contravariant）指数。三焦张量具有两个上指数和一个下指数，三个视图中的图像实体之间的最基本关系涉及两条线和一个点之间的对应关系。考虑在一个图像中的点 xx 和在另外两个图像中的两个线 l′ 和 l″ 的一个对应关系，这种关系意味着在空间中有一个点 XX 映射到第一个图像中的 xx，而且在另外两个图像中映射成位于线 l′ 和 l″ 上的两个点，然后通过三焦点张量关系将这三个图像的坐标相关联。

然而，张量的 27 个元素不是独立的，而是由一组所谓的内部约束（Internal Constraints）相关联。这些约束非常复杂，但是可以以各种方式计算满足约束的张量，例如使用 6 点非线性方法。基础矩阵（它是 2 视图张量）也满足内部约束但是相对简单。与基础矩阵一样，一旦三焦点张量已知，就可以从中提取三个摄像机矩阵，从而获得场景点和线的重建。与以往一样，这种重建仅在 3D 射影变换时才是唯一的，这是一个射影重建。

因此能够将两个视图的方法概括为三个视图。使用这种三视图方法进行重建有几个优点：可以使用线和点对应的混合来计算投影重建，使用两个视图，只能使用点对应关系；使用三个视图为重建提供了更大的稳定性，并且避免了仅使用两个视图进行重建时可能发生的不稳定配置。

9.5.7　3D 视觉的应用

3D 是英文"Three Dimensions"的简称，中文是指三维、三个维度、三个坐标，即有长、宽、高。今天的 3D，主要特指是基于计算机和互联网的数字化的 3D、三维、立体技术，也就是三维数字化，包括 3D 软件技术和硬件技术。

3D 或者说三维数字化技术，是基于计算机、网络、数字化平台的现代工具性基础共用技术，包括 3D 软件的开发技术、3D 硬件的开发技术，以及 3D 软件、3D 硬件与其他软件硬件数字化平台、设备相结合在不同行业和不同需求上的应用技术。随着近些年计算机技术的快速发展，3D 技术的研发与应用已经走过了几十年的前期摸索阶段，技术的成熟度、完善度、易用性、人性化、经济性等，都已经取得了巨大的突破。随着计算机网络应用的快速普及，就 3D 应用而言，更是成为普通学生轻松驾驭的基本计算机工具，像计算机打字一样。3D 的消费和使用，如通过 3D 技术做出来的游戏、电影、大厦、汽车、手机、服装等，已成为普通大众工作和生活中的一部分，如图 9-38 所示。

图 9-38　3D 技术的应用

经过多年的快速发展与广泛应用，近年 3D 技术得到了显著的成熟与普及，一个以 3D 取代 2D、"立体"取代"平面"、"虚拟"模拟"现实"的 3D 浪潮正在各个领域迅猛掀起。3D 技术的应用普及，有面向影视动画、动漫、游戏等视觉表现类的文化艺术类产品的开发和制作，有面向汽车、飞机、家电、家具等实物物质产品的设计和生产，也有面向人与环境交互的虚拟现实的仿真和模拟等。具体包括 3D 软件行业（见图 9-39）、3D 硬件行业、数字娱乐行业、制造业、建筑业、虚拟现实、地理信息 GIS、3D 互联网等。统计表明，在现代工业产品开发生产过程中，70%错误在设计阶段已经产生，而 80%的错误往往在生产或是更后续的阶段才被发现并进行修正。3D 的突出优势在于能最大化地对产品进行仿真设计和与用户沟通，尽可能早地将错误和需求变更解决在设计阶段，使产品开发周期缩短、生产成本降低，提升企业市场竞争优势。

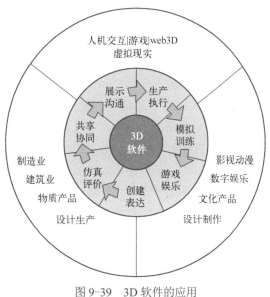

图 9-39　3D 软件的应用

9.6　机器视觉的应用及面临的问题

人的视觉很发达，但是人的视觉也同样存在障碍，例如，即使具有敏锐视觉和极为高度发达头脑的人，一旦置于某种特殊环境（即使曾经具备一定的先验知识），其目标识别能力也会急剧下降。事实上人们在这种环境下面对简单物体时，仍然可以有效而简便地识别，而在这种情况下面对复杂目标或特殊背景时，则在视觉功能上发生障碍。两者共同的结果是导致目标识别的有效性和可靠性的大幅度下降。将人的视觉引入机器视觉中，机器视觉也存在着这样的障碍，它主要表现在以下三个方面。

1）如何准确、高速（实时）地识别出目标。

2）如何有效地增大存储容量，以便容纳下目标图像的足够细节。

3）如何有效地构造和组织出可靠的识别算法，并且顺利地实现。

另外，由于对人类视觉系统和机理的研究还不够，目前人们所建立的各种视觉系统绝大多数是只适用于某一特定环境或应用场合的专用系统，而要建立一个可与人类的视觉系统相比拟的通用视觉系统是非常困难的，主要原因有以下几点。

1）图像对景物的约束不充分。首先是图像本身不能提供足够的信息来恢复景物，其次是当把三维景物投影成二维图像时缺失了深度信息。因此，需要附加约束才能解决从图像恢复景物时的多义性。

2）多种因素在图像中相互混淆。物体的外表受材料的性质、空气条件、光源角度、背景光照、摄像机角度和特性等因素的影响。所有这些因素都归结到一个单一的测量值，即像素的灰度。要确定各种因素对像素灰度的作用大小是很困难的。

3）理解自然景物要求大量知识。例如，要用到阴影、纹理、立体视觉、物体大小的知识，以及物体的专门知识或通用知识，可能还有关于物体间关系的知识等，由于所需的知识量极大，难以简单地用人工进行输入，可能要求通过自动知识获取方法来建立。

9.7 机器视觉应用实践

接下来介绍基于图像分割的细胞检测，这是机器视觉应用的典型案例，具体内容如下。

1．学习目标

通过 UNet 网络训练和分割细胞图像，将灰度的细胞图像分割为二值图像，将细胞之间的分界用黑线标识出来。

2．案例背景

细胞分割是细胞特征提取和细胞识别的基础，从医学图像中分割出精准的细胞图像目前极具挑战性。因为医学图像边界模糊、梯度复杂，需要较多的高分辨率信息，高分辨率信息一般用于精准分割。人体内部结构相对固定，分割目标在人体图像中的分布很具有规律，语义简单明确，低分辨率信息能够提供这一信息，用于目标物体的识别。而深度学习的 UNet 网络结合了低分辨率信息（提供物体类别识别依据）和高分辨率信息（提供精准分割定位依据），完美适用于医学图像分割。

3．数据准备

本模型的输入和输出都是图片，所以不同于位置标注的模型训练，此模型的标注数据也是图片。数据集是 ISBI 挑战赛的数据，只有 30 张 512×512 的图片和标签，可以很明显地看到细胞之间的分界，图 9-40 为原始图片（灰度图像），图 9-41 为标注图片（二值图像）。

灰度图像（Gray Image）是每个像素只有一个采样颜色的图像，这类图像通常显示为从最暗的黑色到最亮的白色的灰度，表现在图像上是灰色，这种灰色最深可以是黑色，最浅可以是白色。

二值图像（Binary Image），即一幅二值图像的二维矩阵仅由 0 和 1 两个值构成，表现形式为图像上除了白色就是黑色，没有灰色。

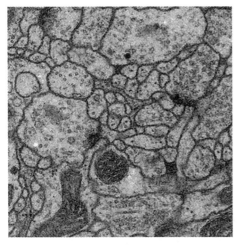

图 9-40 原始图片

图 9-41 标注图片

4．技术实现

1）在图灵引擎平台中选择网络和数据集，具体说明如下。

● 网络：UNet。

● 训练集：data_train_src。

● 训练集标签：data_train_tar。

● 验证集：data_test_src。

● 验证集标签：data_test_tar。

2）在图灵引擎平台中按图 9-42 配置算子参数，具体如下。

● 迭代次数：100。

● 学习率：0.0001。

● 优化器：SGD。

图 9-42 配置算子参数

3）在图灵引擎平台中按图 9-43 进行模型推理。

● 选择：单击模型选择模型推理。

● 图片路径：data_test。

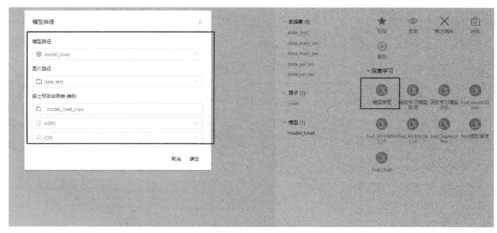

图 9-43　模型推理

5．总结

在训练时间不足、数据集不足的情况下可以明显地对细胞图像进行分割。验证了 UNet 网络在医学图像分割领域的可用性。

6．项目实操

访问东方国信图灵引擎教材专区，可获取本案例数据集进行实践学习。

9.8　本章习题

1．什么是机器视觉？

2．请简要说明计算机视觉与机器视觉有何主要区别和联系。

3．图像数字化包含几个方面？

4．图像预处理的主要目的是什么？

5．像素亮度变换包含的内容是什么？

第 10 章
机器人

机器人（Robot）是自动执行工作的机器装置。它既可以接受人类指挥，又可以运行预先编排的程序，也可以根据以人工智能技术制定的原则纲领行动。它的任务是协助或取代人类的工作，如制造业、建筑业或是比较危险的工作。它是高级整合控制论、机械电子、计算机、材料和仿生学的产物，在工业、医学、农业、建筑业甚至军事等领域中均有重要用途。本章主要介绍机器人的概念，机器人的特性以及相关研究领域；介绍机器人系统，以及机器人系统的组成、机器人的工作空间、机器人的各项性能指标；机器人的编程模式与编程语言，介绍机器人在现实生活中的应用，未来机器人的发展。

10.1 机器人简介

国际上对机器人的概念已经逐渐趋近一致，即机器人是靠自身动力和控制能力来实现各种功能的一种机器。联合国标准化组织采纳了美国机器人协会给机器人下的定义：一种可编程和多功能的操作机，或是为了执行不同的任务而具有可用计算机改变和可编程动作的专门系统。

10.1.1 机器人的发展历史

机器人的诞生和机器人学的建立及发展，是 20 世纪自动控制领域最主要的成就，也是 20 世纪人类科学技术进步的重大成果。机器人技术是现代科学与技术交叉和综合的体现，先进机器人的发展一定程度上代表着国家的综合科技实力和水平，因此目前许多国家都已经把机器人技术列入本国 21 世纪高科技发展计划。随着机器人应用领域的不断扩大，机器人已从传统的制造业进入人类的工作和生活领域，另外，随着需求范围的扩大，机器人结构和形态的发展呈现多样化。高端系统具有明显的仿生和智能特征，其性能不断提高，功能不断扩展和完善；各种机器人系统逐步向具有更高智能和更密切与人类社会融洽的方向发展。下面介绍一下机器人的发展历程，使读者对机器人有更加深入的了解。

1. 早期机器人的发展

机器人的起源要追溯到 3000 多年前。"机器人"是存在于多种语言和文字的新造词，它体现了人类长期以来的一种愿望，即创造出一种像人一样的机器或人造人，以便能够代替去进行各种工作。直到四十多年前，"机器人"才作为专业术语加以引用，然而机器人的概念却已经存在

3000 多年了。

春秋时期（公元前 770—前 467 年），被称为木匠祖师爷的鲁班，利用竹子和木料制造出一个木鸟，它能在空中飞行，"三日不下"，这件事在古书《墨经》中有所记载，这可称得上世界上第一个空中机器人。

东汉时期（公元 25—220 年），我国大科学家张衡，不仅发明了震惊世界的"候风地动仪"，还发明了测量路程用的"记里鼓车"，车上装有木人、鼓和钟，每走 1 里（500m）击鼓 1 次，每走（5km）击钟一次，奇妙无比。

三国时期，蜀汉（公元 221—263 年）丞相诸葛亮既是一位军事家，又是一位发明家，他成功地创造出"木牛流马"，可以运送军用物资，可称为最早的陆地军用机器人。如图 10-1 所示。

图 10-1　木牛流马

在国外，也有一些国家较早进行机器人的研制。公元前 3 世纪，古希腊发明家戴达罗斯用青铜为克里特岛国王迈诺斯塑造了一个守卫宝岛的青铜卫士塔罗斯。

在公元前 2 世纪出现的书籍中，描写过一个具有类似机器人角色的机械化剧院，这些角色能够在宫廷仪式上进行舞蹈和列队表演。古希腊人发明了一个机器人，它是用水、空气和蒸汽压力作为动力，能够做动作，会自己开门，可以借助蒸汽唱歌。

1662 年，日本人竹田近江利用钟表技术发明了能进行表演的自动机器玩偶，到 18 世纪，日本人若井源大卫门和源信对该玩偶进行了改进，制造出了端茶玩偶，该玩偶双手端着茶盘，当将茶杯放到茶盘上之后，它就会走向客人将茶送上，客人取茶杯时，它会自动停止走动，待客人喝完茶将茶杯放回茶盘之后，它就会转回原来的地方。

法国的天才技师杰克·戴·瓦克逊于 1738 年发明了一只机器鸭，它会游泳、喝水、吃东西和排泄，还会嘎嘎叫。

瑞士钟表名匠德罗斯父子三人于公元 1768—1774 年，设计制造出三个像真人一样大小的机器人——写字偶人、绘图偶人和弹风琴偶人。它们是由凸轮控制和弹簧驱动的自动机器，至今还作为国宝保存在瑞士纳切特尔市艺术和历史博物馆内。同时，还有德国人梅林制造的巨型泥塑偶人"巨龙哥雷姆"、日本物理学家细川半藏设计的各种自动机械图形、法国人杰夸特设计的机械式可编程织造机等。

1770 年，美国科学家发明了一种报时鸟，一到整点，这种鸟的翅膀、头和喙便开始运动，同时发出叫声，它的主弹簧驱动齿轮转动，使活塞压缩空气而发出叫声，同时齿轮转动时带动凸轮转动，从而驱动翅膀、头运动。

1893 年，加拿大人摩尔设计的能行走的、以蒸汽为动力的机器人"安德罗丁"。

2．近代机器人的发展

1920 年，捷克斯洛伐克剧作家卡雷尔·凯培克在他的科幻情节剧《罗萨姆的万能机器人》中，第一次提出了机器人（Robot）这个名词，这被当成了机器人一词的起源。

美国著名科学幻想小说家阿西莫夫于 1950 年在他的小说《我是机器人》中，首先使用了机器人学（Robotics）这个词来描述与机器人有关的科学，并提出了著名的"机器人三守则"，具体如下。

1）机器人必须不危害人类，也不允许它眼看人将受害而袖手旁观。

2）机器人必须绝对服从于人类，除非这种服从有害于人类。

3）机器人必须保护自身不受伤害，除非为了保护人类或者是人类命令它做出牺牲。

这三条守则，给机器人赋以新的伦理性，并使机器人概念通俗化，更易于为人类社会所接受。

通常可将机器人分为三代。第一代是可编程机器人。这类机器人一般可以根据操作员所编写的程序完成一些简单的重复性操作。这一代机器人从 20 世纪 60 年代后半期开始投入使用，目前已经在工业界得到了广泛应用。第二代是感知机器人，即自适应机器人，它是在第一代机器人的基础上发展起来的，具有不同程度的"感知"能力。这类机器人在工业界已有应用。第三代机器人具有识别、推理、规划和学习等智能，它可以把感知和行动结合起来，因此能在非特定的环境下作业，故称之为智能机器人。目前，这类机器人处于试验阶段，将向实用化方向发展。

工业机器人最早的研究可追溯到第二次世界大战后不久。在 20 世纪 40 年代后期，橡树岭和阿尔贡国家实验室就已开始实施计划，研制遥控式机械手，用于搬运放射性材料。这些系统是"主从"型的，用于准确地"模仿"操作员的手和手臂的动作。主机械手由使用者进行导引做一连串动作，而从机械手尽可能准确地模仿主机械手的动作，后来将机械耦合主从机械手的动作加入力的反馈，使操作员能够感觉到从机械手及其环境之间产生的力。20 世纪 50 年代中期，机械手中的机械耦合被液压装置所取代，如通用电气公司的"巧手"机器人。1954 年，G. C. Devol 提出了"通用重复操作机器人"的方案，并在 1961 年获得了专利。同一时期诞生了利用肌肉生物电流控制的上臂假肢。

1958 年，被誉为"工业机器人之父"的 Joseph F. Engelberger 创建了世界上第一个机器人公司——Unimation（Universal Automation）公司，并参与设计了第一台 Unimate 机器人。这是一台用于压铸的五轴液压驱动机器人，其手臂的控制由一台计算机完成。它采用了分离式固体数控元件，并装有存储信息的磁鼓，能够记忆完成 180 个工作步骤。与此同时，另一家美国公司 AMF 公司也开始研制工业机器人，即 Versatran（Versatile Transfer）机器人。它主要用于机器之间的物料运输，采用液压驱动。该机器人的手臂可以绕底座回转，沿垂直方向升降，也可以沿半径方向伸缩。一般认为 Unimate 和 Versatran 机器人是世界上最早的工业机器人。

1959 年，美国 Consolidated Controls 公司研制出第一代工业机器人原型。1960 年，美国机床铸造公司（AMF）生产出圆柱坐标的 Versatran 型机器人，可做点位和轨迹控制，同年，第一批电焊机器人用于工业生产。随后，美国 Unimation 公司研制出球坐标的 Unimate 型机器人，它采用电液伺服驱动，磁鼓存储，可完成近 200 种示教在线动作。

可以说，20 世纪 60—70 年代是机器人发展最快、最好的时期，这期间的各项研究发明有效地推动了机器人技术的发展和推广。

虽然编程机器人是一种新颖而有效的制造工具，但到了 20 世纪 60 年代，利用传感器反馈大大增强机器人柔性的趋势就已经很明显了。20 世纪 60 年代早期，厄恩斯特于 1962 年介绍了带有触觉传感器的计算机控制机械手的研制情况。这种称为 MH-1 的装置能"感觉"到块状材料，用此信息控制机械手，把块状材料堆起来，无须操作员帮助。这种工作机器人在合理的非结构性环境中具有自适应特性。机械手系统是六自由度 ANL Model-8 型操作机，由一台 TX-O 计算机通过接口装置进行控制。此研究项目后来成为 MAC 计划的一部分，在机械手上又增加了电视摄像机，开始进行机器感觉研究。与此同时，汤姆威克和博奈也于 1962 年研制出一种装有压力传感器的手爪样机，可检测物体，并向电动机输入反馈信号，启动一种或两种抓取方式。一旦手爪接触到物体，与物体大小和质量成比例的信息就通过这些压力敏感元件传输到计算机。1963 年，美国机械铸造公司推出了 Versatran 机器人产品，同年初，还研制了多种操作机手臂。

在 20 世纪 60 年代后期，麦卡锡于 1968 年和他在斯坦福工人智能实验室的同事报告了有手、眼和耳（即机械手、电视摄像机和拾音器）的计算机的开发情况。他们表演了一套能识别语音命令、"看见"散放在桌面上的方块和按指令进行操作的系统。皮珀也在 1968 年研究了计算机控制的机械手的运动学问题。在 1971 年，卡恩和罗恩分析了机械限位手臂开关式（最短时间）控制的动力学和控制问题。

这时，其他国家（特别是日本）也开始认识到工业机器人的潜力。早在 1968 年，日本川崎重工业公司与 Unimation 公司谈判，购买了其机器人专利。1969 年，通用电气公司研制出了"波士顿"机械手，次年又研制出了"斯坦福"机械手。后者装有摄像机和计算机控制器。对"斯坦福"机械手所做的一项实验是根据各种策略自动地堆放材料，对于自动机器人来说，这是一项非常复杂的工作。1974 年，Cincinnati Milacron 公司推出了第一台计算机控制的工业机器人，定名为"The Tomorrow Tool"。它能举起重达 45.36kg 的物体，并能跟踪装配线上的各种移动物体。

在此期间，智能机器人的研究也有进展，1961 年，美国麻省理工学院研制出了有触觉的 MH-1 型机器人，可在计算机控制下处理放射性材料。1968 年，美国斯坦福大学研制出名为 SHAKEY 的智能移动机器人。从 20 世纪 60 年代后期起，喷漆、弧焊机器人相继在工业生产中应用，由加工中心和工业机器人组成的柔性加工单元标志着单件小批生产方式的一个新的高度。几个工业化国家竞相开展了具有视觉、触觉、多手、多足，能超越障碍、钻洞、爬墙、水下移动的各种智能机器人的研究工作，并开始在海洋开发、空间探索和核工业中试用。整个 20 世纪 60 年代，机器人技术虽然取得了如上列举的许多进展，建立了产业并生产了多种机器人商品，但是在这一阶段多数工业部门对应用机器人还持观望态度，机器人在工业应用方面的进展并不快。

在 20 世纪 70 年代，大量的研究工作把重点放在使用外部传感器来改善机械手的操作。1973 年，博尔斯和保罗在斯坦福使用视觉和力反馈，表演了与 PDP-10 计算机相连由计算机控制的"斯坦福"机械手，用于装配自动水泵。几乎同时，IBM 公司的威尔和格罗斯曼在 1975 年研制了一个带有触觉和力觉传感器的由计算机控制的机械手，用于完成 20 个零件的打字机机械装配工作。1974 年，麻省理工学院人工智能实验室的井上对力反馈的人工智能进行研究。在精密装配作业中，用一种着陆导航搜索技术进行初始定位。内文斯等人于 1974 年在德雷珀实验室研究了基于依从性的传感技术，这项研究发展为一种被动柔顺（称为间接中心柔顺，RCC）装置，它与机械手最后一个关节的安装板相连，用于配合装配。同年，贝杰茨在喷气推进实验室为空间开发计划用的扩展性"斯坦福"机械手提供了一种基于计算机的力矩控制技术。从那以后相继提出了多种不同的用于机械手伺服的控制方法。

1979 年，Unimation 公司推出了 PUMA 系列工业机器人，它是全电动驱动、关节式结构、多 CPU 二级微机控制、采用 VAL 专用语言、可配置视觉和触觉的力觉感受器、技术较为先进的机器人。同年日本山梨大学的牧野洋研制成功具有平面关节的 SCARA 型机器人。整个 20 世纪 70 年代，出现了更多的机器人产品，并在工业生产中逐步推广应用。随着计算机科学技术、控制技术和人工智能的发展，机器人的研究开发，无论就水平和规模而言都得到了迅速发展。

进入 20 世纪 80 年代，机器人生产继续保持 20 世纪 70 年代后期的发展势头。到 20 世纪 80 年代中期机器人制造业成为发展最快和最好的领域之一。机器人在工业中开始普及应用，目前，工业化国家的机器人产值近几年以年均 20%～40% 的增长率上升。1984 年全世界机器人使用总台数是 1980 年的四倍，到 1985 年底，这一数字已达到 14 万台，1990 年达到 30 万台左右，其中高性能的机器人所占比例不断增加，特别是各种装配机器人的产量增长较快，和机器人配套使用的机器视觉技术和装置正在迅速发展。1985 年前后，FANUC 公司和 GMF 公司又先后推出交流伺服驱动的工业机器人产品。

到 20 世纪 80 年代后期，由于传统机器人用户应用工业机器人已经饱和，从而造成工业机器人产品的积压，不少机器人厂家倒闭或被兼并，国际机器人学研究和机器人产业出现不景气。到 20 世纪 90 年代初，机器人产业出现复苏并继续发展迹象。但是，好景不长，1993—1994 年又跌入低谷。1995 年后，世界机器人数量逐年增加，增长率也较高，1998 年，丹麦乐高公司推出了机器人套件，让机器人的制造变得像搭积木一样相对简单又能任意拼装，从而使机器人开始走入个人世界。机器人学以较好的发展势头进入 21 世纪。2002 年，丹麦 iRobot 公司推出了吸尘器机器人 Roomba，它能避开障碍，自动设计行进路线，还能在电量不足时，自动驶向充电座，这是目前世界上销量最大、最商业化的家用机器人。近年来，全球机器人行业发展迅速，2007 年全球机器人行业总销售量比 2006 年增长 10%。人性化、重型化、智能化已经成为未来机器人产业的主要发展趋势。现在全世界服役的工业机器人总数在 100 万台以上。此外，还有数百万服务机器人在运行。

10.1.2　机器人的分类

机器人数量众多、功能千差万别，对于机器人的分类国际上没有统一的标准，其分类按照不同的标准可以分为不同的类别。接下来将通过两个比较有代表性的分类依据——应用环境和应用类别对机器人分类进行探讨。

1．根据应用环境分类

从应用环境出发，可将机器人分为两大类，即工业机器人和特种机器人。工业机器人是面向工业领域的多关节机械手或多自由度机器人。特种机器人是除工业机器人之外的、用于非制造业并服务于人类的各种先进机器人，包括服务机器人、水下机器人、娱乐机器人、军用机器人、农业机器人、机器人化机器等。在特种机器人中，有些分支发展很快，有独立成体系的趋势，如服务机器人、水下机器人、军用机器人、微操作机器人等，如图 10-2 所示。

服务机器人

水下机器人

军用机器人

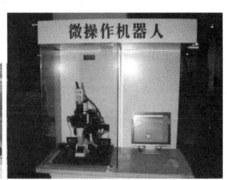

微操作机器人

图 10-2 机器人图像

1）服务机器人：服务机器人是一种半自主或全自主工作的机器人，它能完成有益于人类健康的服务工作，但不包括从事生产的设备。主要从事维护保养、修理、运输、清洗、保安、救援、监护等工作。

2）水下机器人：水下机器人也称为无人遥控潜水器，是一种工作于水下的极限作业机器人。水下环境恶劣危险，人的潜水深度有限，所以水下机器人已成为开发海洋的重要工具。

3）军用机器人：指为了军事目的而研制的机器人，在未来战争中，机器人士兵将会成为对敌作战的军事行动的绝对主力。

4）微操作机器人：在微观层面上对微小零件进行加工/调整以及微机电系统的装配所必须使用的一种机器人。

2. 根据应用类别分类

若根据应用类别可以将机器人细分为以下几种。

1）家务型机器人：能帮助人们打理生活，做简单的家务活。

2）操作型机器人：能自动控制，可重复编程，多功能，有几个自由度，可固定或运动，用于相关自动化系统中。

3）程控型机器人：按照预先要求的顺序及条件，依次控制机器人的机械动作。

4）数控型机器人：不必使机器人动作，通过数值、语言等对机器人进行示教，机器人根据示教后的信息进行作业。

5）搜救型机器人：在大型灾难后，能进入人进入不了的废墟中，用红外线扫描废墟中的景象，把信息传送给在外面的搜救人员。

6）平台型机器人：平台机器人是在不同的场景下，提供不同的定制化智能服务的机器人应用终端。从外观、硬件、软件、内容和应用，都可以根据用户场景需求进行定制。

7）示教再现型机器人：通过引导或其他方式，先教会机器人动作，输入工作程序，机器人则自动重复进行作业。

8）感觉控制型机器人：利用传感器获取的信息控制机器人的动作。

9）适应控制型机器人：能适应环境的变化，控制其自身的行动。

10）学习控制型机器人：能"体会"工作的经验，具有一定的学习功能，并将所"学"的经验用于工作中。

11）智能型机器人：以人工智能决定其行动的机器人。

10.1.3　机器人的特点

机器人的发展使得机器人智能化得到加强，机器人更加聪明，机器人既可以接受人类指挥，又可以运行预先编排的程序，也可以以人工智能技术制定的原则纲领行动。机器人的任务是协助或取代人类工作的工作，例如制造业、建筑业或者具有危险性的工作。机器人通常具有三个最基本特点：①要有身体，即具有一定的结构形态。②要有大脑，即自动控制的程序。③要有动作，即要具有完成一定动作、行为表现的能力。

其实关于机器人的讨论早在 1967 年日本召开的第一届机器人学术会议上，就提出了两个有代表性的定义。一个是由森政弘与和田周平提出的："机器人是一种具有移动性、个体性、智能性、通用性、半机械半人性、自动性、奴隶性 7 个特征的柔性机器。"从这一定义出发，1970 年森政弘又提出了用自动性、智能性、个体性、半机械半人性、作业性、通用性、信息性、柔性、有限性、移动性 10 个特性来表示机器人的形象。另一个是加藤一郎提出的具有如下 3 个条件的机器称为机器人：①具有脑、手、脚等三要素的个体。②具有非接触传感器（用眼、耳接受远方信息）和接触传感器。③具有平衡觉和固有觉的传感器。

而近年来飞速发展的人工智能技术，再次将机器人的特性拔高了不少。智能机器人不仅具有获取外部环境信息的各种传感器，而且还具有记忆能力、语言理解能力、图像识别能力、推理判断能力等人工智能。人工智能技术的发展给予了机器人更大的潜力，而反过来智能机器人的蓬勃发展刺激着技术设备的日益精准完善。

10.1.4　机器人的研究领域及相关技术

机器人技术是现代科学与技术交叉和综合的体现，机器人的研究学科涉及范围十分广泛。机器人的研究领域主要有传感器技术、控制系统及其控制算法、视频处理及视觉伺服控制、网络机器人技术、人机交互、机器学习、通信技术及多机器人协调、机器人系统研究 8 个大类，下面对每个分类进行具体介绍。

1. 传感器技术

传感器可以感知周围环境或者特殊物质，例如气体感知、光线感知、温湿度感知、人体感知等，把模拟信号转化成数字信号，传给中央处理器处理。最终结果形成气体浓度参数、光线强度参数、范围内是否有人探测、温度湿度数据等显示出来。获取信息靠各类传感器，有各种物理量、化学量或生物量的传感器。按照信息论的凸性定理，传感器的功能与品质决定了传感系统获取自然信息的信息量和信息质量，是构造高品质传感技术系统的第一个关键。信息处理包括信号的预处理、后置处理、特征提取与选择等。识别的主要任务是对经过处理信息进行辨识与分类。它利用被识别（或诊断）对象与特征信息间的关联关系模型对输入的特征信息集进行辨识、比较、分类和判断。因此，传感技术是遵循信息论和系统论的。它包含了众多的技术、被众多的产业广泛采用。它也是现代科学技术发展的基础条件，应该受到重视。传感器技术与机器人的研究并行又分为 4 个方向，分别是基于多传感器信息的机器人路径规划、多传感器信息融合及其在机器人中的应用、基于传感器信息的移动机器人精确定位研究、移动机器人系统中传感器系统的采集及处理。

2．控制系统及其控制算法

机器人系统的核心是控制器。控制器的任务是按照一定的控制规律，产生满足工艺要求的控制信号，以输出驱动执行器，达到自动控制的目的。在传统的模拟控制系统中，控制器的控制规律或控制作用是由仪表或电子装置的硬件电路完成的，而在计算机控制系统中，除了计算机装置以外，更主要的体现在软件算法上，即数字控制器的设计上。基于对控制系统的研究衍生出 8 个方面的研究，分别是基于 PID 控制的机器人轨迹跟踪性能研究与比较、移动机器人的控制方法研究、轮式移动操作机器人的鲁棒跟踪控制器设计及研究、开放式机器人控制器的研究、智能移动机器人的智能控制、移动机器人神经网络控制研究、移动机器人模糊控制研究、移动机器人系统中嵌入式控制器研究。

3．视频处理及视觉伺服控制

为了使机器人能够胜任更复杂的工作，机器人不但要有更好的控制系统，还需要更多地感知环境的变化。其中，机器人视觉以其信息量大、信息完整成为最重要的机器人感知功能。利用视觉传感器得到的图像作为反馈信息，可构造机器人的位置阈环控制，即视觉伺服（Visual Servo）。它不同于通常所说的机器视觉（Machine Vision）。机器视觉一般定义为：自动地获取分析图像，以得到描述一个景物或控制某种动作的数据。而视觉伺服则是以实现对机器人的控制为目的而进行图像的自动获取与分析，因此是利用机器视觉的原理，从直接得到的图像反馈信息中快速进行图像处理，在尽量短的时间内给出反馈信息，从而构成机器人的位置阈环控制。机器人视觉伺服系统是机器视觉和机器人控制的有机结合，是一个非线性、强耦合的复杂系统，其内容涉及图像处理、机器人运动学和动力学、控制理论等研究领域。随着摄像设备更具性价比和计算机信息处理速度的提高，以及相关理论的日益完善，视觉伺服已具备实际应用的技术条件，相关的技术问题也成为当前研究的热点，吸引了许多学者的研究兴趣，并有了许多成功的应用例子，如装配、焊接、搬运、邮件分拣、轨线跟踪等。该方向上的 11 类研究方向分别是基于 DSP 的机器人视觉信息处理系统、主动视觉及其在机器人中的应用、机器人视觉伺服控制系统研究、图像特征提取技术研究、人脸识别技术及其在移动机器人中的应用、基于光流技术的移动机器人导航系统研究、精细视频压缩编码及其在移动机器人系统中的应用、视频采集系统研究、足球机器人视觉图像识别系统研究、视频的压缩编码及其在机器人系统中的应用、小波方法在移动机器人系统中的应用。

4．网络机器人技术

网络机器人是将网络和机器人整合的一个复合词。就网络机器人而言，不仅指单体机器人，而且把周围环境中的照相机、无线特征阅读器（Tag Reader）、可穿着计算机等也是一种机器人，其目的是通过这些设备的合作实现单体机器人无法完成的机器人服务。基于网络机器人技术的研究有以下 6 个方面的内容。

1）视频网络传输及其在移动机器人系统中的应用。

2）基于 Agent 的遥控操作机器人控制器研究。

3）基于网络的移动机器人控制系统研究。

4）基于网络的移动机器人直接控制系统研究。

5）移动机器人中视觉临场感遥控系统的研究。

6）移动机器人分布式控制系统研究。

5．人机交互

操作系统的人机交互功能是决定计算机系统"友善性"的一个重要因素。人机交互功能主要靠可输入输出的外部设备和相应的软件来完成。可供人机交互使用的设备主要有键盘显示、鼠标、各种模式识别设备等。与这些设备相应的软件就是操作系统提供人机交互功能的部分。人机交互部分的主要作用是控制有关设备的运行和理解并执行通过人机交互设备传来的各种命令和要求。早期的人机交互设施是键盘和显示器。操作员通过键盘输入命令，操作系统接到命令后立即执行并将结果通过显示器显示。输入的命令可以有不同方式，但每一条命令的解释是清楚的，唯一的。随着计算机技术的发展，操作命令也越来越多，功能也越来越强。随着模式识别（如语音识别、汉字识别等）输入设备的发展，操作员和计算机在类似于自然语言或受限制的自然语言这一级上进行交互成为可能。此外，通过图形进行人机交互也吸引着人们去研究，这些人机交互可称为智能化的人机交互。这方面的研究工作正在积极开展，主要有语音识别技术及其在移动机器人系统中的应用、手势识别及其在移动机器人系统中的应用、多模态人机交互及其在移动机器人系统中的应用、虚拟现实技术在移动机器人系统中的应用。

6．机器学习

机器学习是研究怎样使用计算机模拟或实现人类学习活动的科学，是人工智能中最具智能特征、最前沿的研究领域之一。机器学习不仅在基于知识的系统中得到应用，而且在自然语言理解、模仿学习、机器视觉、自我监督学习、辅助和医疗技术等许多领域也得到了广泛应用。

在机器学习视觉方面，机器人视觉与机器视觉密切相关，后者用于机器人引导和自动检测系统。它们之间的微小差异可能在应用于机器人视觉的运动学中，其包括参考框架校准和机器人对其环境的物理影响的能力。大数据（即网络上可用的视觉信息，包括注释/标记的照片和视频）推动了计算机视觉的进步，反过来也有助于基于机器学习的结构化预测学习技术，推动机器人视觉应用，如物体的识别和排序。一个例子是基于无人监督学习的异常检测系统，其能够使用卷积神经网络找到并评估硅晶片故障，该系统由 Biomimetic 机器人和机器学习实验室的研究人员设计。激光雷达和超声波等超感知技术也推动了自主车辆和无人机的 360°视觉系统的开发。模仿学习是否可以用于类人机器人的问题早在 1999 年就已经被提出。模仿学习已经成为现场机器人技术的一个组成部分，其中一些工厂的移动特性，如建筑、农业、搜索和救援、军事等领域的移动特性使手动编程机器人解决方案变得具有挑战性。逆向优化控制方法或者"通过演示进行编程"和其他组织在类人机器人、腿式运动和越野粗糙地形移动导航仪领域中得到应用。自我监督的学习方法使机器人能够生成自己的培训示例以提高性能，这包括使用先验训练和数据捕获近距离来解释"远程不明确的传感器数据"。它被并入机器人和光学设备中，可以检测和排除物体（例如灰尘和雪）、识别崎岖地形中的蔬菜和障碍物、在 3D 场景分析和建模车辆动力学。应用于机器人技术的自我监督学习方法的其他示例包括在具有道路概率分布模型（RPDM）和模糊支持向量机（FSVM）的前视单目相机中的道路检测算法。自主学习是一种涉及深度学习和无监督方法的自我监督学习的变体，也被应用于机器人和控制任务。

在制造业，随着自动化水平的发展，机器学习也开始得到应用，如机器视觉系统就已经广泛应用在了与机器人配合的离散装配、质量检测等领域。机器学习在数据采集和挖掘中也有广泛的应用空间。

7. 通信技术及多机器人协调

移动机器人技术是近年来发展起来的一门综合学科，集中了机械、电子、计算机、自动控制等多学科最新研究成果，代表了机电一体化的最高成就。随着移动机器人在各领域的应用，人们对其"智能"的要求也日益提高，要求多机器人之间具有协作能力。多机器人协作和控制研究的基本思想就是将多机器人之间的协作看作一个群体，研究其协作机制，从而充分发挥多机器人系统各种内在的优势。为有效地交流和协商，必须解决机器人之间信息处理与传输问题，即多机器人通信问题。这方面的研究主要有五项：多移动机器人系统合作与协调、多机器人系统中硬实时通信的研究、多机器人系统中实时通信研究、多机器人任意队形分布式控制研究、蓝牙技术及其在多移动机器人系统中的应用。

8. 机器人系统

机器人系统实际上是一个典型的机电一体化系统，其工作原理为：系统发出动作指令，控制驱动器动作，驱动器带动机械系统运动，使末端操作器到达空间某一位置和实现某一姿态，实施一定的作业任务。末端操作器在空间的实际位姿由感知系统反馈给控制系统，控制系统把实际位姿与目标位姿相比较，发出下一个动作指令，如此循环，直到完成作业任务为止，会在 10.2 节进行深入介绍。

10.2　机器人系统

机器人是一种自动化的机器，这种机器具备一些与人或生物相似的智能能力，如感知能力、规划能力、动作能力和协同能力，是一种具有高度灵活性的自动化机器。机器人系统是由机器人和作业对象及环境共同构成的整体。

10.2.1　机器人系统的组成

机器人系统包括机械系统、驱动系统、控制系统和感知系统四大部分。

1. 机械系统

工业机器人的机械系统包括机身、臂部、手腕、末端操作器和行走机构等部分，每一部分都有若干自由度，从而构成一个多自由度的机械系统。此外，有的机器人还具备行走机构。若机器人具备行走机构，则构成行走机器人；若机器人不具备行走及腰转机构，则构成单机器人臂。末端操作器是直接装在手腕上的一个重要部件，它可以是两手指或多手指的手爪，也可以是喷漆枪、焊枪等作业工具。工业机器人机械系统的作用相当于人的身体（如骨髓、手、臂和腿等）。

2. 驱动系统

驱动系统主要是指驱动机械系统动作的驱动装置。根据驱动源的不同，驱动系统可分为电气、液压和气压三种，以及把它们结合起来应用的综合系统。该部分的作用相当于人的肌肉提供动力。

电气驱动系统在工业机器人中应用得较普遍，可分为步进电动机、直流伺服电动机和交流伺服电动机三种驱动形式。早期多采用步进电动机驱动，后来发展了直流伺服电动机，交流伺服电动机驱动也逐渐得到应用。上述驱动单元可直接驱动机构运动，也可以通过谐波减速器减速后驱动机构运动。

液压驱动系统具有运动平稳且负载能力大的优点，对于重载搬运和零件加工的机器人，采用液压驱动比较合理。但液压驱动存在管道复杂、清洁困难等缺点，因此限制了其在装配作业中的应用。

无论电气驱动还是液压驱动的机器人，其手爪的开合都是采用气动形式。气压驱动机器人结构简单、动作迅速、价格低廉，但由于空气也具有可压缩性，使得其工作速度的稳定性较差。但是，空气的可压缩性可使手爪在抓取或卡紧物体时的顺应性提高，防止受力过大而造成被抓物体或者手爪本身损坏。在实际生产中气压系统的压力一般为 0.7MPa，因而抓取力较小，往往只有几十到几百牛顿。

3．控制系统

控制系统的任务是根据机器人的作业指令程序及从传感器反馈回来的信号来控制机器人执行的机构，使其完成规定的运动和功能。

如果机器人不具备信息反馈特征，则该控制系统称为开环控制系统，如果机器人具备信息反馈特征，则该控制系统称为闭环控制系统。该部分主要由计算机硬件和控制软件组成，软件主要由人与机器人进行联系的人机交互系统和控制算法等组成。该部分的作用相当于人的大脑。

4．感知系统

感知系统由内部传感器和外部传感器组成，其作用是获取机器人内部和外部环境信息，并把这些信息反馈给控制系统。内部状态传感器用于检测各关节的位置、速度等变量，为闭环伺服控制系统提供反馈信息。外部状态传感器用于检测机器人与周围环境之间的一些状态变量，如距离、接近程度和接触情况等，用于引导机器人，便于其识别物体并做出相应处理。外部传感器可使机器人以灵活的方式对它所处的环境做出反应，赋予机器人一定的智能。该部分的作用相当于人的五官。

10.2.2　机器人操作系统（ROS）

机器人是一个系统工程，它涉及机械、电子、控制、通信、软件等诸多学科。以前，开发一个机器人需要花很大工夫，人们需要设计机械、画电路板、写驱动程序、设计通信架构、组装集成、调试以及编写各种感知决策和控制算法，每一个任务都需要花费大量的时间。随着技术的进步，机器人产业分工开始走向细致化、多层次化，如今的电动机、底盘、激光雷达、摄像头、机械臂等元器件都有不同厂家专门生产。社会分工加速了机器人行业的发展。而各个部件的集成就需要一个统一的软件平台，在机器人领域，这个平台就是机器人操作系统（ROS）。

ROS 是一个适用于机器人编程的框架，这个框架把原本松散的零部件耦合在了一起，为它们提供了通信架构，它由系统框架、开发工具、功能模块、社区部分组成。ROS 虽然叫作操作系统，但并非 Windows、Mac 那样通常意义的操作系统，它只是连接了操作系统和用户的 ROS 应用程序，所以是一个中间件。基于 ROS 的应用程序运行在 Linux 上，在这个环境中，机器人的感知、决策、控制算法可以更好地组织和运行。ROS 系统之所以能经久不衰很大原因取决于以下特点。

1）采用分布式结构。ROS 采用了分布式的框架，通过点对点的设计让机器人的进程可以分别运行，便于模块化地修改和定制，提高了系统的容错能力。

2）支持多种语言。ROS 支持多种编程语言，C++、Python 已经在 ROS 中实现编译，它们是目前应用最广的 ROS 开发语言，Lisp、C#、Java 等语言的测试库也已经实现。为了支持多语言编程，ROS 采用了一种语言中立的接口定义语言来实现各模块之间消息传送。通俗地讲，ROS 的通信格式和用哪种编程语言来写无关，它使用的是自身定义的一套通信接口。

3）开源社区。ROS 具有一个庞大的社区 ROS WIKI（http://wiki.ros.org/），这个网站将会始终伴随着用户的 ROS 开发。当前使用 ROS 开发的软件包已经达到数千万个，相关的机器人已经多达上千款。此外，ROS 遵从 BSD 协议，对个人和商业应用及修改完全免费，这也促进了 ROS 的流行。ROS 主要优缺点如表 10-1 所示。

表 10-1　ROS 的优缺点

优点	缺点
提供框架、工具和功能	通信实时性能有限
方便移植	系统稳定性尚不满足工业级要求
庞大的用户群体	安全性上没有防护措施
免费开源	仅支持 Linux（Ubuntu）

10.2.3　机器人的工作空间

机器人的工作空间是指机器人末端执行器运动描述参考点所能达到空间点的集合，一般用水平面和垂直面的投影表示。机器人工作空间的形状和大小是十分重要的，机器人在执行某项作业时可能会因为存在手部不能到达的作业死区（Dead Zone）而不能完成任务。

1. 工作空间的形状

工作空间的形状因机器人的运动坐标形式不同而异，直角坐标式机器人操作手的工作空间是一个矩形六面体；圆柱坐标式机器人操作手的工作空间是一个开口空心圆柱体；极坐标式机器人操作手的工作空间是一个空心球面体；关节式机器人操作手的工作空间是一个球。因为操作手的转动受机器人结构的限制，一般不能整圈转动，故后两种工作空间实际上均不能获得整个球体，其中极坐标式机器人操作手的工作空间仅能得到由一个扇形截面旋转而成的空心开口截锥体，关节式机器人操作手的工作空间则得由几个相关的球体得到的空间。工作空间的分类如下。

1）可达工作空间（Reachable Workspace），即机器人末端可达位置点的集合。

2）灵巧工作空间（Smart Workspace），即在满足给定位姿范围时机器人末端可达点的集合。

3）全工作空间（Global Workspace），即给定所有位姿时机器人末端可达点的集合。

2. 工作空间的绘制方法

传统的机器人工作空间的绘制方法有以下三种。

1）几何绘图法：几何绘图法得到的往往是工作空间的各类剖截面或者剖截线。这种方法直观性强，但是也受到自由度数的限制；当关节数较多时，必须进行分组处理；而对于三维空间机械手无法准确描述。

2）解析法：解析法虽然能够对工作空间的边界进行解析分析，但是由于一般采用机器人运动学的雅可比矩阵降秩导致表达式过于复杂，以及涉及复杂的空间曲面相交和裁减等计算机图形学内容，难以适用于工程设计。

3）数值方法：数值方法以极值理论和优化方法为基础，首先计算机器人工作空间边界曲面上的特征点，用这些点构成的线表示机器人的边界曲线，然后用这些边界曲线构成的面表示机器人的边界曲面。这种方法理论简单，操作性强，适合编程求解，但所得空间的准确性与取点的多少有很大的关系，而且点太多会受到计算机速度的影响。

10.2.4　机器人的性能指标

机器人的数量种类如此之多，那么必然也存在优劣之分。如何判断一个机器人的优劣？这时候就要看机器人的性能指标，一个机器人的性能指标越高则表明该机器人的性能越高，反之亦然。然而不同机器人的性能指标并不相同。例如工业机器人和智能机器人的性能指标是不同的。下面将分别从两类机器人的性能指标展开描述。

1．工业机器人的性能指标

1）机器人负载：负载是指机器人在工作时能够承受的最大载重。如果需要将零件从一台机器处搬至另外一处，那就需要将零件的重量和机器人抓手的重量计算在负载内。

2）自由度（轴数）：机器人轴的数量决定了其自由度。如果只是进行一些简单的应用，例如在传送带之间拾取放置零件，那么 4 轴的机器人就足够了。如果机器人需要在一个狭小的空间内工作，而且机械臂也需要扭曲反转，一般说 6 轴或 7 轴的机器人是最好的选择。轴的数量选择通常取决于具体应用。

3）最大运动范围：在选择机器人的时候，需要了解机器人要到达的最大距离。选择机器人不单要关注负载，还要关注其最大运动范围。最大垂直运动范围是指机器人腕部能够到达的最低点（通常低于机器人的基座）与最高点之间的范围。最大水平运动范围是指机器人腕部能水平到达的最远点与机器人基座中心线的距离。

4）重复精度：这个参数的选择也取决于应用。重复精度是机器人在完成每一个循环后，到达同一位置的精确度/差异度。通常来说，机器人可以达到 0.5mm 以内的精度，甚至更高。例如，如果机器人用于制造电路板，就需要一台超高重复精度的机器人。如果所从事的应用精度要求不高，那么机器人的重复精度也可以不用那么高。精度在 2D 视图中通常用"±"表示。

5）速度：速度对于不同的用户需求也不同。它取决于工作需要完成的时间。规格表上通常只是给出最大速度，机器人能提供的速度介于 0 和最大速度之间。其单位通常为度/秒。一些机器人制造商还会给出最大加速度。

6）机器人重量：机器人重量对于设计机器人单元也是一个重要的参数。如果工业机器人需要安装在定制的工作台甚至轨道上，则需要知道它的重量并设计相应的支撑。

7）制动和惯性力矩：机器人制造商一般都会给出制动系统的相关信息。一些机器人会给出所有轴的制动信息。为在工作空间内确定精准和可重复的位置，人们需要足够数量的制动。机器人特定部位的惯性力矩可以向制造商索取，这对于机器人的安全至关重要。同时还应该注意各个轴的允许力矩。例如，应用需要一定的力矩去完成时，需要检查该轴的允许力矩能否满足要求。如果不能，机器人很可能会因为超负载而故障。

8）防护等级：这取决于机器人应用时所需要的防护等级。机器人与食品相关的产品、实验室仪器、医疗仪器一起工作或者处在易燃的环境中，其所需的防护等级各有不同。防护等级是一个国际标准，需要区分实际应用所需的防护等级，或者按照当地的规范选择。

2．智能机器人的性能指标

智能机器人具备三大核心技术：自然语言处理、自主意识及自主导航，其他性能指标还有 A 算法、运动控制。

1）自然语言处理：机器人采用基于深度学习算法的自然语言处理技术，设计一个语音识别处理引擎，使机器人可以理解人的语言，并且根据知识库的内容，针对人提出的问题，通过语音的方式回答。

2）自主意识：为使其像人类一样思考，机器人模拟人类的思维模式，接收外界信息后，能够以人类智能相似的方式做出反应，建立机器人的自我意识，与用户进行语音交流，使用户消除人机交互带来的机械感。机器人能够通过感知系统了解周围情况，并建立一个初级交流场景。五大感知系统包括视觉系统、听觉系统、传感器系统、本地系统和云端大脑系统。人类感知外界通过各个感官系统，机器人通过拟人的感知系统，促进机器人的感受和收集外界信息的能力。

3）自主导航：机器人的自主导航、自主避障和自主定位功能是服务机器人的基本特征和核心技术，在不需要轨道的前提下，机器人很好地实现了以上功能。对机器人而言，完成自主导航需要解决以下三个问题："在哪儿""到哪儿去""如何去"。对应的技术问题是建立环境地图，标记机器人在地图中的当前坐标指令目标点与地图坐标的匹配，自主导航算法、实时定位和环境检测。

4）A 算法：基于栅格地图的实时定位和路径规划方法，特点是实时刷新障碍物信息，利用双目视觉测距规划到目标点的最短路径，根据同一特征点在不同摄像头的像素坐标差异，求解特征点的三维坐标里程，利用电机编码器，测定轮速和转角，实时估算机器人坐标和方位角。

5）运动控制：根据编码器返回的速度信息，利用 PID 算法实现轮速精确控制，进而实现机器人速度和位置的精确控制。超声波全局定位机器人上的超声波阵列接收基准声源信号，利用三角定位原理测算机器人相对声源坐标和方位，局部障碍物识别利用超声波传感器实时标记近距离环境障碍。

10.3　机器人的编程模式与编程语言

机器人编程是为使机器人完成某种任务而设置的动作顺序描述。机器人运动和作业的指令都是由程序进行控制，常见的编制模式有两种，示教编程和离线编程。而在编程中需要的语言（机器人编程语言）也和一般的编程语言一样，应当具有结构简明、概念统一、容易扩展等特点。下面将从机器人的编程语言、要求、类型、特征以及两种编程模式进行介绍。

10.3.1　机器人编程语言

机器人编程语言的主要特点之一是通用性，使机器人具有可编程能力是实现这一特点的重要手段。机器人编程必然涉及机器人编程语言，机器人编程语言是使用符号来描述机器人动作的方法。它通过对机器人动作的描述使得机器人按照编程者的意图进行各种操作。机器人编程语言的产生和发展是与机器人技术的发展以及计算机编程语言的发展紧密相关的。机器人编程语言的核心问题是机器人操作运动控制问题。机器人编程中最流行的编程语言有 BASIC/Pascal，工业机器人编程语言有 LISP。硬件描述语言有 Assembly、MATLAB、Java、Python、C/C++等。并非每一种语言都能够成为机器人编译语言，接下来介绍机器人编程语言的要求、机器人编程语言的类型和特征。

1．机器人编程语言的要求

1）能够建立世界模型：在进行机器人编程时，需要描述物体在三维空间内运动的方式。所以需要给机器人及其相关物体建立一个基础坐标系，这个坐标系与大地相连，也称为"世界坐标系"。机器人工作时，为了方便起见，也建立其他坐标系，同时建立这些坐标系与基础坐标系的变换关系。机器人编程系统应具有在各种坐标系下描述物体位姿的能力和建模能力。

2）能够描述机器人的作业：机器人作业的描述与其环境模型密切相关，编程语言水平决定了描述水平。其中以自然语言输入为最高水平。现有的机器人语言需要给出作业顺序，由语法和词法定义输入语言，并由它描述整个作业。

3）能够描述机器人的运动：描述机器人需要进行的运动是机器人编程语言的基本功能之一。用户能够运用语言中的运动语句，与路径规划器和发生器连接，允许用户规定路径上的点及目标点。用户还可以控制运动速度或运动持续时间，对于简单的运动语句，大多数编程语言具有相似的语法。不同语言在主要运动基元上的差别是比较表面的。

4）允许用户规定执行流程：同计算机编程语言一样，机器人编程系统允许用户规定执行流程，包括试验和转移、循环、调用子程序以至中断等。在机器人编程语言中常常含有信号和等待等基本语句或指令，而且往往提供比较复杂的并行执行结构。通常需要用某种传感器来监控不同的过程。然后，通过中断或登记通信，机器人系统能够反映由传感器检测到的一些事件。

5）要有良好的编程环境：如果用户忙于应付连续重复的编译语言的编辑编译执行循环，那么其工作效率必然是低的。因此，现在大多数机器人编程语言含有中断功能，以便能够在程序开发和调试过程中每次只执行一条单独语句。典型的编程支撑软件和文件系统也是需要的。根据机器人编程特点，其支撑软件应具有在线修改和立即重新启动、传感器的输出和程序追踪、仿真等功能。

6）需要人机接口和综合传感信号：在编程和作业过程中，应便于人与机器人之间进行信息交换，以便在运动出现故障时能及时处理，确保安全。而且，随着作业环境和作业内容复杂程度的增加，需要有功能强大的人机接口。机器人语言的一个极其重要的部分是与传感器的相互作用。语言系统提供机器人的决策结构，以便根据传感器的信息来控制程序的流程。在机器人编程中，传感器的类型一般分为三类：位置检测、力觉和触觉、视觉。如何对传感器的信息进行综合，各种机器人语言都有其自己的句法。

2．机器人编程语言的类型

机器人语言尽管有很多分类方法，但根据作业描述水平的高低，通常可分为三级，即动作级、对象级、任务级。

（1）动作级编程语言

动作级编程语言是以机器人的运动作为描述中心，通常使用夹手从一个位置到另一个位置的一系列命令组成。动作级编程语言的每个命令（指令）对应于一个动作。如可以定义机器人的运动序列（MOVE），基本语句形式为 MOVE TO。动作级编程语言的语句比较简单，易于编程。其缺点是不能进行复杂的数学运算，不能接受复杂的传感器信息，仅能接受传感器的开关信号，并且和其他计算机的通信能力很差。动作级编程又可以细分为关节级编程和终端执行器级编程。

关节级编程是一种在关节坐标系中工作的初级编程方法,用于直角坐标型机器人和圆柱坐标型机器人编程还较为简便,但用于关节型机器人,即使完成简单的作业,也首先要作运动综合才能编程,整个编程过程很不方便,得到的程序没有通用性,因为一台机器人编制的程序一般难以用到另一台机器人上。这样得到的程序也不能模块化,它的扩展也十分困难。

终端执行器级编程是一种在作业空间内各种设定好的坐标系里编程的编程方法。终端执行器级编程程序给出机器人终端执行器的位姿和辅助机能的时间序列,包括力觉、触觉、视觉等机能以及作业用量、作业工具的选定等。指令由系统软件解释执行,可提供简单的条件分支,可应用于程序,并提供较强的感受处理功能和工具使用功能。终端执行器级编程的基本特点是:各关节的求逆变换由系统软件支持进行;数据实时处理且在执行阶段之前;使用方便,占内存较少;指令语句有运动指令语言、运算指令语句、输入输出和管理语句。

(2)对象级编程语言

对象级编程语言解决了动作级编程语言的不足,它是描述操作物体间关系使机器人动作的语言,即是以描述操作物体之间的关系为中心的语言,对象级编程语言具有与动作级编程语言类似的功能。可以接受比开关信号复杂的传感器信号,并可利用传感器信号进行控制、监督以及修改和更新环境模型。能方便地和计算机的数据文件进行通信,数字计算功能强,可以进行浮点计算并且对象级编程语言具有很好的扩展性,用户可以根据实际需要扩展语言的功能,如增加指令等。

对象级编程语言以近似自然语言的方式描述作业对象的状态变化,指令语句是复合语句结构,用表达式记述作业对象的位姿时序数据及作业用量、作业对象承受的力和力矩等时序数据。将这种语言编制的程序输入编译系统后,编译系统将利用有关环境、机器人几何尺寸、中断执行器、作业对象、工具等的知识库和数据库对操作过程进行仿真。

(3)任务级编程语言

任务级编程语言是比较高级的机器人语言,这类语言允许使用者对工作任务所要求达到的目标直接下命令,不需要规定机器人所做的每一个动作的细节。只要按某种原则给出最初的环境模型和最终工作状态,机器人可自动进行推理、计算,最后自动生成机器人的动作。任务级编程语言的概念类似于人工智能中程序自动生成的概念。任务级机器人编程系统能够自动执行许多规划任务,能把指定的工作任务翻译为执行该任务的程序。

10.3.2 机器人的编程模式

机器人的编程模式常见的有两种:示教编程和离线编程。其中示教编程方法包括示教、编辑和轨迹再现。由于示教方式实用性强,操作简便,因此大部分机器人都采用这种方式。离线编程方法利用计算机图形学成果,借助图形处理工具建立几何模型,通过一些规划算法来获取作业规划轨迹。与示教编程不同,离线编程不与机器人发生关系,在编程过程中机器人可以照常工作。

1. 示教编程模式

目前,相当数量的机器人仍采用示教编程方式。机器人示教后可以立即应用,在再现时,机器人重复示教时存入存储器的轨迹和各种操作,如果需要,过程可以重复多次。

其优点是简单方便,不需要环境模型,对实际的机器人进行示教时可以修正机械结构带来的误差。缺点是功能编辑比较困难,难以使用传感器,难以表现条件分支,对实际的机器人进行示教时要占用机器人。

2．离线编程模式

离线编程克服了示教编程的许多缺点，充分利用了计算机的功能。其优点是编程时可以不用机器人，机器人可以进行其他工作；可预先优化操作方案和运行周期时间；可将以前完成的过程或子程序结合到待编程序中去；可利用传感器探测外部信息；控制功能中可以包括现有的 CAD 和 CAM 信息，可以预先运行程序来模拟实际动作，从而不会出现危险，利用图形仿真技术可以在屏幕上模拟机器人运动来辅助编程；对于不同的工作目的，只需要替换部分特定的程序。但离线编程模式中所需的能够补偿机器人系统误差功能的坐标系数据仍难以得到。

10.4　机器人的应用与展望

随着近年来全球自动化生产需求的持续释放，以及人力成本的不断上升，以互联网、大数据、人工智能等为代表的新技术加速了与制造业的融合发展，推动了机器人新技术、新产品的大量涌现。机器人产业已经成为新一轮科技革命与产业变革的重要驱动力，机器人的发展及其应用范围愈加广泛，应用场景更加多样。

10.4.1　机器人应用

机器人可以代替或协助人类完成各种工作，凡是枯燥的、危险的、有毒的、有害的工作，都可由机器人完成。例如救灾排险、资源勘探开发等。机器人除了广泛应用于制造业领域外，还应用于医疗服务、家庭娱乐、军事和航天等其他领域。机器人是工业及非产业界的重要生产和服务性设备，也是先进制造技术领域不可缺少的自动化设备。而机器人应用（又称机器人原生应用）是指针对机器人平台及场景设计开发的应用程序，而非从传统 PC（个人计算机）和移动端移植。下面将从机器人应用准则、应用步骤、应用实践三个角度对机器人的应用进行介绍。

1．应用准则

设计和应用工业机器人时，应全面和均衡考虑机器人的通用性、环境的适应性、耐久性、可靠性和经济性等因素，具体遵循的准则有在恶劣的环境中应用机器人、在生产率和生产质量落后的部门应用机器人、从长远考虑需要机器人、机器人的使用成本等。

2．应用步骤

在现代工业生产中，机器人一般都不是单机使用，而是作为工业生产系统的一个组成部分来使用。将机器人应用于生产系统的步骤如下。

1）全面考虑并明确自动化要求，包括提高劳动生产率、增加产量、减轻劳动强度、改善劳动条件、保障经济效益和社会就业率等问题。

2）制定机器人化计划。在全面可靠的调查研究基础上，制定长期的机器人化计划，包括确定自动化目标、培训技术人员、编绘作业类别一览表、编制机器人化顺序表和大致日程表等。

3）探讨使用机器人的条件。结合自身具备的生产系统条件，选用合适类型的机器人。

4）对辅助作业和机器人性能进行标准化处理。辅助作业大致分为搬运型和操作型两种。根据不同的作业内容、复杂程度或与外围机械在共同任务中的关联性，所使用工业机器人的坐标系统、关节和自由度数、运动速度、作业范围、工作精度和承载能力等也不同，因此必须对机器人系统进行标准化处理工作。此外，还要判别各机器人分别具有哪些适于特定用途的性能，进行机器人性能及其表示方法的标准化工作。

5）设计机器人化作业系统方案。设计并比较各种理想的、可行的或折中的机器人化作业系统方案，选定最符合使用要求的机器人及其配套设备来组成机器人化柔性综合作业系统。

6）选择适宜的机器人系统评价指标。建立和选用适宜的机器人系统评价指标与方法，既要考虑到适应产品变化和生产计划变更的灵活性，又要兼顾目前和长远的经济效益。

7）详细设计和具体实施。对选定的实施方案进行进一步详细的设计工作，并提出具体实施细则，交付执行。

3．应用实践

中国电子学会根据近年来机器人科技与产业发展的态势，筛选出 2018—2020 年机器人十大新兴应用领域，具体如下。

（1）仓储和物流

仓储及物流行业历来具有劳动密集的典型特征，自动化、智能化升级需求尤为迫切。近年来，机器人相关产品及服务在电商仓库、冷链运输、供应链配送、港口物流等多种仓储和物流场景得到快速推广和频繁应用。仓储类机器人已能够采用人工智能算法及大数据分析技术进行路径规划和任务协同，并搭载超声测距、激光传感、视觉识别等传感器完成定位及避障，最终实现数百台机器人的快速并行推进上架、拣选、补货、退货、盘点等多种任务。在物流运输方面，城市快递无人车依托路况自主识别、任务智能规划的技术构建起高效率的城市短程物流网络；山区配送无人机具有不受路况限制的特色优势，以极低的运输成本打通了城市与偏远山区的物流航线。仓储和物流机器人凭借远超人类的工作效率，以及不间断劳动的独特优势，未来有望建成覆盖城市及周边地区高效率、低成本、广覆盖的无人仓储物流体系，极大地提高人们生活的便利程度。图 10-3 为仓储物流中机器人。

图 10-3　仓储物流中的机器人

（2）消费品加工制造

全球制造业智能化升级改造仍在持续推进，从汽车、工程机械等大型装备领域向食品、饮料、服装、医药等消费品领域加速延伸。同时，工业机器人开始呈现小型化、轻型化的发展趋势，使用成本显著下降，对部署环境的要求明显降低，更加有利于扩展应用场景和开展人机协作。目前，多个消费品行业已经开始围绕小型化、轻型化的工业机器人推进生产线改造，逐步实现加工制造全流程生命周期的自动化、智能化作业，部分领域的人机协作也取得了一定进展。随着机器人控制系统自主性、适应性、协调性的不断加强，以及大规模、小批量、柔性化定制生产需求的日渐旺盛，消费品行业将成为工业机器人的重要应用领域，推动机器人市场进入新的增长阶段。机器人现场制作咖啡调制鸡尾酒如图 10-4 所示。

图 10-4　消费品加工制造中的机器人

（3）外科手术和医疗康复

外科手术和医疗康复领域具有知识储备要求高、人才培养周期长等特点，专业人员的数量供给和配备在一定时期内相对有限，与人民群众在生命健康领域日益扩大的需求不能完全匹配，高水平、专业化的外科手术和医疗康复类机器人有着非常迫切而广阔的市场需求空间。在外科手术领域，凭借先进的控制技术，机器人在力度控制和操控精度方面明显优于人类，能够更好解决医生因疲劳而降低手术精度的问题。通过专业人员的操作，外科手术机器人已能够在骨科、胸外科、心内科、神经内科、腹腔外科、泌尿外科等专业化手术领域获得一定程度的临床应用。在医疗康复领域，日渐兴起的外骨骼机器人通过融合精密的传感及控制技术，为用户提供可穿戴的外部机械设备，能够满足永久损伤患者恢复日常生活的需求，同时协助可逆康复患者完成训练，实现更快速的恢复治疗。随着运动控制、神经网络、模式识别等技术的深入发展，外科手术和医疗康复领域的机器人产品将得到更为广泛的应用，真正成为人类在医疗领域的助手与伙伴，为患者提供更为科学、稳定、可靠的高质量服务。例如医疗康复中的机器人帮助病人进行康复训练，如图 10-5 所示。

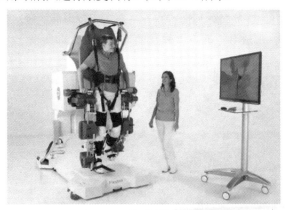

图 10-5　医疗康复中的机器人

（4）楼宇及室内配送

在现代工作生活中，居住及办公场所具有逐渐向高层楼宇集聚的趋势，等候电梯、室内步行等耗费的时间成本成了临时餐饮诉求和取送快递的关键痛点。不断显著增长的即时性小件物品配送需求，为催生相应专业服务机器人提供了充足的前提条件。依托地图构建、路径规划、机器视觉、模式识别等先进技术，能够提供跨楼层到户配送服务的机器人开始在各类大型商场、餐馆、宾馆、医院等场景中陆续出现。目前，部分场所已开始应用能够与电梯、门禁进行通信互联的移动机器人，为场所内用户提供真正点到点的配送服务，完全替代了人工。随着市场成熟度的持续提升、用户认可度的不断提高以及相关设施配套平台的逐步完善，楼宇及室内配送机器人将会得到更多的应用普及，并结合会议、休闲、娱乐等多元化场景孕育出更具想象力的商业生态。图10-6为室内机器人在室内配送。

图10-6　外卖机器人在室内配送

（5）智能陪伴及情感交互

现代工作和生活节奏持续加快，往往难以有充足的时间与合适的场地来契合人类相互之间的陪伴与交流诉求。随着智能交互技术的显著进步，智能陪伴与情感交互类机器人正在逐步获得市场认可。以语音辨识、自然语义理解、视觉识别、情绪识别、场景认知、生理信号检测等功能为基础，机器人可以充分分析人类的面部表情和语调方式，并通过手势、表情、触摸等多种交互方式做出反馈，极大地提升了用户体验效果，满足用户的陪伴与交流诉求。随着深度学习技术的进步和认知推理能力的提升，智能陪伴与情感交互机器人系统内嵌的算法模块将会根据不同用户的性格、习惯及表达情绪，形成独立而有差异化的反馈效果，即所谓"千人千面"的高级智能体验，如图10-7所示。

图10-7　智能机器人在与人进行交流

（6）复杂环境及特殊对象的专业清洁

现代社会存在着较多繁重危险的专业清洁任务，耗费大量人力及时间成本却难以达到预期效果。依托三维场景建模、定位导航、视觉识别等技术的持续进步，采用机器人逐步替代人类开展各类复杂环境与特殊对象的专业清洁工作已成为必然趋势。在城市建筑方面，机器人能够攀附在摩天大楼、高架桥之上完成墙体表面的清洁任务，有效避免了清洁工高楼作业的安全隐患。在高端装备领域，机器人能够用于高铁、船舶、大型客机的表面保养除锈，降低了人工维护成本与难度。在地下管道、水下线缆、核电站等特殊场景中，机器人能够进入到人类不适于长时间停留的环境完成清洁任务。随着解决方案平台化、定制化水平日益提高，专业清洁机器人的应用场景将进一步扩展到更多与人类生产生活更为密切相关的领域。图 10-8 为清洁机器人在工作。

图 10-8　清洁机器人在工作

（7）城市应急安防

城市应急处理和安全防护的复杂程度大、危险系数高，相关人员的培训耗费和人力成本日益提升，应对不慎还可能出现人员伤亡，造成重大损失。各类适用于多样化任务和复杂性环境的特种机器人正在加快研发，逐渐成为应急安防部门的重要选择。可用于城市应急安防的机器人细分种类繁多，且具有相当高的专业性，一般由移动机器人搭载专用的热力成像、物质检测、防爆应急等模块组合而成，包括安检防爆机器人、毒品监测机器人、抢险救灾机器人、车底检查机器人、警用防暴机器人等。可以预见，机器人在城市应急安防领域的日渐广泛应用，能显著提升人类对各类灾害及突发事件的应急处理能力，有效增强紧急情况下的容错性。如何逐步推动机器人对危险的预判和识别能力逐步向人类看齐，将是城市应急安防领域在下一阶段亟待攻克的课题。

（8）影视作品的拍摄与制作

当前全球影视娱乐相关产业规模日益扩大，新颖复杂的拍摄手法以及对场景镜头的极致追求促使各类机器人更多参与到拍摄过程，并为后期制作提供专业的服务。目前广泛应用在影视娱乐领域中的机器人主要利用微机电系统、惯性导航算法、视觉识别算法等技术，实现系统姿态平衡控制，保证拍摄镜头清晰稳定，以航拍无人机、高稳定性机械臂云台为代表的机器人已得到广泛应用。随着性能的持续提升和功能的不断完善，机器人有望逐渐担当起影视拍摄现场的摄像、灯光、录音、场记等职务。配合智能化的后期制作软件，普通影视爱好者也可以在人数、场地受限的情况下拍摄制作自己的影视作品。

（9）能源和矿产的采集

能源及矿产的采集场景正在从地层浅表延伸至深井、深海等危险复杂的环境，开采成本持续上升，开采风险显著增加，急需采用具备自主分析和采集能力的机器人替代人力。依托计算机视觉、环境感知、深度学习等技术，机器人可实时捕获机身周围的图像信息，建立场景的对应数字模型，根据设定采集指标自行规划任务流程，自主执行钻孔检测以及采集能源矿产的各种工序，有效避免在资源运送过程中的操作失误及人员伤亡事故，提升能源矿产采集的安全性和可控性。随着机器人环境适应能力和自主学习能力的不断提升，曾经因自然灾害、环境变化等缘故不再适宜人类活动的废弃油井及矿场有望得到重新启用，对于扩展人类资源利用范围和提升资源利用效率有着重要意义。图10-9为矿产采集中的机器人。

图10-9　矿产采集机器人在工作

（10）国防与军事

现代战争环境日益复杂多变，海量的信息攻防和快速的指令响应成为当今军事领域的重要考量，对具备网络与智能特征的各类军用机器人的需求日渐紧迫，世界各国纷纷投入资金和精力积极研发能够适应现代国防与军事需要的军用机器人。目前，以军用无人机、多足机器人、无人水面艇、无人潜水艇、外骨骼装备为代表的多种军用机器人正在快速涌现，凭借先进传感、新材料、生物仿生、场景识别、全球定位导航系统、数据通信等多种技术，已能够实现"感知-决策-行为-反馈"流程，在战场上自主完成预定任务。综合加快战场反应速度、降低人员伤亡风险、提高应对能力等各方面因素考虑，未来军用机器人将在海、陆、空等多个领域得到应用，助力构建全方位、智能化的军事国防体系。

10.4.2　机器人的发展展望

1. 机器人的发展特点

横向上，机器人的应用面越来越宽，由95%的工业应用扩展到更多领域的非工业应用。像做手术、采摘水果、剪枝、巷道挖掘、侦查、排雷，还有空间机器人、潜海机器人。机器人应用无限制，只要能想到的，就可以去创造实现。

纵向上，机器人的种类会越来越多。像可以进入人体的微型机器人，可以小到像一个米粒般大小；机器人智能化得到加强，机器人会更加聪明。

2. 机器人未来发展趋势

机器人的发展史犹如人类的文明和进化史，在不断地向着更高级发展。从原则上说，意识化机器人已是机器人的高级形态，不过意识又可划分为简单意识和复杂意识。

对于人类来说，理想的机器人应具有非常完美的复杂意识，而现代所谓的意识机器人，最多只是简单化意识，对于未来意识化智能机器人很可能的几大发展趋势，在这里概括性的分析如下。

（1）语言交流功能越来越完美

智能机器人，既然已经被赋予"人"的特殊含义，那当然需要有比较完美的语言功能，这样就能与人类进行一定的甚至完美的语言交流，所以机器人语言功能的完善是一个非常重要的环节。主要依赖于其内部存储器内预先存储的大量语音语句和文字词汇语句，其语言的能力取决于数据库内存储语句量的大小，以其存储的语言范围。

未来智能机器人的语言交流功能会越来越完美化，这是一个必然性趋势，在人类的完美设计程序下，它们能轻松地掌握多个国家的语言，远高于人类的学习能力。

另外，机器人还拥有自我的语言词汇重组能力，就是当人类与之交流时，若遇到语言包中没有的语句或词汇时，可以自动地使用相关的或相近的词组，按句子的结构重组成一句新句子来回答，这也相当于类似人类的学习能力和逻辑能力，是一种意识化的表现。

（2）各种动作的完美化

机器人的动作是相对于模仿人类动作来说的，人类能做的动作是极致多样化的，招手、握手、走、跑、跳等各种手势，都是人类的惯用动作。不过现代智能机器人虽也能模仿人的部分动作，不过相对是有点僵化，或者动作是比较缓慢的。

未来机器人将以更灵活的类似人类的关节和仿真人造肌肉，使其动作更像人类，模仿人的所有动作，甚至做得更好。还有可能做出一些普通人很难做出的动作，如平地翻跟斗、倒立等。

（3）外形越来越酷似人类

高级的智能机器人其外形主要以人类自身形体为参照对象，一个仿真的人形外表是首要前提。对于未来机器人，仿真程度很有可能达到即使人们近在咫尺地细看它的外在，也只会把它当成人类，很难分辨出这是机器人，这种状况类似于美国科幻电影《终结者》中的机器人杀手具有极致完美的人类外表。

（4）复原功能越来越强大

对于机器人来说，虽无生物的常规死亡现象，但也有一系列的故障发生时刻，如内部原件故障、线路故障、机械故障、干扰性故障等。这些故障也相当于人类的病理现象。

未来智能机器人将具备越来越强大的自行复原功能，对于自身内部零件等运行情况，机器人会随时自行检索一切状况，并做到及时排除故障。它的检索功能就像人类感觉身体哪里不舒服一样，是智能意识的表现。

（5）体内能量存储越来越多

智能机器人的一切活动都需要体内持续的能量支持，这与人类需要吃饭是同一道理，不吃会没力气。机器人动力源多数使用电能，供应电能就需要大容量的蓄电池，机器人的电能消耗是比较大的。

现代蓄电池的蓄电量都是较有限的，可能满足不了机器人的长久动力需求，而且蓄电池容量越大充电时间也往往更长，这样就显得较为麻烦。

针对能量存储供应问题，未来应该会有多种解决方式，最理想的能源应该就是可控核聚变能，微不足道的质量就能持续释放非常巨大的能量，机器人若以聚变能为动力，永久性运行将得以实现。不过这种技术对现在的科技水平来说实现困难较大。

另外，未来还很可能制造出一种超级能量存储器，也是充电的，但有别于蓄电池在多次充电放电后，蓄电能力会逐步下降的缺点。能量存储器可以永久保持储能效率，且充电快速而高效，单位体积存储能量相当于传统大容量蓄电池的百倍以上，成为智能机器人的理想动力供应源。

（6）逻辑分析能力越来越强

人类的大部分行为能力需要借助于逻辑分析，例如思考问题需要非常明确的逻辑推理分析能力，而相对平常化的走路、说话之类看似不需要多想的事，其本质也是简单逻辑问题，因为走路需要的是平衡性，大脑在根据路状不断地分析判断该怎么走才不至于摔倒，而机器人走路则是要通过复杂的计算来进行。

智能机器人为了完美地模仿人类，科学家未来会不断地赋予它更多的逻辑分析功能，提升机器人的智能，如自行重组相应词汇形成新的句子；若自身能量不足，可以自行充电，而不需要主人帮助。

总之逻辑分析有助于机器人自身完成许多工作，在不需要人类帮助的同时，还可以尽量帮助人类完成一些任务，甚至是比较复杂的任务。

（7）具备越来越多样化功能

人类制造机器人的目的是为人类服务，所以就会尽可能地把它多功能化，比如在家庭中，可以成为机器人保姆，可以扫地、吸尘等，除此之外也可以和人们聊天互动，还可以看护小孩。机器人可以帮人们搬一些重物，携带物品，甚至还能当人们的私人保镖，这就是机器人功能多样化的表现。另外，未来高级智能机器人或许还会具备多样化的变形功能，比如从人形状态变成一辆汽车也是有可能的，这似乎是真正意义上的变形金刚了。这种比较理想的设想，在未来都是有可能实现的。

10.5 本章习题

1. 简述机器人的特点。
2. 机器人应用于生产活动之中的步骤是什么？
3. 机器人编程语言的要求有哪些？

附录
东方国信图灵引擎平台使用说明

1. 关于东方国信图灵引擎

东方国信自主研发的数据科学平台——图灵引擎，提供从数据接入、数据处理、探索分析到模型训练、模型评估以及模型部署的全流程服务。数据科学家可比以往更加迅速地访问、准备数据，进行探索分析，训练并优选机器学习模型，生成模型的评估指标，并能快速部署到业务系统中。图灵引擎封装了 SPSS 全量原生算法、主流开源算法框架以及东方国信内部沉淀的成熟算法，面向数据科学用户提供更简易的操作体验，真正做到让人工智能触手可及。图灵引擎整体架构图如图 A-1 所示。

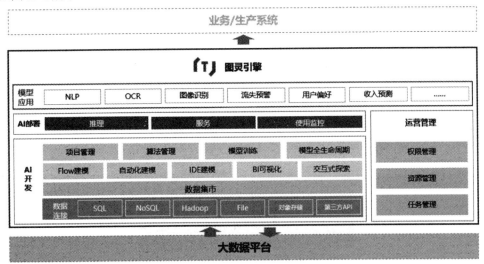

图 A-1　图灵引擎整体架构图

2. 东方国信图灵引擎的使用

本书通过东方国信的图灵引擎平台（https://www.turingtopia.com/engine）提供所见即所得的在线实验环境，书中相应章节的 AI 实验案例能够通过该平台实现，可以极大地方便教学。本书各章在该平台的实践案例见表 A-1。

表 A-1 本书各章节实践案例

章节	案例名称
第 4 章 知识发现与数据挖掘	数据挖掘实践——学生考试成绩预测
	数据挖掘实践——基于用户手机使用行为进行风险识别
第 5 章 机器学习	使用决策树模型进行列车空调故障预测
	基于决策树、逻辑回归、梯度提升树进行校园用户识别
第 6 章 深度学习	用 GoogLeNet 训练识别花卉
第 7 章 强化学习	基于 OpenAI Gym 实现强化学习案例——CartPole
第 8 章 自然语言处理	NLP 基础分词、词性分析、关键词抽取
第 9 章 机器视觉	基于图像分割的细胞检测

注册和使用在线实验环境的步骤如下。

1）在计算机端使用浏览器（建议使用谷歌 Chrome 浏览器）访问 https://www.turingtopia.com/aibook/1，打开东方国信图灵引擎教材专题页面。

2）单击导航栏右上角的"注册"按钮，输入相关个人资料进行图灵联邦社区用户注册（图灵联邦是东方国信打造的数智人才成长平台，为行业人才提供学习与实践服务），如图 A-2 所示。

图 A-2 输入个人资料进行用户注册

3）登录之后，单击导航栏上的"实验室"，申请图灵引擎的免费使用权限，如图 A-3~图 A-6 所示。

图 A-3 登录之后，单击导航栏上的"实验室"

图 A-4 在新页面中单击"立即购买"按钮

图 A-5 在图灵引擎付费页面，单击"免费试用"按钮

免费试用

姓名 *

请输入您的姓名

电话 *

请输入手机号

邮箱 *

请输入您的邮箱

职位

请输入您的职位

公司

请输入您入职的公司

行业

请选择

您的需求

请输入您的需求

提交

图 A-6 填写信息申请免费试用

4）扫码添加学习助手"图小灵"微信（见图 A-7），将用户名发给小助手，由小助手为用户开通后台权限，并配置与本书相关的资源，包括配套视频、案例实操数据集及算力。之后即可在进入本书的专题页面进行相应的案例操作。具体操作方式可以查看和学习图灵引擎平台的操作说明，如有任何问题，也可以联系小助手予以解决。

图 A-7　学习助手"图小灵"微信

3. 关于东方国信

北京东方国信科技股份有限公司自 1997 年成立以来，形成了大数据、云计算及移动互联三大技术体系，以自主研发的大数据产品及解决方案服务于通信、金融、城市大数据、政府与安全、工业、农业、医疗、新零售等多个行业和业务领域，是全球领先的第三方云计算及大数据技术服务公司之一。

4. 关于图灵数科开源产教联盟

图灵数科开源产教联盟以数据生产要素为中心，秉承开放创新的开源理念，面向数据科学和数智科技，为各类企业、院校及培训机构搭建的产教融合的桥梁。

联盟聚集了众多数科领域的企业和专家，构建人才评估与实训课程体系，从认知到实践再到实战，从选人育人到用人，依托开源构建对"人"的共识，形成健康的数智人才和应用生态。用开源育开源人，回馈开源，壮大开源！

参 考 文 献

[1] 林晓瑞，马少平. 人工智能导论[M]. 北京：清华大学出版社，1989.

[2] 徐心和，么健石. 有关行为主义人工智能研究综述[J]. 控制与决策，2004（3）：241-246.

[3] 周开利，康耀红. 神经网络模型及其 MATLAB 仿真程序设计[M]. 北京：清华大学出版社，2005.

[4] 周瑞泉，纪洪辰，刘荣. 智能医学影像识别研究现状与展望[J]. 第二军医大学学报，2018，39（8）：917-922.

[5] 安俊秀，靳宇倡，等. 云计算与大数据技术应用[M]. 北京：机械工业出版社，2019.

[6] 娄棕棋. 机器学习的理论发展及应用现状[J]. 中国新通信，2019，21（1）：60-62.

[7] 安俊秀，靳宇倡，等. 大数据导论[M]. 北京：人民邮电出版社，2020.

[8] 李雄飞，董元方，李军，等. 数据挖掘与知识发现[M]. 2 版. 北京：高等教育出版社，2010.

[9] 牛猛. 数据挖掘方法与功能的基本研究[J]. 电脑知识与技术，2018，14（14）：6-7.

[10] 赵丹群. 数据挖掘：原理、方法及其应用[J]. 现代图书情报技术，2000（6）：41-44.

[11] 周志华. 机器学习[M]. 北京：清华大学出版社，2016.

[12] 肖云鹏，卢星宇，许明，等. 机器学习经典算法实践[M]. 北京：清华大学出版社，2018.

[13] 古德费洛，本吉奥，库维尔. 深度学习[M]. 赵申剑，黎彧君，符天凡，等译. 北京：人民邮电出版社，2017.

[14] 吴军. 数学之美[M]. 北京：人民邮电出版社，2014.

[15] 高阳，陈世福，陆鑫. 强化学习研究综述[J]. 自动化学报，2004（1）：86-100.

[16] 安俊秀. Linux 操作系统基础教程[M]. 北京：人民邮电出版社，2017.

[17] 安俊秀. 量化社会：大数据与社会计算[M]. 成都：西南交通大学出版社，2016.

[18] 涂铭，刘祥，刘树春. Python 自然语言处理实战：核心技术与算法[M]. 北京：机械工业出版社，2018.

[19] 安俊秀，唐聃，靳宇倡，等. Python 大数据处理与分析[M]. 北京：人民邮电出版社，2021.

[20] 安俊秀，侯海洋，靳宇倡. Python 3 从入门到精通[M]. 北京：人民邮电出版社，2020.

[21] 郭彤颖，安冬. 机器人学及其智能控制[M]. 北京：人民邮电出版社，2014.